三、学派只能形成于学科发展的成熟阶段 / 080
四、核心理念：研究纲领及其硬核 / 086
五、核心人物：擅长学术经营的学派领袖 / 092
六、自觉的共同体意识：共同理念的生成基础 / 096
七、学派之间的不可通约性 / 100
八、学派的眼光都是片面的，但也是互补的 / 106
九、"中国民俗学派"的悖论 / 114
十、门派：丁春秋的弟子群 / 119
十一、门派、学派、流派的递进路线 / 123

学术研究的学"术"问题 / 131

一、常规研究就是"做应用题" / 134
二、学术研究的"问题优先原则" / 141
三、研究进路的"结论先行原则" / 149
四、重复解题的意义 / 158
五、理论建设是一种认识活动 / 163
六、假说是理论建设最重要的步骤 / 166
七、借助归纳推理形成新的假说 / 169
八、用普通逻辑规范学术研究、提升学科竞争力 / 177
九、弱势学科的自我拯救 / 180

学术研究的"边界"问题 / 185

一、确定科研工作的课题边界 / 188
二、课题边界的特异性原则 / 194

蛋先生的学术生存

施爱东 著

学术丛林的行业民俗　/ 001

一、祖师崇拜：学术领袖的神威与功能　/ 005

二、学术机构：祖师的香火地、学者的栖身所　/ 008

三、薪火与香火：导师与学生的不对等互惠关系　/ 013

四、寿者仁：成功学者的成功秘诀　/ 021

五、学术推广：圈内的口碑与圈外的宣传　/ 027

六、宏观学术规划：一支无效的学术指挥棒　/ 032

七、学术创新：压垮学者和学术的第三座大山　/ 037

八、学术版图周圈论：圈层递推的学术革命　/ 042

九、圈子的形成：反抗旧秩序建立新秩序　/ 051

十、学科危机：研究范式的过度操作　/ 058

十一、学术革命：重立一个"新"偶像　/ 062

学派、流派与门派　/ 071

一、"神论文"与"神答辩"　/ 073

二、学派、流派、门派的概念界定　/ 076

传统学术史多为思想史、发展史或者编年史。当我们借助"发展"和"进步"的眼光来回望一个学科的学术历程的时候，我们已经做了许多常规预设，比如：学术发展是在传统继承基础上的学术创新，学术发展是沿着一条从低往高、后出转精的道路不断前进的，学者的学术影响力与他的学术贡献大致成正比，等等。在这些预设之下，成者为王败者为寇，能够进入学术史大门的永远只是极少数知名学者，而绝大多数普通学者都被排斥在了学术史的大门之外。

　　可是，只要我们换一种眼光，参照科学哲学和科学社会学的思想方式，把学术研究看作一种特殊的行业类别，就会发现，作为"学术工匠"的普通学者，他们的行业习俗以及他们所处的学术生态，一样应该得到我们的讨论。

　　民间文学、民俗学从其"五四"的源头开始，就是对"圣贤文化"和"精英文化"的反叛。顾颉刚说："民众的数目比圣贤多出了多少，民众的工作比圣贤复杂了多少，民众的行动比圣贤真诚了多少，然而他们在历史上是没有地位的。他们虽是努力创造了些活文化，但久已压没在深潭暗室之中，有什么人肯理会他了呢。"所以他要求民俗学者"打破以贵族为中心的历史,打破以圣贤文化为固定的生活方式的历史,而要揭示全民众的历史"[1],提倡关注"平民文化""民众文化"。

从这个意义上说,本书就是一本关注普通学术工作者尤其是人文社会科学的学术工作者,供普通学术工作者尤其是青年学术工作者参考的"社会生态志"。用现在标题党的句式,或许可以叫作"儒林葵花宝典",或者"学术丛林守则"。

所谓行业习俗,也即某一行业群体所共同传承的或习以为常的一种行为方式。本书将以民俗学的学科生态为例,借助这个特殊"学术社区"的种种社会现象,来讨论当代中国学术界的普遍生态。中国现代民俗学是一门典型的"现代学术",该学科滥觞于1918年的北京大学歌谣运动,迄今不过一百余年,学术史不长不短,学术圈不大不小,正好可以做我们考察学术研究这一特殊行业的"社区"个案。

之所以选择以民俗学为例,还有一个原因是因为作者本人深处其中,博士论文和博士后出站报告均以"中国民俗学史"为选题,且长期服务于中国民俗学会秘书处,深谙学术江湖个中滋味。因此,本书将以作者曾经和目前服务的三个单位——中山大学、北京师范大学、中国社会科学院的民俗学团队,以及中国民俗学会作为重点考察对象,兼及作者所熟悉的其他重要学术团队如北京大学、山东大学、中央民族大学、华中师范大学、云南大学、辽宁大学的民俗学团队。

---

[1] 顾颉刚:《圣贤文化与民众文化》,收入《顾颉刚民俗论文集》卷二,中华书局,2011年,第574页。

需要进一步说明的几点情况是：（一）民俗研究往往把"乡村"和"乡民"作为考察对象，本书只是略略转换视角，将"学界"和"学者"作为考察对象，因此，本书讨论的是普通学者的生存状态。（二）目前比较重要的民俗学团队，除中国社会科学院的团队之外，全都附属于各大高等院校，因此，我们对于学术机构与学术体制的讨论，主要围绕高等院校而展开。（三）本书拟采用"民俗志"的方式来检讨某些被学者们视作"理所当然"的习惯性事件。（四）本书只是一种民俗志写作，因此只讨论一般性的社会现象，不讨论"非典"特例。（五）本书对所涉及的学术行为只做现象描述和功能分析，不做价值评判，因此，本书不是所谓的"揭黑"著作。

一、祖师崇拜：学术领袖的神威与功能

确认一个学术领袖以及树立一批学术代表，是每个"学术共同体"[1]所必然选择的发展策略。每个行业学会都有一名会长、若干副会长；每个学术机构都有一名学科负责人、若干学科带头人；每次学术会议都会设立一些召集人、评议人之类。这些人事实上充当了学术代表的角色。业外对于一个学术共同体整体学术水平的认识，主要取决于该共同体学术代表的水

1　本书所说的"学术共同体"是一个广义的概念，共同体可以有不同的层级，最大可以用来指称整个学术行业，最小可以用来指称几位志趣相投的学术同人，或者某个大学或研究机构的项目组，一般情况下用来指称一个学科专业或一个研究领域。本书主要用来指称相近研究领域（比如故事学、歌谣学）的民俗学者集合，或者民俗学科内的某个学术派系（比如口头诗学学派、实践民俗学派）。

平，而学术领袖正是这些学术代表中的最杰出者。

学术领袖的功能必须是双向的，只有被业内和业外学者所广泛认同的学术领袖，对内能够团结学术共同体精诚合作，统一研究范式[1]，形成集团的力量，对外能够以较高的姿态，在更大的学术格局中增强与其他学术团体的对话力度，才有可能为他所在的学术共同体带来荣誉或争取更多的学术资源。

相对于一个木讷寡言的内向型学者，一个为人中正、能言善辩的外向型学者会有更多的机会成为学术领袖。所以说，一位称职的学术领袖不能仅仅是一名学者，他还必须是一名社会活动家。钟敬文（1903—2002年）就是这样一位出色的学科领袖。钟敬文的最后20年主要是作为"导师"而为民俗学界所敬仰。他为民俗学科的经营与维护，付出了比学问更多的努力。[2] 他多次说过："中国这么大，如果每一个读书人都搞个人的一套，发展就不一定大。我想过，像我这样的人，假如我只管自己去发展，走个人的路，也许境况比现在好一点，但对学科的发展，对人才的培养，就未必真有好处。"[3]

一个长期担任领袖的学者到了晚年的时候，很容易就会被推向学术神坛，成为后辈学者崇拜的"祖师爷"。他的学术

---

[1] 库恩认为范式（paradigm）是一套坚强的信念网络——包括概念的、理论的、工具的和方法论的。"对某一时期某一专业做仔细的历史研究，就能发现一组反复出现而类标准式的实例，体现各种理论在其概念的、观察的和仪器的应用中。这些实例就是共同体的范式。"（金吾伦、胡新和译《科学革命的结构》，北京大学出版社，2003年，第40页）

[2] 参见施爱东：《钟敬文民俗学学科构想述评》，《民间文化论坛》2004年第4期。

[3] 小未：《钟敬文》，北京师范大学中文系编《人民的学者钟敬文》，学苑出版社2003年，第172页。

成果会被要求反复阅读，他的观点会逐渐成为"共识"。以此"共识"反观其成果，其成果也自然会成为"经典"。在钟门弟子的眼中，"钟先生的学术著作需要我们细细地品味、咀嚼，越嚼越感滋味之浓厚"，因为"钟先生流畅的字里行间，张扩着一个个奇妙的学术空间，从这一个个空间可以延伸出许许多多的学术生长点，沿着这些生长点，又能砌出一座座高墙乃至大厦"。[1]

在中国民俗学界，至少 60% 的从业者都是钟敬文的弟子或再传弟子，即使是偶尔有缘见过钟敬文一面的民俗学者，也多数会以"学生"自居，如果加上这一部分学生，民俗学界的钟门弟子或再传弟子至少占了全学界的 80%。在众多的弟子或学生当中，论资排辈就成了非常重要的一件事。一般说来，钟敬文在 1966 年之前招收的十几名研究生以及学术助手、访问学者，会被 1976 年之后招收的研究生称作"老师"；而钟敬文在 1976 年之后招收的研究生，相互之间多以"师兄弟"相称。但是，那些有幸留在钟敬文身边工作的学生，即使是资料员，也有更多机会被全国民俗学者尊称为"老师"。因此，能留在钟敬文身边工作，对于许多民俗学者来说，既是一种资源，也是一种荣耀。

钟敬文一直非常强调团结全国的民俗学者，可是，钟敬文去世之后，一年一度的"钟敬文民俗学奖"就显示了明确的排

---

[1] 万建中：《钟敬文民间故事研究论析——以二三十年代系列论文为考察对象》，《北京师范大学学报（人文社会科学版）》2002 年第 2 期。

他性,该奖只奖励北京师范大学毕业的钟敬文及门弟子。对于钟门弟子来说,每年颁奖期间,都是大家欢聚一堂的嘉庆时刻。借助于这种仪式化的庆祝,在这个家族式的学术共同体内,每一个个体对于彼此的身份认同都会得到一次深化,大家除了吃饭喝酒,还会交换许多学术信息,实行信息资源共享。由钟门弟子发起的"敬文民俗学沙龙",则试图将这种共同体由内向外推出一层,吸引更多的民俗学者共同参与,可是,由于外人很难在会后的交流中进入钟门弟子的谈话语境,尽管沙龙一再声称其开放性,但参与者依然是以钟门弟子为主。

在北京师范大学乃至整个民俗学界,学者们必须用"钟老"或者"钟先生"指代钟敬文,直呼先生的名讳无疑是一种冒犯,至少会引来同行的侧目。2002年钟敬文仙逝之后,每年到了钟敬文的生日和忌日,北京师范大学"民俗学与文化人类学研究所"以及"民俗学与社会发展研究所"都要分别举行仪式,纪念和缅怀钟敬文,有些学者还会定期到钟敬文旧居遗像前上香、磕头。这种现象当然不限于北京师范大学,应当视为一种普遍现象。在中山大学"非物质文化遗产研究中心",著名戏曲学家王季思(1906—1996年)的学生每年也会举行相似的纪念仪式。

二、学术机构:祖师的香火地、学者的栖身所

祖师(先生)崇拜首先必须体现为一种半强制性的群体仪式,而群体仪式必须由一个具体的学术机构来组织实施,如此

才能发挥强制的效力。所以，学术机构的存在是祖师崇拜得以建立和延续的基本前提。依据对传统的依赖程度，我们可以把学术机构区分为"新生型"与"传统型"。

新生型学术机构主要仰赖于学科带头人的强势凝聚力，这类机构多为白手起家，因此人数不多，规模不大，比如浙江师范大学陈华文与他的"非物质文化遗产研究所"。传统型学术机构一般有二代或三代的代际结构，规模相对会大一些，这类机构一般会尊崇一位或多位已经去世的学界先贤作为该机构的"先生"（祖师），而该机构的学科带头人一般来说都是这些先生的弟子或再传弟子。

北京师范大学民俗学与文化人类学研究所为钟敬文先生制作了几帧巨幅照片，中山大学非物质文化遗产研究中心则为王季思先生制作了一尊半身雕像。这些形象被放置在会议室或会客室中显眼的角落，其意义不仅在于偶尔举行的纪念仪式之用，也不仅在于借助先生的神威强调学科带头人的世袭地位，主要是为了不断勉励一届又一届的研究生学习先生风范，熟读先生著作，光大先生思想。当然，如果学科带头人本人不是先生的弟子或再传弟子，那么，先生的祖师地位就会被淡化。为了防止这种情况的发生，先生的弟子们一般会尽力阻拦一个外来者成为他们的学科带头人。

对于那些在学术上具有竞争关系的弟子来说，先生是精诚团结的灵符和象征，共同的信仰和仪式可以将这些持不同学术观点的弟子捆绑成一个牢固的学术团队。随着团队的延续壮大，历史问题日益积压，内部矛盾必然会逐步升级，可是，一旦遭遇来自外部的利益争夺，团队会迅速变得高度团结，枪口一致对外。

任何一个研究所或研究中心，都必然配备相应的学科负责人。一般来说，作为业务行政长官的"所长"或"主任"就是该学术共同体当然的学科负责人。团队的当任学科负责人自然充当了祭司的角色，他不仅需要把大家团结在先生的旗帜下继往开来、抵御来自外部的各种利益侵蚀，更得担负起弘扬先生学术、光大先生门庭的重大责任。

这也就是说，先生只有创立了一个官办学术机构，并把这个机构交由自己最亲近的学生继承，对于先生的祖师崇拜才有可能得以实施。即使学术机构的成员、招牌发生了变更，只要机构的主要执行者还是先生的传人，对于先生的祖师崇拜就不会中断。学术机构既是一个学术共同体，又是一个利益共同体。维护先生的神威，是为了维护一套源自先生的学术传统，因此也维护着这一传统荫庇下机构成员的学术利益。没有哪任遗产继承人会冒着"数典忘祖"的风险贸然中断一种仪式传统。

以学科名称命名的学术机构是如此重要：机构的名称意味着官方对于学科门类的认可，机构的规模意味着官方对于学科重要性的认识。相反，一个学者如果不能被纳入与自己专业名称同名的学术机构，无论他在自己的专业上做得多么出色，他的学术成绩也只能被视作个人兴趣或爱好，很难融入他所在学术机构的主流学术圈。著名宝卷研究专家车锡伦就是一个突出但绝非个别的例子，尽管车锡伦堪称中国宝卷研究第一人，但是，他所在的扬州大学却没有与民俗学或俗文学相关的学科点，更没有相应的学术机构，因此直至退休，车锡伦都无法真正融入扬州大学的学科团队，一直被同事视作游离分子，其学术地位从未得到扬州大学的充分重视。

中国现代民俗学在1920年代的发生和发展，主要仰赖于两个前后相继的学术机构：北京大学歌谣研究会和中山大学民俗学会。"其主要参加者和代表人物大都来自于民俗学以外的学科，这种多学科参与的性质和特征，对中国现代民俗学的发展历程产生了重要的影响。"[1] 其实早在这两个学术机构产生之前，就已经有许多中国知识分子"接受了十九世纪七十年代俄国民粹派的理论，开始倡导'到民间去'"[2]，但由于早期倡导者们并没有结成一个有效的学术团队，彼此没能形成强势呼应，倡导力量过于分散，因此直到北京大学歌谣研究会成立，中国现代民俗学运动才算正式启动。

将一个松散的学术共同体化虚为实的最佳途径，就是成立"研究所"或"研究中心"。原本不是同一学科的学者，因为某种机缘，被组织进了同一个研究中心，成为坚实的学科共同体，他们原本互不相干的学术取向将会逐渐趋同，研究方法也会在此后的项目合作中越走越近。1928年成立的中山大学民俗学会是这么做的；2002年开始筹建的中山大学非物质文化遗产研究中心，也是把原本互不相干的民俗学、古代戏曲，

---

[1] 赵世瑜：《中国现代民俗学初创时期的多学科参与》，《民间文化论坛》1998年第2期。
[2] ［美］洪长泰：《到民间去——1918~1937年的中国知识分子与民间文学运动》，上海文艺出版社，1993年，第19页。

以及文艺理论的三方学者统一组织在"中国非物质文化遗产研究"的旗帜下，三方学者经过多年磨合，统一对外宣传口径，现在已经泥水不分，都是非物质文化遗产学专家。

学术机构都有一个从筹建到兴衰的过程。在它筹建的早期，总是会有一位热心的发起人或推动者，他要负责说服主管领导，拿到新设机构的红头文件，同时还要募集资金、招兵买马，无论在哪个环节，他都必须拿出一定量的前期成果来，作为可行性的论证依据。由此可见，学术机构的成立既要以学科带头人的学术成绩为基础，也要仰赖于筹建者的政治地位和运筹能力。中山大学"中国非物质文化遗产研究中心"主任康保成是古代戏曲学者，固然成绩斐然，但是，中心能够顺利地通过审批，与康保成的同门师弟、中文系主任欧阳光的大力支持和上下奔走是分不开的。

华中师范大学在刘守华留校任教之前，没有任何民俗学基础，但是因为刘守华有故事学建树，以及他在1984—1988年间担任中文系主任一职，有机会调用部分行政资源，把青年教师黄永林收入旗下，并于1987年成功建立了民间文学硕士点，然后为自己的学生陈建宪办理了留校手续，这样，一个民间文学教研室的架子就基本上搭起来了。此后多年，教研室不断壮大，再后来，黄永林升任学校副校长，陈建宪也成为文学院副院长，他们有了更多可用的行政资源，民间文学教研室也逐步蜕变为"非物质文化遗产研究中心"。21世纪初期，该校已经成为民间文学和民俗文化研究的重要基地之一。

凡是民俗学发展比较好的大学，一般都有与此相似的成长历史和结构模式：一个既有一定学术地位，又有较强社会活动能力的学科带头人，在他的张罗下，成立了一个民俗学研究机构。如西北民族大学的郝苏民与他创立的"社会人类·民俗学系"、中山大学的叶春生与他创立的"中山大学民俗研究中心"、山东大学叶涛与他创立的"民俗学研究所"、浙江师范大学陈华文与他创立的"非物质文化遗产研究所"。在当今的学术体制内，只要有了固定的编制，从属于这些机构的民俗学从业者就有了一个稳定的职位。一般情况下，即使学术机构的名称由"社会人类·民俗学系"改成了"民族学与社会学学院"或者"中华民族共同体学院"，机构的编制依旧会得到保留，民俗学从业者也不会因为机构名称的改变而失去这个研究岗位，他们依然可以在新的机构版图中找到自己的生存空间。

因此，对于一个新入行的青年学者来说，进入一个高端的学术团队是如此的重要。只有在一个坚实的共同体内，自己的学术力量才能被纳入一个有序的轨道，在学术史的潮流中实现自己的学术价值。为了能顺利进入一个高端的学术团队，他必须逐步习得该团队的主流研究范式，同时，他还必须部分地放弃自己原有的学术路向，修改自己的研究规划，无条件地接受对于该团队既定祖师、既定权威的认同。

三、薪火与香火：导师与学生的不对等互惠关系

强调"学术传统"是许多学术机构对于自身学术地位合法性的一种宣称。1935年，杨成志从法国学成回国之后，试图

在中山大学组建人类学研究机构，可是独木难支，于是想到借助顾颉刚、容肇祖等人创下的学术传统，重举"中山大学民俗学会"的大旗招兵买马，并复办《民俗》杂志。杨成志的学术旨趣和研究方法与早期中山大学民俗学会的开创者们大相径庭，可是，杨成志却强调说："我们真诚地相信，民俗学就像'兄弟之爱一样，应出自家中'，换言之，'民俗学为应用于本国范围内之社会人类学。'"[1]说白了，杨成志只不过是借用《民俗》周刊的老招牌，做他人类学的新建设。[2]

1949年之后，随着杨成志的北上，早期中山大学民俗学会的开拓者和继任者全都离开了中山大学，好不容易搜集起来的民俗资料也在抗战前后的数次搬迁中丧失殆尽，人、物两空，所谓的"中山大学民俗学传统"其实已经荡然无存。1980年代，当中山大学的新生民俗学者重张民俗学门店的时候，他们的诸多回顾性文章显示他们对那一段历史已经非常陌生，更遑论学术传统的继承。可是，当他们申请设立民俗学硕士点、博士点，申请成立民俗研究中心的时候，却必然会强调这是传统香火的延续。即使到了21世纪，当他们筹建"中国非物质文化遗产研究中心"的时候，依然得强调"由顾颉刚、钟敬文等前辈创立的民间文学和民俗学研究传统，也在不断开拓创新中"。[3]但事实上，执掌该中心的主要是戏曲学者王季思的弟子

---

1 杨成志：《〈民俗〉季刊英文导言》（汉译），《民俗》季刊第1卷第1期。
2 参见杨成志：《国立中山大学历史研究所人类学部研究计划》，存广东省档案馆，全宗号20，目录号1，案卷号21，第72页。
3 "中山大学中国非物质文化遗产研究中心"官方网站，http://www.cich.org.cn/wenhua/Article/Index.asp，发表时间不详，核查时间：2009年9月30日。

和再传弟子,他们只是认识到了所谓"非遗学"与民俗学不可分割的密切关系,因此借用民俗学的旗帜,招贤纳士壮大戏曲研究的学术队伍。

将学术传统这种"非物质"的文化遗产转化为某种"物质"的视觉形象,如制作历史宣传册、为祖师爷造像、将历史化入形象识别系统,等等,是所有研究机构强调其学术传统的一种符号化手段。无论是北京师范大学的民俗学机构,还是中山大学的民俗学机构,都会把钟敬文的形象挂上官方网站,或者印成宣传图片,以强调其学术传统之正宗。可是,他们的学术旨趣却与钟敬文的研究范式相去甚远。顾颉刚或者钟敬文,都只是一道灵符,一种标示传统的外部识别符号。

即使是直接的师徒之间,也不必然存在所谓的学术传统。就中山大学叶春生教授指导的博士生而言,他们分别从事民间信仰研究、学术史研究、传说研究、妇女研究、城中村社会问题研究、民族研究、建筑研究、民间舞蹈研究、民间诞会研究,等等,彼此不可通约,我们很难从中归纳出一种可辨识的学术传统。学生从导师手上接过的,只是一袭博士袍,而不是导师的手。民间俗语"师傅领进门,修行在个人"放在学术行业,一样适用。

相比之下,许多并非同一单位的学者,因为相近的学术旨趣或思维方式,反而会选择相近的研究范式。以刘守华为核心的一批故事学家,如林继富、顾希佳、江帆、孙正国、郑筱筠、吴光正等人,虽然散布在南北各地,却是一个比较稳定的故事研究共同体。我们后面还将提到,一批散布于不同学术机构的,与顾颉刚扯不上任何师承关系的青年学者,反而是顾颉刚民俗学范式最忠实的拥戴者。

师生间的关系,与其说是学术传统上的承继关系,不如说是学术网络上的伦理关系,也即"一荣俱荣,一损俱损"的唇齿关系。"学校办得好不好,不仅仅体现在导师的著述,更重要的是师生之间的对话与互动,以及学生日后的业绩与贡献。"[1]因此,站在导师的一面,总是要首先提携自己的学生,尽可能为学生争得学术地位。

中山大学黄天骥教授常常把学生比作水,把导师比作船或石头,认为良性的师生关系是"水涨船高",恶性的师生关系是"水落石出"。所以,站在导师一方,总是要极力扶持自己的学生,学生就是自己的"嫡系部队",是天然的永久性追随者;而站在学生的一面,必须事师如父,一旦背叛师门,无论是非曲直,舆论总是会偏向导师一方。费孝通说:"血缘是稳定的力量。在稳定的社会中,地缘不过是血缘的投影,不分离的。"[2]同样的道理,师门也是血缘的投影,学生对师门荣誉的维护就是对自己学术源头合法性的维护。

陈平原在解读清华国学院的辉煌时分析道:"谈及国学院的贡献,大家都着力表彰四大导师,这当然没错;可我认为,国学院能有今天的名声,与众弟子的努力分不开。弟子们的贡献,包括日后各自在专业领域取得的巨大成绩,也包括对

---

[1] 陈平原:《大师的意义以及弟子的位置——解读作为神话的"清华国学院"》,《现代中国》第6辑,北京大学出版社,2005年。

[2] 费孝通:《乡土中国》,北京大学出版社,1998年,第70页。

导师的一往情深，更包括那种强烈的集体荣誉感。"[1] 我们常说"名师出高徒"，"出"字既可以理解为"出产"，也可以理解为"出自"，通常语境下人们都作前一种理解，但从学术史的角度来看，后一种理解却能得到更大的概率支持。也就是说，高徒往往是成就名师的必要条件，先有高徒这批绿叶，而后才有名师这朵红花。章太炎身后的著述流播，主要就是靠了一批新门生的哄抬，而门人之间的相互援引提携，更加提升了章门学术的话语权力。[2]

  学生充当导师的耳目或者马前卒，在中国教育传统中是值得褒扬的行为。因此，导师招收什么样的学生，以及把毕业生安插何处，许多时候关系到导师对于各种学术资源的利用，只要布点得当、安插有力，就能近水楼台尽揽星月。钟敬文生前曾说，他最乐意看到中国社会科学院的研究人员来报考他的博士，他们有研究经验，比较成熟，上手快。香港中文大学文学院一位知名教授明确要求自己的博士生毕业后必须到大学教书，把他的学术思想播撒到全国各地。不同导师有不同的风格，有些导师比如中山大学的黄天骥，就特别热衷于把自己的学生安插到学术期刊或新闻媒体，这样就有更多可用的宣传资源，能最大化地扩大其社会影响力，广东三大报《南方日报》《羊城晚报》和《广州日报》以及各个新闻媒体，到处都布满

---

1 陈平原：《大师的意义以及弟子的位置——解读作为神话的"清华国学院"》，《现代中国》第6辑，北京大学出版社，2005年。
2 陆远：《渊源有自："八马"的传承与流派》，《历史学家茶座》第十三辑，山东人民出版社，2008年。

了他的学生。

留校博士无疑是导师最好的学术助手,他们了解导师的学术兴趣,熟悉导师的研究范式,知道如何最好地服务于导师。他们可以很好地遵照导师的要求完成各种研究课题,这样,导师就能以有限的精力去承接无限的课题,腾出更多时间从事研究工作之外的学术交往,以争取更多的学术名誉或社会资源,扩张自己的学术势力。在这种模式下,一个大教授就像一个包工头,不断地对外承接业务,然后把任务一层层分包给下面的小教授,然后再分派给他们的博士生、硕士生。因此,一个教授拥有的社会资源越丰富,他拥有的课题也就越多,越热衷于广招门徒,可是,他也就越没有时间从事具体的研究工作,更没有时间指导学生。

师生之间的互惠关系不仅使学生们对那些有权势有关系的导师趋之若鹜,也诱使每一位导师都希望将最优秀的学生网罗在自己身边。每年的保送研究生,总是交由学科负责人优先挑选之后,才交给其他导师按学生兴趣和方向进行分配。

每年博士生毕业前夕,都是导师们权力较量的时候,每个导师都希望留下自己的学生,可是,研究机构的编制总是有限的,留谁不留谁,并不单纯由学生的个人素质决定,主要是由导师的斡旋能力决定。那些担任过行政领导职务的导师会有更多的机会把优秀学生留在身边,而且一般会尽可能利用手上的权力,逐步搭建起一个完整的学术梯队。这样,一个以自己为塔尖的学术金字塔就建起来了。这种依靠个人魅力建立起来的学术团队,对中国现代学术的发展起到了重要的推动作用。中山大学民俗学会是依靠顾颉刚而建立的，北京师范大学民间文化研究所是依靠钟敬文而建立的，西北民族大学社会人类·民俗学系是依靠郝苏民而建立的，华中师范大学民间文学研究室是依靠刘守华而建立的。

优秀毕业生留校是保持学术传统的有效方式，但同时也是该传统走向衰落的罪魁祸首。近亲繁殖必然导致学术共同体理论创新的延滞，以及汲取外来理论方法上的对抗情绪。师生关系如果加上留校后的上下级关系，导师对留校学生的学术影响就会比离校学生大得多。

留校博士要不断地参与导师的研究课题，而且要尽可能忠实于导师的学术理念，他要在师弟师妹和自己的学生面前歌颂导师的学术成就，阐释导师的学术思想，贯彻导师的学术理念。一方面，他起到了延续学术传统的作用；另一方面，他是阻挡外来研究范式入侵的"赫克托尔"。在这种对导师的维护和颂扬中，他自己也不得不收敛其学术创新的脚步，亦步亦趋地从事常规研究；他的很大部分精力要投入到导师的课题中，他自己的研究成果因此大打折扣，长此以往，其学术成就也就自然远在导师之下。这就是为什么钟敬文、赵景深、钱南扬之后，难有学术成就可与导师比肩的弟子。如此延续到第三代、第四代的时候，这一学术传统基本也就式微了，只剩一个庞大的金字塔底座，即将面临土崩瓦解。

学生是导师形象的最佳雕塑者。大凡名师，光辉形象都不是自己塑造的，而是学生塑造的，尤其是那些擅长散文写作的学生。导师的一言一行，哪怕是徐志摩式的三角恋、风流债，或者是黄侃式的古怪脾气，到了煽情学生的生花妙笔之下，都可以由俗入雅，被叙述成难得一见的名师风范。普通人身上的一件丑闻，到了名师身上，就是佳话，一切视乎从什么角度，用什么笔调来叙述。

至于补足、夸张、删减、粉饰等艺术手法，更是美化导师不可或缺的必要环节。因此，学生们借助想象和回忆而撰写的一批诸如《师门问学录》《师门五年记》《师门杂忆》之类的优美文字，就成了将导师的生动形象固化为传世书写的必要手段。"如北大清华数次驱赶校长，在某些'过来人'看来就是很不宽容，只不过此类史料被《读书》的作者们尽数过滤，我们目前所见的倒都是诸位先人'宽容'的一面。"[1]

苑利《钟老在最后的日子里》是这样雕塑钟敬文的："钟老是个极勤奋的老人，就在他住院的前一天，还给弟子们上课，这时，他已有99岁的高龄。在医院里，除医生治疗外，你很难感受到医院的氛围。不管谁来这里，大家热火朝天谈的都是学问。"[2] 这些浪漫夸张的文字，常令那些不能面觐钟敬文的后辈学者悠然神往，也为钟敬文时代的中国民俗学罩上了一圈圣洁的光环。

---

[1] 薛刚：《往事与随想——〈读书〉史学类文章研究》，《云梦学刊》2007年第3期。
[2] 苑利：《钟老在最后的日子里》，《中国社会科学院报》2002年3月21日。此文最早刊载于《北京晚报》2002年1月23日，并被多家媒体转载。

四、寿者仁：成功学者的成功秘诀

所有的学术史，都是回溯性的。学者发表的论文，犹如射出去的箭。箭射得准不准，并不由射手说了算，而是由读靶人说了算。学术史家就是读靶人，他们会把靶心画在他们认为最有价值的文章上，而不是画在作者自己认为最好的文章上。尽管许多学术史家非常努力地试图阅读和理解前人的作品，但他永远不可能回到前人所处的学术生态，他只能凭自己的想象，从后叙的视角看待前人的工作。

在学术史家眼里，文章无所谓好坏，只有意义高下和影响大小。所有的文章，都只能在历史的年轮中刻写它的价值，离开了它所处的时代和当时的学术影响，其价值和意义就无从谈起。所谓"层累地造成的中国古史"之说，只不过缘于顾颉刚写给钱玄同的一封信，假如这封信当年没能及时发表，或者钱玄同、胡适等人没有给出热烈的回应，那么，在后现代史学理论汗牛充栋的今天，这封书信的价值就有可能被淹没在海登·怀特（Hayden White）更加激进而精细的理论话语之中。所幸的是，顾颉刚的书信及时发表了，而且在当时产生了巨大的反响；遗憾的是，顾颉刚的这封信没能及时冲出亚洲。吕微曾经感叹说："如果海登·怀特对顾颉刚当年的假说有所知晓，他一定要奉顾氏为后现代学术的一代宗师。"[1] 可惜的是，历史无法重来，当年顾颉刚的理论没能传入西方，今天以及将

---

[1] 吕微：《顾颉刚：作为现象学者的神话学家》，《民间文化论坛》2005年第2期。

来，顾颉刚都难以重登后现代宗师的宝座，后人只能为此扼腕叹息。

能够成为研究范式的优秀成果不仅取决于成果本身的价值，很大程度上还依赖于著作者的学科地位和影响力。相近学术水准的文章，发表在核心期刊还是一般期刊，效果大不一样，前者犹如"一朝选在君王侧"，后者却是"养在深闺人未识"。同样的文章，署名钟敬文或者张三李四，效果也有天壤之别。一个学者一旦成为学术领袖，他的研究成绩也将随着其社会地位的提升而得到更多的认同。在民俗学界，钟敬文说一句顶过别人说十句是很正常的，当他年近百岁的时候，无论说点什么，都能"引来满堂喝彩"[1]。

一个学者成为学术领袖之后，自然要对许多一般性的学术问题表态或者发言，这些表态未必是个人的真知灼见，但往往成为后学引证的经典言论。

一句人人都能说得出的"普通话"，经了学术领袖之口，意义就大不一样。"在民间文艺学界除旧布新的学科建设时期，钟敬文在多个场合提出要加强民间文学的多角度研究，以及民间文学与交叉学科的关系。这样的倡导，对于民间文艺学的健康发展，显然是十分有益的。"[2]但我们也知道，这样的提倡，钟敬文不是第一个，也不是唯一的，所不同的是，这些话只有经了钟敬文的口，才具有号召力。

---

1 杨玉圣：《与钟敬文先生仅有的一次会面》，《博览群书》2002年第3期。
2 陈泳超：《钟敬文民间文艺学思想研究》，《民俗研究》2004年第1期。

一个青年学者若想速成"知名学者",除了努力修炼内功,还得与时俱进,观察学术气候、习得诗外功夫,选择适合于当前形势的发展道路。时代不同,学者的成名捷径很不一样。

1920年代是个学术大革命的时代,传统的经学范式被打破,新的学术范式尚未确立,这时,只要积极参与这场学术革命就是胜利。早期民俗学运动最积极的参与者,钟敬文、杨成志、刘万章、张清水等人,都是以积极参与民俗学运动而知名的。

1980年代是民俗学恢复期,最好的成名方式是编教材,谁能够把1949年以前积累起来的民俗学知识普及到广大民俗学爱好者中间,谁就能获得话语权。这一时期最活跃的几位民俗学家如乌丙安、陶立璠、段宝林等人,都曾编写过一批影响较大的民俗学或民间文学教材。

1990年代进入了民俗学的发展期,这时的民俗学教材已经多如牛毛,想靠教材成名已无可能。这一时期最好的成名方式是出版专门论著,大批钟门弟子如高丙中、色音、杨利慧等人的涌现,正是通过出版博士论文而成名的。

进入21世纪之后,教育部的各种学术评估越来越发挥指导作用,高校开始出现重论文而轻专著的倾向,于是,提高自己在学术期刊尤其是核心期刊上的曝光率就成为青年学者最好的成名方式。

2010年之后,普通的核心期刊已经难以作为青年学者的成名捷径,只有在权威期刊发表论文,以及拿下国家社科基金项目,才能评上教授,且有可能拿到国家级人才称号。因此,每年国家社科基金公示之日，学界反应就如科举放榜，有幸"中榜"的学者，就会不断收到许多十几年不联系的学界朋友的"祝贺"短信，然后不断回复："谢谢鼓励！""实属侥幸！"你写了什么好文章，别人不知道，但如果你拿下一个国家社科基金项目，一天之内，举国同行都会知道。毕竟通过一份榜单了解行业态势和同行业绩，比起阅读海量的学术论文，省了太多的时间和精力。

在这个信息横流的时代，思想性的文章成为潜流，浮在上面容易被人看到的，都是大标题、博眼球的文章。多数优秀的学术成果都很难在发表的当时得到业界认同。一个学者最优秀的学术成果总是写于他精力最旺盛的青壮年时期，但是，这一时期的学者普遍还没有相应的学术地位，这些成果还难以被广泛阅读，而当他获得了崇高学术地位的时候，一般来说，他已经到了写不出最优秀论文的年龄了。

一篇优秀的论文，不仅需要作者具有丰富的知识积累与超常的智力水平，还需要作者具有充沛的体能。作者不仅要有足够精力去田野作业或者爬梳文献，还要有足够精力来专心长考，他要有足够的体能经受失眠的煎熬，他的腿要勤、眼要快、精力要集中。一个年过花甲或者养尊处优的成名学者已经很难再经受这种体能和智能的折磨了。

但这并不是说，年过花甲的老学者就已经失去学术价值，恰恰相反，这个年龄的优秀学者已经功成名就，正处于广受尊敬的年龄，此时正需趁热打铁，好好经营自己的学术成果。他们过去的优秀成果常常被一些青年同行或者研究生视作研究典范，因此，需要通过各种方式反复推广那些成功的经验范式，指导青年学者在这条道路上继续前行。当他们更老一些的时候，他们已经桃李满天下，他们的学生还将把这一套"行之有效"的研究范式进一步推广到更年青的研究生群体，实现其"薪火相传"的学术理想。

优秀业绩只是成就一个学者的必要条件，而不是充分条件。一个学者若要得到广泛的阅读认同，他还必须活得足够长。陈平原在《不靠拼命靠长命》一文中提到："大学毕业那阵子，老师私下里半开玩笑半当真地传授了'治学秘诀'，那是老师从他的老师那里学来的。这十字真言道破了很简单，大白话一句：'做学问不靠拼命靠长命。'据说这句至理名言的两位创造者，晚年都真的很有学问，成了学界泰斗。"[1] 文中所说的"老师"即王季思，"老师的老师"即夏承焘。凡在中山大学受业于王季思的学生，几乎所有人都在不同场合听到过这句话。

当钟敬文跨过 95 岁高龄之后，就不断有人称呼其"百岁老人"。中国民间有长寿即道行的说法，百岁是个槛，槛的这头是凡人，槛的那头是仙人。一旦被称作"百岁老人"，首先从称呼上就获得了一种理所当然的经验知识权威性。

传统学术史都是以"名家名作"的方式来书写的。我们往往是先确定了名家，然后再按图索骥，回溯其名作。名作的确立，又将进一步确认名家的地位。一个活得足够长、学生足够

1　陈平原：《不靠拼命靠长命——学术随感录（五）》，《瞭望》1988 年 44 期。

多的学者,哪怕是早年的稚嫩之作,都会被弟子们翻出来,当成历史文献重新出版,并以早期学术阶段的"必然稚嫩"来修补这些成果的不足。"在动荡多变的近代社会,长寿者本身就是国家历史的缩影。更重要的是,长寿者有更多的说话机会,有可能影响历史研究的趋向,同时既作为历史活动的参与者,又是历史叙述的制造者。"[1]那些连钟敬文自己都认为"幼稚",自谦为"描红格子"[2]的少年习作,在他晚年的时候,全都被学生们当作中国民俗学的早期经典,从各种旧杂志中翻出来,与时俱进地被赋予各种新解读和新意义。

一个学者一旦成为"仁寿"的学术领袖,他过往的学术成果也必将被弟子们"层累叠加"地赋予各种连他自己都未曾想到的丰富内涵。正如黄苗子、郁风夫妇给钟敬文奉上的祝寿辞:"三千弟子半耆宿,一代风骚拜老成。"[3]

相反,如果一个学者过早退出了学术共同体,他不能在历史舞台上持续曝光,那么,他早年的学术成果也多半只能随之退出后人的阅读视野。这样的例子不胜枚举。董作宾的《看见她》、容肇祖的《迷信与传说》,其学术价值堪称1920年代的民俗学代表性成果,学术水平明显处在钟敬文同期成果之上[4],

---

1 刘一皋:《中国近代历史人物研究的困惑——以梁仲华为例》,《历史学家茶座》第九辑,山东人民出版社,2007年。
2 钟敬文:《建立中国民俗学派》,黑龙江教育出版社,1999年,第17页。
3 陈芳:《钟敬文:从"五四"走来的中国民间文学泰斗》,《纵横》1997年第9期。
4 钟敬文先生在谈中山大学民俗丛书的重印问题时,曾经说过:"告诉叶老师,我那几本书不要重印,那都太幼稚了,顾先生、容先生的作品比较成熟。……我不是谦虚,我没必要谦虚,这是实事求是。"(钟先生病中谈话录音,2001年8月16日,北京友谊医院,访谈人:施爱东)

但是，由于两人很早就退出了民俗学界，今天的民俗学研究生已经很少有人了解这些优秀成果了。

五、学术推广：圈内的口碑与圈外的宣传

一般来说，学术论文越是专业，诉求的阅读对象就越少；越是精深，被理解的可能性就越小；越是具有独创性，被接受的程度就越低。这种矛盾关系几乎是不可调和的。

创造性思维的学者都是钻牛角尖的，曲高和寡是多数杰出成果的必然命运，学者们常常感叹说："我们是自己同自己过不去，因为工作到了一定程度，就没有人来处处对话了。这是一种穷途末路的境界，意义、前程等等都只能从自己的心中生出来。"[1] 这时，可以支撑学者继续其工作的，只有内心的信念，他必须有强大的内驱力，去从事寂寞的思考。

所以说，一个真正的学术大师，并不首先来自外界的承认，而是来自内心的信念。自许为学术大师未必是成为学术大师的充分条件，但肯定是其必要条件。一个连自己都不敢承认自己价值的学者，不可能有足够强大的内心力量来支撑他数十年如一日地坚守在一个寂寞的学术领域。最优秀的学者都是特殊领域的专门家，而不是大众媒体的宠儿，学术研究注定是寂寞的，而且很可能终身寂寞，冷门绝学尤其寂寞，这是学术行业最无奈的现实。

---

[1] 王小盾：《序》第 6 页，马银琴《两周诗史》，社会科学文献出版社，2006 年。

一个寂寞的学者要使自己的劳动成果得到承认，不时地走出书斋进行适当的媒体对话以及适度的自我表扬是必要的。1928年中山大学民俗学会成立之初，顾颉刚等人充分地利用了当时的校报、《语言历史学研究所周刊》以及《民俗》周刊，连续刊登广告。比如《孟姜女故事研究集》的广告词就称："此书，为本校史学系主任顾颉刚先生所著。顾先生为当今史学界泰斗，其对于孟姜女故事的探讨，乃他为研究古史工作的一部分，而成绩之佳，不但在中国得到许多学者的钦佩，便是日本许多民族学家史学家及民俗学家，也很为赞许。诚为现代出版界中一部不很易得的产品。"[1]这样的广告语曾让顾颉刚的许多同事很不舒服[2]，但是不可否认，也为顾颉刚及其民俗学壮大了声势，吸引了一大批铁杆粉丝。

1990年代之后，高校对于学术成果的量化管理体制导致了学术论著的大量涌现，以至鱼龙混杂、泥沙俱下。"真正有独创性、有建设性的成果常不能得到应有的重视和评价，而一些无关痛痒的问题和似是而非的结论却充斥在学术史的叙述中。"[3]大量陈陈相因的出版物无疑给学术研究带来了巨大的阅读困难，如果不是选题需要，绝大多数学者都无暇去阅读同行的新成果。因此，青年学者主动、技巧地向同行推荐自己的学术成果也就成了扩大学术影响的必要手段。

"酒香不怕巷子深"的年代已经逐渐远去，自卖自夸的王

1　《民俗学会新出三种丛书》，《国立中山大学日报》1928年4月27日。
2　王学典、孙延杰：《顾颉刚和他的弟子们》，山东画报出版社，2000年，第140页。
3　蒋寅：《学术史：对学科发展的反思和总结》，《云梦学刊》2006年第4期。

婆定律不仅适用于市场营销，同样适用于学术推广。常见的推广方式有四：（一）网络平台的推广。微博、微信等网络平台的推广，成为当代学术最有效的营销方式，学术著作商品化，商品营销化，这是当代学术无法摆脱的现实困境。（二）向同行赠书。越是专业化的学术著作越难经由市场到达消费者手中，因此，主动把自己的著作赠送给同行，是扩大学术影响的有效途径。（三）召开新书讨论会。这是赠送图书的高级形式，一种变相强迫同行接受学术成果的方式。（四）请同行写书评。在学术领域，即便是相近的专业方向，也是隔行如隔山，许多学者只能通过阅读书评来大致了解其他专业的学术成果，所以说，邀约书评是学术著作推广中成本最低、效果最好的一种方式。如果有著名书评家的网络平台推荐，效果尤其显著。当然，以上无论哪种方式，作者的人缘积累都很重要。

学术论文的推广手法则相对更为多样：（一）网络再发表。学者论文在纸媒正式发表之后，大部分还得借助微信公众号进行二次发表，方便同行阅读和转发。（二）学术讲座。许多学者都会借助专题讲座把自己最得意的成果介绍给同行或研究生。（三）同行评议。将论文提请同行批评，也是把论文推销给同行的一种方式。（四）转载或摘录。"学术文摘对于解决信息时代日益尖锐的生有涯而知无涯的矛盾，对于扩大一般读者的知识面，对于普及学术研究的最新成果，甚至对于提高学术的知名度，都是很有益处的。"[1]（五）学术引证。论文影响因

---

[1] 陈平原：《"文摘综合症"——学术随感录（二）》，《瞭望》1988年第33期。

子最重要的评价指标是引证频次，但事实上，专业的学术论文是很难被广泛引证的，只有那些专业方向最接近的同行才可能认真阅读这些论文，所以，在学术共同体内部尤其是师门内部提倡互相引证、往复讨论是正常而且必要的。巴莫曲布嫫是当今彝学界最杰出的学者之一，在史诗领域建树尤多，可是，某学者在会议期间送给巴莫一本关于"彝族史诗与文化研究"的专著，扉页居然题写"敬赠八嬷老师"，"巴莫"二字一个也没写对，足见其对巴莫只闻其名，未读其书，更遑论引用其著述了。

不同的学者会选择使用不同的方式来自我表扬。比如，西南师范大学韩云波教授经常夸耀自己的博士论文只用18天就完成了，而更多的学者则喜欢强调田野调查的艰苦以及写作过程的艰涩。前者意欲强调自己敏捷的才情，而后者则是为了突显论文的时间成本和劳动力成本，从而提升读者对于论文价值的认可度。

问题在于，并不是只有优秀的学术论著才会使用推广手段。一些学术官僚偶尔出版一本随笔式的小册子，一样可以开个新书发布会，一样能听到许多赞誉之词。这时，"口碑"就成为一种重要的约束因子。口碑是指学者们在非公开场合口口相传的学术评议，一般源于私下交流，形成了一定的共识。这种非公开场合的学术评议往往比公开场合的学术评议更加尖锐、真实、不讲情面。

口碑主要形成于圈内，正如历史学者桑兵在接受记者采访时说："真正的学者大师是一种口碑，是整个圈子抛弃利益成见的非利益评价。"[1] 钟敬文就常常借助臧否人物来表达自己的学术立场："容观琼评教授的时候，我写了评语。他只给我一篇论文，我说一篇就行，可以做教授。文章一篇就可以看出水平，何必要十篇八篇。"[2] "我从十二三岁起就乱写文章，今年快百岁了，写了一辈子，到现在你问我有几篇可以算作论文，我看也就是有三五篇，可能就三篇吧。"[3]

对于学术共同体内的学者来说，圈外的名声多是虚名，圈内才是他生存和交流的空间，因此，口碑的力量可以对学者的行为形成强势约束。一个学者如果在公众视野中非常有名了，一般也就很少在学术圈内活动了。对于他来说，圈内圈外是两个世界，圈外前呼后拥风光无限，可是一回到圈内，谁也不买他的账。

在当代民俗学界，仅两位广西籍学者谭达先和过伟，每人编著图书就在50种以上，均可谓著作等身，却没有一部堪称代表性的作品。可资比较的是，中国社会科学院的刘魁立很长时间都只有一本《刘魁立民俗学论集》行世，但是，刘魁立却能继钟敬文之后，连续三届当选为中国民俗学会理事长，不能不说是圈内学者"对他在民俗学上的渊博学识和独特贡献的肯定"[4]。

由此可见，学者立身的根本是其出色的研究成果，非如此

1　蒲荔子、李荣华：《他根本没有什么学术成就》，《南方日报》2009年2月24日。
2　钟敬文先生病中谈话录音，2001年8月13日，北京友谊医院，访谈人：施爱东。
3　杨玉圣：《与钟敬文先生仅有的一次会面》，《博览群书》2002年第3期。
4　刘亚虎：《刘魁立在民俗学上的渊博学识和独特贡献》，《广西民族学院学报》2001年第2期。

难以有好口碑，但是，有好口碑的学者未必能得到与这种口碑相匹配的政府荣誉或现实利益。因此，在出色研究成果的基础上，做好学术推广是一道锦上添花的学术工序。一个学者如果不谙此道，他至少应该培养一批忠实的学生或拥趸，以协助传播和颂扬其学术，否则，再出色的"珠"也只能厕身于眼花缭乱的"鱼目"中间，寂寞以终。

六、宏观学术规划：一支无效的学术指挥棒

我们常常听到有学者叹息说，某某事项非常有意义，可惜没人研究，或者再不研究就会怎样怎样。那么，为什么有意义的事项却没有人研究呢？

钟敬文曾经在《建立中国民俗学派》《关于民俗学结构体系的设想》等多篇论文中为民俗学描绘了一幅宏观的学术蓝图，希望民俗学界"在今后的民俗学工作中尽可能加强计划性，加强合作和共同商讨"[1]。但是，作为"计划体制"的民俗学，其各个分支、方向，在难度、利益等方面肯定不会是均衡的。个人的研究一旦纳入集体的框架，就必然有人吃肉有人啃骨头，有人出风头有人坐冷板凳。

民俗学毕竟不是一个行政单位，除非在同一个研究机构，学者的研究方向主要是由学者自主决定的，那么，有谁会为了实现别人的理想蓝图，自己坐在冷板凳上啃骨头呢？我们不排

---

[1] 钟敬文：《关于当前民俗学工作的三点意见》，《钟敬文文集·民俗学卷》，安徽教育出版社，2002年。

除个别学者有这种精神,但我们的讨论必须基于"普遍性"而忽略"小概率事件"。一般来说,一个学者具体研究什么而不研究什么,并不遵照智者的指导意见,而是视乎个人兴趣或课题利益。比如,本书修订过程中,笔者恰巧看到一篇关于恒大集团董事局主席许家印如何指导硕士、博士研究生研究自己的文章,文中特别提到:"这10名博士、硕士有很多都是奔着许教授的鼎鼎大名,主动报考武汉科技大学,主动报考许教授做导师。"[1]

人都有"经济"的天性,总是试图用最小的代价,换取最大的利益。因此,绝大多数学者都只会选择有经济利益的课题、有助于获得学位或晋升职称的课题、能让成果得到顺利发表的课题、能提升学术声望的课题;少数学者会选择那种纯粹带给自己身心愉悦的有趣课题;几乎没有学者会为了一幅理想的民俗学蓝图而选择那些对个人没有多少实际收益的"有意义"的课题,哪怕这幅蓝图是由钟敬文描绘的。比如,"民间故事类型索引"这样一个曾经被认为"非常重要"的课题,尽管有刘魁立等一批知名学者不断呼吁立项,却始终没人接手。谁都知道,这类课题耗时长、见效慢、枯燥无趣,如果没有充足经费和政策优惠,预支的劳动力成本与可能的学术收益根本不成比例,谁接手这类课题谁自讨苦吃。

所以说,能引得一群鸭子跑过来跑过去的,永远不是那个

---

[1] 并不稳定的飞行:《许家印教授自己研究自己,指导了10篇博硕士学位论文》,微信公众号"并不稳定的飞行",微信号:shiyuxuyu,发表时间:2023年10月1日,核查时间:2023年10月1日。

头脑最清楚的哲学鸭子,而是手里拎着一桶鸭食的心怀叵测的饲养员。

高校系统的各种学术政策无疑会给当下学术走向造成巨大影响。一个博士生在撰写博士论文的时候,他必须接受导师的指派,只有这样他才有可能顺利地完成并通过他的博士论文答辩。当他取得博士学位之后,很快将要面临职称晋升的问题,于是,他必须努力去申报各种各样国家级或省部级的课题,而且他还必须在官方学术机构指定的"课题规划"中去选择他最有可能拿下的课题,尽管这些课题既不是他的专长,也不是他的兴趣所在,甚至可能是一个伪命题。职称问题解决之后,还有更多的帽子和头衔,以及与此挂钩的其他利益等着他努力去摘取。学者的生命就像电子游戏中的"打通关",一天天一年年就这样耗散在无穷无尽的一关又一关的利益追逐之中。

当北京大学的高丙中教授击败中山大学"非遗学"团队拿下那个标的80万元的"非物质文化遗产与文化生态建设"课题的时候,并不表明这个课题就是他的学术兴趣之所在,也不表明他认为这是一个有充分学术价值的课题,他看中的主要是"国家级重大课题"这个名头,以及80万的课题经费。一方面,把一个看起来像是民俗学的重大课题留在了民俗学界,我们会觉得高丙中为民俗学挽回了面子;另一方面,至少在接下来的两年内,高丙中将为这个没有多大实际意义的准学术课题牺牲大量的时间和精力,还得设法将之转化成一份对得起自己学术良心的有意义的成果。

目前国内各高等院校都有所谓工作量的规定,比如,每位教师每年必须在一定级别的学术期刊发表一定数量的学术论文。这种盲目追求产量的"学术大跃进"所导致的后果是，高校教师成为学术泡沫的最大供货商。21世纪以来层出不穷的所谓学术腐败案，折射的不仅仅是学术道德的沦丧，更是学术政策的荒唐。但正是这么一系列荒唐的学术政策，却如吊在驴鼻子前面的胡萝卜，把专家学者引得团团乱转。

几乎所有学者都在嘲笑和怒斥当下各种荒唐的学术政策，但是，回到书斋，这些学者还得埋头苦干，继续生产新的学术泡沫。学术泡沫的泛滥当然不能怪学者，趋利行为是所有动物的天性，大家都生存在现行学术体制的阴影之下，生存和进取驱使学者一边骂娘一边继续加大"内卷"力度。

钟敬文生前一定没有想到在他身后两年，就会刮起一阵叫作"非物质文化遗产保护"的热潮，而且国家会持续投入数以百千亿资金，甚至加以立法保护。这股热潮以及热潮中的利益因素，引领着大批民俗学者乃至周边学科的相关和不相关学者趋之若鹜。"非物质文化"以及"遗产保护"一下成了21世纪以来民俗学界最热门的"前沿话题"。我们以"非物质文化遗产"作为关键词，仅检索《中国期刊全文数据库》2006—2008三年的数据，即可检得4715篇文章，再检索2016—2018三年的数据，可检得17125篇文章。时隔十年，文章数量增长了三倍多，直到2023年，文章数量还在持续走高。这一热潮可说完全偏离了钟敬文的学术蓝图。

所以说，任何有关民俗学的宏观的或长期的学术规划，都只能是纸上谈兵，无法落实到具体操作中。影响和决定民俗学学术取向与课题规划的，主要是当下的学术政策和现实利益。政策和利益的指挥棒下一章将要指向哪里，只有历史能够回答，而我们知道，历史进程是无法预知的。

另外，从学者个人的学术取向来说，许多学者更愿意选择能充分发挥自己资源优势的研究方向或研究范式。一个接受了民俗学专业训练的民俗学者，不可能突然转向去做数学研究，他自己明白应该如何扬长避短。赵世瑜早在投奔钟敬文之前就已经是一位知名历史学者，他的博士论文选题自然会在历史学和民俗学之间寻找一个结合点，以发挥所长，于是有了《眼光向下的革命》。巴莫曲布嫫最大的学术资源是她的海外学术背景和彝族的"公主"身份，她自然会选择以自己民族的口头传统和经籍诗学作为研究对象，借助自己的民族知识来话说整个世界，于是有了《鹰灵与诗魂》。刘宗迪本科期间学的是大气物理，他不想荒废自己在科学史方面的积累，试图在天文学和人文科学之间寻找平衡点，于是有了《失落的天书》。陈泳超是古代文学出身，所以他选择从古代神话和传说入手，逐渐向近现代传说、宝卷和仪式文艺过渡。

每一个聪明的学者都会充分利用自己的资源优势，在公共的学科范式与个人的知识结构之间寻找平衡，他们不会抛弃自己的专长去迎合那些不适合自己发展的学科蓝图。未来的民俗学者将会是一批具有什么学术背景的年轻人，我们无法预测。每一个新生的民俗学者都可能带来一股新鲜的学术空气，而这股学术空气从哪里吹来，向哪里吹去，完全是随机的、无法预先规定的。

七、学术创新：压垮学者和学术的第三座大山

学术批评家往往把学术创新视为学术研究的生命。"创新是学术发展的生命，没有创新，学术也就无从发展，实则失去了生命。"[1] 所谓学术创新，也即"发现了新问题，挖掘了新材料，采集了新数据，提出了新观点，采用了新方法，构建了新理论"[2]。国家哲学社会科学规划办以及各大高校或科研机构印发的诸如项目申请书、结项书、出版补贴申报表之类，都会明确要求填写该课题的"理论创新程度""理论和方法创新""新贡献"，等等，许多高校的博士、硕士论文评阅书甚至明确要求学生填写至少三项论文"创新点"。

从学术史的角度来看，学术创新的提倡当然是站得住脚的。传统学术史是基于进化论的学术发展史，多以今天的学术现状来反推昨天的学术发展历程，是典型的"马后炮"。也就是说，学术史家首先把今天的"现状"设定成了学术发展的"结果"，然后再从过去的学术成果中挖掘出一些影响了该结果的"原因"，如此因果相续，就构建出一部"学术发展史"。在这样的学术史框架中，学术史家一般都是以"现状"为标准定向地挑拣前人"有效创新"的学术成果，无视那些曾经存在但是未能得到充分发育和持续推进的"无效创新"。

可是，站在历史的每一个具体时间点上，我们都不知道

---

1 李世愉：《学术的生命就在于不断创新》，《社会科学战线》2003 年第 2 期。
2 陈光中：《只有创新才能提高哲学社会科学研究质量》，《光明日报》2006年1月16日。

"未来的现状"是什么，不知道哪一项成果将会成为未来学术发展史上的"有效创新"。因此，如果脱离我们目前的学术现状和已知条件，一味地借用不确定的"未来"指导"现在"，实际上也就等于制造了学术研究的混沌无序，以及更大的不确定性。

"截至 2000 年年底，仅全国高校的社会科学从业人员就达到 24.3 万人，科研机构 1640 所，专职科研人员 1.67 万人。"[1] 这个数字在过去 20 年间至少增长了三倍："截至 2021 年，高校哲学社会科学教学和研究人员达到 89.7 万人，比 2012 年的 48.2 万人增长约 86%；44 岁及以下青年学者达 59.3 万人，约占比 66%。"[2] 试想，即使平均每人每年只产出两篇论文，每年的社科类论文也会高达近二百万。如果每一个学者都在尝试学术创新，每一篇论文都要独出心裁，那么，我们面对的学术格局将会变成一幅怎样的图景？那一定是一幅充斥着各种奇谈怪论，混沌一团的群魔乱舞图：没有公认的知识体系，没有稳定的研究范式，所有的论文都在自说自话，而那些真正具有创新价值的学术成果却只能湮没在二百万混沌无序的喧闹之中。

一位中国科学院的院士曾经很无奈地说道："上海一家单位要我去评审他们的项目。我是评审委员会组长，他们要我定他的项目达到国际先进，我想我不能签字。对方乞求说，如果这个项目不签国际先进，别的项目都按照'惯例'来评为国际

---

[1] 余三定：《高校：我国当代学术事业的重要方面军》，《云梦学刊》2007 年第 4 期。
[2] 吴月：《努力使中国特色哲学社会科学真正屹立于世界学术之林》，《人民日报》2022 年 7 月 7 日。

先进，这个项目就不可能有发展了。"[1]事实上，当所有成果都被鉴定为国际先进或者具有创新价值的时候，也就没有任何一项成果需要被认真对待了。当鱼目被鉴定为珍珠的时候，珍珠死了。

我们再来设想每篇论文都在生产新知识、新观点，如此"创新大生产"的后果是什么？任何人提供的任何知识、观点都没法得到别人的认同，一切都将成为虚幻的语言游戏。如果语言也在求新求变，每一个人都在使用独创的词汇、独创的语法，那就没有一个人能听得懂别人所说的话，人与人的交流被切断了，人作为使用文字和语言思考的动物消失了。如果每一位学者的每一项研究都在不断突破、不断更新，那么，不仅是人与人的交流被切断了，自己与自己的交流、现实与历史的交流也被切断了。

虽然如此极端的局面并没有出现，但即便只有部分学者"为了创新而创新"，也已经把原本宁静有序的学术空气搅得乌烟瘴气。1999—2008年间，全国各类学术期刊正式发表的民间文学论文每年超过600篇，泛民俗学论文每年超过2000篇。正是那些所谓的"学术创新"之作，让学术研究变得如同儿戏。学术创新，成了一件华丽的皇帝新衣。

当今学术体制下，有两座大山沉重地压在广大学术工作者的头上。一座即所谓的"量化管理机制"，这套规则强迫学术工作者必须每年发表学术论文若干篇。另一座即所谓的"学术

---

[1] 陈治光：《汪品先：所有的科研都成功是不正常的》，《科技潮》2007年第2期。

期刊评价机制",这套规则强迫学术工作者非得把论文发表于所谓的一二类核心期刊。这两座大山已经把高校教师和研究人员压得喘不过气来,可是,还有隐性的第三座大山,也即所谓的"学术创新机制"。这些大跃进式的学术管理如同三座大山重重地压在广大学术工作者头上。如果说前两座大山损害的只是学者的个人健康和幸福生活,那么,第三座大山已经严重损害了学术发展的自然进程。

以民间文学为例,每年撰写论文的学者多达300余人,大多数学者并不具备学术创新的能力,可是,当下的学术体制逼着所有人都得围绕学术创新做文章。为了掩饰学术成果的非创新实质,学者们必须掌握一套投机取巧的创新手法,比如虚构调查数据、伪造田野访谈、隐瞒观点来源、屏蔽不利于论文观点的学术信息,诸如此类,以求平安地生存于当前的学术体制下。大家都是被赶着上架的鸭子,鸭子上不了架,只好齐心合力把架子给放倒了,这样才能站上去。

学术创新本应是一种具有进步意义的学术倡导,可是,"创新"的提倡一旦与"量化"的体制结合在一起,马上就会由一种进步的学术理想蜕变为混沌的学术灾难。

从学术发展的角度来看,大跃进式的学术创新行为甚至比抄袭和剽窃更恶劣。抄袭和剽窃虽然有悖于道德伦理,但并不以提供伪劣信息为目的,而那些建立在学术沙滩上的空中楼阁式的创新学术,则无疑将成为一堆需要后人花费大量时间和精力来加以清理的学术烂尾楼。即使在研究范式相对稳定的古代文学领域也难免其祸:"论文标以'新解'、'新说'、'新论'者不乏其数，你说作品主题是'正统说'，我便来个'忠义说'，随后又冒出'统一说'，但此说也'新'不多时，因为更有'新'者在后头。你们公认嘉靖本是最早版本，我偏弄个天启本论证还有更早者，这自然也是'新'。"[1]

学术批评往往把锋利的矛头指向我们这些本已被三座大山压得颤颤巍巍的普通学术工作者，把种种学术弊端归结为研究者疏于积累、急功近利、不甘寂寞、妄发虚言。可是，学者也是凡夫俗子，也食人间烟火，也要养家糊口，也只是被赶着上架的鸭子，不得不以奇谈怪论之"创新"以求发表。普通学者已经成了名副其实的弱势群体。

目前的学术体制，是以要求天才学者的学术标准要求我们这些普通学术工作者。事实上，在学术创新的问题上，那些真正杰出的科学工作者根本用不着别人指手划脚，当他发现新问题萌生新思想的时候，创新的冲动犹如箭在弦上，不发不快，那时，别人就是想压恐怕还压他不住。

"学术史的本质就是淘汰，通过淘汰肤浅、无用或重复的劳作，留下最有价值的知识。"[2] 学术史家之所以能够从浩如烟海的故纸堆中大浪淘沙地识别出那些最有价值的知识，正是因为有许多平庸的成果在不断地复述、评议、应用，甚至贩卖这些被公认为有价值的知识。自然的学术构成犹如一座金字塔，金字塔的塔尖是靠一层一层不同层级的基石支撑起来的。平庸的学者以及平庸的成果就是铺在金字塔底层的那些基石，他们

---

1 陈大康：《关于古典文学研究中一些现象的思考》，《文学遗产》2004年第1期。
2 蒋寅：《学术史：对学科发展的反思和总结》，《云梦学刊》2006年第4期。

才是金字塔的主体，是真正的绝大多数。可是，现行学术体制却不容忍平庸，不允许失败。拒绝了平庸和失败，也就等于把所有的学术工作者视同于必须成功的天才，也就等于把金字塔的所有砖石铺在了同一个水平面上，于是，金字塔不存在了，天才被抛在地上。

事实上，我们95%以上的学者都不可能写出什么传世之作，甚至没有能力在有限的几本核心期刊每年发表几篇"有生命力"的创新性论文，我们只能在力所能及的范围内与那些杰出的思想展开局部对话，质疑、修正、补充或者验证、传播这些思想。学术期刊本该是学者展开有效学术对话的知识平台，而不是学术体制用以压制弱势群体的学术桎梏。

科学哲学早就指出，学术创新是常规科学遭遇了范式危机时必然触发的学术程序，是常规科学发展过程中自然产生的内在需求，而不是学术强人的霸王硬上弓。过度强调学术创新无疑是违反学术发展自然规律的。

把三座大山挪开，给普通学术工作者一条生路，也是给学术一条生路。没有了普通学术工作者平庸成果的拥护、支持、传播与模仿，那些最有价值的知识以及最杰出的科研成果，都只能葬之名山、束之高阁，成为一堆死知识。

八、学术版图周圈论：圈层递推的学术革命

日本民俗学之父柳田国男曾经将日本各地对"蜗牛"的几种不同称呼按不同符号类型逐一标示在地图上，发现这些符号

类型在地图上呈现出有规律的两端对称分布，离开文化中心的距离越远，其语言形式也越古老。柳田据此提出了著名的"方言周圈论"：以文化中心为圆心，越是远离文化中心，其语言的更新速度越慢；方言更新的时间差异可以从空间差异中体现出来。后辈学者又据此扩展为诠释日本文化分布规律的"文化周圈论"。

这种空间差异体现为时间差异的"周圈理论"，可以很好地用来解释中国现代民俗学学术版图。我们可以用表格表示如下：

表1 学术版图的周圈分布

年龄位置 \ 空间位置	学术中心	研究基地	独立研究者
中青年学者	中心圈	第2圈	第3圈
中老年学者	第2圈	第3圈	最外圈

我们以21世纪初的中国史诗研究为例，学术中心无疑是中国社会科学院"口头传统研究中心"，该中心的部分新锐中青年骨干分子属于中心圈；第二圈则是该中心的部分中老年学者，以及其他一些史诗研究基地的中青年学者；第三圈则是这些史诗研究基地的中老年学者，以及不依托研究团队的独立史诗研究者；最外圈（第四圈）则是地方文化部门的史诗搜集整理工作者。每往外推出一圈，其讨论的话题往往要滞后10年左右。

21世纪最初几年，口头传统研究中心的中青年学者由于身处学术中心，理论知识的更新是最快的："近10年来，我所多位学者先后参加了'世界民俗学者组织'（FFN）的国际高级培训，并在哈佛大学、密苏里大学口头传统研究中心进行了专门研修和访问交流，多次参与了国际性的学术会议，与国际口头传统研究界的专家学者建立了良好的合作关系，与国际性的专门学术机构开展了广泛的学术交流；在积极引进和介绍了国外口头传统理论和方法论的同时，有一批学者在田野研究中也取得了令人鼓舞的学术成果。"[1] 此外，他们还通过代际更替，逐渐控制了该领域最重要的学术期刊《民族文学研究》，掌握该领域的学术话语权，因此，他们就是正在发展壮大的学术中心。

　　同一学术机构的部分中老年学者虽然也有同样的地利条件，但年龄和经验决定了他们更倾向于那些他们认为更熟悉、更可靠的常规研究，而不是紧跟各种时尚的新理论、新方法。在学术中心之外的各研究基地，中青年学者因为受到各种学术条件的限制，不能频繁躬与各种对外学术交流，难以及时跟进最新研究步伐，很难在该领域内处于领先地位，因此，这两类学者也就只能处在第二圈的位置。

　　但是，身处第二圈并不妨碍他们的学术写作和发表，因为中心圈还在扩张之中，第二圈才是学界认可度和接受度最高的

---

[1] 中国社会科学院民族文学研究所口头传统研究中心：《口头传统》，中国民族文学网，http://iel.cass.cn/ztpd/ktctyj/，发表时间：2004年2月10日，核查时间：2023年9月26日。

常规研究，各大学术期刊依然认可其研究范式，第二圈的成名学者是最多的，这是事实上的"权威圈"。当然，从时间角度来看，任何权威圈最终都将失去它的威权地位。如果权威圈无法实现理论更新和自我革命（事实上自我革命的可能性很小），大约10年之后，他们也将退居第三圈。

新的学术中心将出现在哪里，表面看似乎是随机的，实际上还是有大致范围的。多数情况下，它会出现在一个传统的学术重镇。只有依托学术重镇，才有足够的学术影响力和号召力。在这个重镇中率先出现了一个或多个"叛逆者"。叛逆者要迅速壮大自己的学术势力，获得同盟军和支持者，必须具备一些得天独厚的先决条件，他不仅要拥有开放的学术环境、自由的发表平台，甚至还需要赏识他、支持他的开明学术领导。21世纪之初，口头诗学的"三驾马车"，中国社会科学院民族文学研究所的朝戈金、尹虎彬、巴莫曲布嫫，就是三个得天独厚的成功叛逆者。

不依托学术重镇的独立学者，要在一穷二白的基础上建起一个学派，立起一个学术中心，几乎是不可能的，至少是非常艰难的，中国民俗学史上似乎也只有刘守华做到了。事实上，刘守华所依托的华中师范大学中文系在中国文学研究界也并非不是学术重镇。

新范式一定是由青年学者发起的，功成名就的中老年学者绝不会突然心血来潮革自己的命。青年学者刚开始的时候总是弱势的，但是，他们胜在年轻，前沿新锐，他们不愿意在上一拨理论范式之下拣拾残羹冷炙，也清醒地知道重弹前贤老调很难为他们带来学术荣誉，他们只能用新进理论和方法去夺取属于他们这一代的学术话语权。

新锐学者开始崛起的时候，原本就处于中心位置的中年学者，此时正是如日中天的时候。10年前的前沿理论与方法，这时也已经壮大稳定，成为一种常规研究，正为第二圈乃至第三圈的学界同人所广泛接受。引领这些理论的中年学者，已经成为学术权威，他们当然不会在这时候放弃自己的理论专长，转而认同那些新锐理论。所以说，任何一个学术时代，最流行的理论和方法，一般都是第二圈的。

如此三五年之后，这套研究范式已经为学界玩得烂熟，很难再出新意，部分青年学者开始转向追随那些新锐学者新锐理论，逐渐生成新的中心圈。这时，中年学者也已顺次成为中老年学者，他们已经自然过渡到了第二圈。同理，原本处于第二圈的学者，随着时间的推移，会逐渐被推往第三圈。

对于那些新锐青年学者来说，只有当他们渐次进入中年，能够熟练运用新理论新范式做出优秀成绩并且发表、出版，形成影响力和号召力之后，新理论新范式才能在学界得到确认，更加年轻的一代青年学者才会追随、模仿，接下来，他们将重复他们前辈的命运，逐渐夺取话语权，成为学术权威，然后，渐次被推到第二圈。现代学术的发展，就是这种"圈层递推"的学术革命。

一种新范式的确立必须基于学术共同体内部的广泛认同。要让一个同行接受一种新范式，首先必须说服他放弃已经熟练操作的旧范式；其次，还得让他意识到新范式的优越性能为他的学术前途带来更加实际的利益；再次，新范式的提倡者还得说服学术期刊的编辑接受并推广这种新范式。要做到这几点并不容易。最简单快捷，事实上也是最主要的方式是：高校教师批量地将自己的博士研究生发展为新范式的追随者，并且想办法使他们的成果得到顺利发表，以激励这些追随者愿意沿此道路继续前行。因此，推行一种新范式至少需要培养一至两届博士生的时间。

需要特别指出的是：

（一）一个学科往往有多个学派，每个学派都有自己的核心人物和最主要的学术团队，所以，一个学科很可能有多个不同的学术中心。比如，口头诗学研究中心是以朝戈金为中心的中国社会科学院民族文学研究所，故事文化学派的学术中心是以刘守华为核心的华中师范大学文学院，礼俗互动研究的学术中心是以张士闪为核心的山东大学民俗学研究所。

一个学术中心的衰落也并不一定是因为被同一方向的新锐学者所替代，也可能就是单纯地消耗完了自己的学术阐释魅力，新一代的青年学者被吸引到了其他研究方向。比如，"歌谣学"的衰落就是非常典型的例子，传统歌谣学并不是被后起的新锐歌谣学给替代了，而是在没有新范式的情况下耗尽了自己的学术阐释力，自然衰退了。《民间文学论坛》编辑部曾经形成过以陶阳、吴超为核心的歌谣学中心圈，但是，歌谣研究的理论和方法长期处于停更状态，重复性的采风调查和主题阐释、特色分析已经无法吸引青年学者追随跟进，也就自然衰竭了。

（二）以上"学术版图周圈"的划分只是就一般情况而言，并未考虑那些小概率事件。理论上，我们并不排除一个属于第三圈的青年学者直接到美国哈佛大学或者密苏里大学的口头传统研究中心，学成之后回到第三圈，地处边缘而艺绝天下。但在现实中，这种情形目前尚未出现，如果真的出现，很快他就会被当作"引进人才"跻身中心圈或第二圈，难以改变第三圈的边缘性质。

（三）本书所指的"学术版图周圈"只是一种形态描述，不是价值判断，内圈外圈的划分并没有意义大小或价值高下之分。但我们知道，中心圈（包括第二圈）的学者始终掌握着话语权力，第三圈及其外圈的学者运用旧的研究范式，即便做出非常出色的成绩，至多也就得到中心圈学者对于该成果"认真""扎实""材料丰富"的赞赏，但他们绝不会抛弃自己的学术立场参与你的学术对话，相反，他们会使用新的理论武器对你的成果提出委婉的批评，对你的辛勤劳动表示"还有理论提升的必要"，他们会努力将你纳入他们的话语圈，而当你熟练地掌握了那些新鲜话语的时候，时间又过去了三五年，这时你会发现，你所掌握的这些话语也已经到了快被革命的时候了。

事实上，第二圈的学者是最容易做出好成绩的一个群体，他们不必因为追逐时尚而浪费精力四处撒网，他们所选择的研究范式是经由中心圈的学者广泛筛选并做出成绩的成熟范式，他们既有目标和经验可以借鉴，又有前车之覆可引以为戒，因此可以沉潜于个别的研究对象，运用最成熟的理论和方法，做出最精致的常规研究。

从学术期刊方面来看，我们一样可以发现这种周圈式学术版图的存在。（一）一种新进的理论或者方法，最初总是以介绍性、探讨性的方式出现，而且多数刊登在一些专业性较强的学术期刊上。（二）只有当这种新范式逐渐成为主流之后，一些成熟的论文才会开始出现在那些最重要的权威期刊上。（三）三五年之后，这种研究范式将大量出现于一般性综合类学术期刊。所以说，在专业前沿上，综合性学术期刊往往是最滞后的。

我们以口头程式理论的两个关键词"口头传统"或"口头诗学"为例进行追踪分析。较早使用该关键词的，是朝戈金发表于1997年的《口头程式理论：口头传统研究概述》，以及尹虎彬发表于1998年的《口头诗学的本文概念》；1997—2001三年间，这些关键词只出现于专业性学术期刊《民族文学研究》；2002年始，该关键词出现于一些权威性的学术期刊如《文艺研究》《文学评论》等；2005年之后，该关键词开始频繁出现于《民族艺术》《社会科学家》《浙江学刊》《理论界》《理论与创作》《青海社会科学》等综合性学术期刊，如今，这些概念已经成为文学研究的常用词汇。

口头程式理论在中国史诗学界正如日中天，可是，多数地方性的综合学术期刊依旧是滞后的，他们的学术版面还主要用来满足较外圈学者的发稿需求。以2020年正式发表的"史

---

1 约翰·迈尔斯·弗里，朝戈金：《口头程式理论：口头传统研究概述》，《民族文学研究》1997年第1期。
2 尹虎彬：《口头诗学的本文概念》，《民族文学研究》1998年第3期。

诗学"论文为例,那些地方性、综合性学术期刊发表的论文,多数还在发表十几年前的时尚话题,比如《万物一体:彝族史诗"梅葛"演述传统蕴含的生态智慧》[1]、《史诗歌手艾什玛特·曼拜特居素普唱本分析》[2]、《藏彝走廊藏缅语族史诗中的洪水神话》[3]。有些则是二十多年前的老话题,比如《麻山苗族史诗〈亚鲁王〉宇宙观探幽》[4]、《拉祜族史诗〈牡帕密帕〉的文学性与民族性探析》[5]、《论藏族著名史诗〈格萨尔王传〉的故事歌曲》[6]、《格萨尔史诗说唱艺术探究——以甘孜州格萨尔说唱为例》[7]、《壮族英雄史诗中的英雄形象塑造与文化解读》[8]等。这样的话题和研究范式,放在今天的学术界,无论写得多么出色,都注定难以被那些重要的学术期刊所采用,学术版图的周圈波动已经将这些旧话题荡到了边缘的位置。正如吕微在评点《民间故事的记忆与重构》[9]一文时所说:这样的论文如果发表

---

[1] 李世武:《万物一体:彝族史诗"梅葛"演述传统蕴含的生态智慧》,《原生态民族文化学刊》2020年第5期。

[2] 巴合多来提·木那孜力:《史诗歌手艾什玛特·曼拜特居素普唱本分析》,《黑龙江民族丛刊》2020年第5期。

[3] 罗曲:《藏彝走廊藏缅语族史诗中的洪水神话》,四川省社会科学院神话研究院主办,向宝云主编《神话研究集刊》第二集,巴蜀书社,2020年。

[4] 李静静:《麻山苗族史诗〈亚鲁王〉宇宙观探幽》,《安顺学院学报》2020年第3期。

[5] 彭欣悦、邓家鲜:《拉祜族史诗〈牡帕密帕〉的文学性与民族性探析》,《今古文创》2020年第44期。

[6] 觉嘎:《论藏族著名史诗〈格萨尔王传〉的故事歌曲》,《西藏大学学报》2020年第4期。

[7] 尹玲:《格萨尔史诗说唱艺术探究——以甘孜州格萨尔说唱为例》,《四川民族学院学报》2020年第6期。

[8] 李斯颖:《壮族英雄史诗中的英雄形象塑造与文化解读》,《内蒙古大学学报》2020年第4期。

[9] 施爱东:《民间故事的记忆与重构——故事记忆的重复再现实验及其数据分析》,《民间文化论坛》2005年第3期。

于十几二十年前，它有望成为经典，但在今天，它只是一篇好论文。[1]

陆远在追溯近现代史学界人事渊源时说："20世纪上半叶中国史学界的人事兴替、江山更迭，明显体现出'主流与边缘'的对立，而'师承'与'门户'则是构成学术生态坐标的两轴。"[2]其实，这种"主流与边缘的对立"不仅在20世纪上半叶，也不仅在史学界，它存在于整个学术界，而且还会一直存在下去。这种行业性的生态民俗在所有行业都是相似的，无论在手工业界、娱乐界还是学术界，也无论是在中国还是外国。

九、圈子的形成：反抗旧秩序建立新秩序

学术会议是扩大学术机构影响力的重要手段，因此，学术会议首先是一种仪式，一种编织社会关系网络、确认共同体内部序齿尊卑的社交仪式。

开幕式上的演讲次序以及开幕式后的集体合影，无疑是对嘉宾社会地位的一种认定。开幕式上，东道主首长发言之后，往往安排嘉宾演讲。一般来说，嘉宾的政治地位或学术地位越高，演讲的次序越靠前、大会给予的讲话时间越长。开幕式后的合影排位是门艺术，行政官员与资深学者会被安排在第一排座位上，女性学者往往被安排站在第二排，而那些资历较浅或

---

[1] 吕微在2005—2006年的多次学术会议上提及该论文时的评论意见。
[2] 陆远：《渊源有自："八马"的传承与流派》，《历史学家茶座》第十三辑，山东人民出版社，2008年。

者作风低调的男性学者则会自觉地站到最后一排。照相结束之后，赶场的官员就顺便离会了，学者们则回到会场，开始正式学术讨论。

会议是否成功主要取决于三个硬性指标：（一）开幕式最高行政长官的级别，这是会议规格的标志。能否请到高级别的行政长官，常常是学术会议最煞费苦心的环节。比如，在北京大学中文系主办的"从启蒙民众到对话民众——纪念中国民间文学学科100周年国际学术研讨会"上，来自四川大学的徐新建教授就公开批评主办者"没有请学校领导来会上致个词，非常遗憾"[1]。（二）与会知名学者的多少，这是学术水平的标志。知名学者的全程费用一般由东道主负责，因为是赶场，他们没有时间与其他学者进行充分的学术交流，通常只是宣读一下自己的论文，然后不等会议结束就提前离会了。（三）与会学术期刊的档次，这是吸引高质量论文的主要手段。教育部将学术期刊区分为三六九等，许多青年学者潜心撰写高质量的学术论文，其目标之一，就是希望论文能被与会期刊相中。这也导致那些著名学术期刊的主编副主编，疲于奔命地穿梭在各个学术会议之中。

大型的学术会议就是一个学术集市，参加会议如同学术赶集。每次民俗学大会，表面看起来人声鼎沸兴旺发达，可是，由于民俗学学科对象太泛，论题不集中，彼此牛头不对马嘴，学术话语难以通约。会议讨论时，学者们常常是自我表扬

---

[1] 徐新建在"从启蒙民众到对话民众——纪念中国民间文学学科100周年国际学术研讨会"的发言，2018年10月21日，北京大学中文系。

与互相表扬相结合,演讲和讨论则成了单纯的口头表演。2009年在昆明举办的一个国际人类学大会,开幕第二天,就有一则短信在学界广为流传:"上午开幕,你忽悠我,我忽悠你;中午会餐,你久仰我,我久仰你;下午表彰,你吹捧我,我吹捧你;晚餐酒会,你灌醉我,我灌醉你;酒后舞会……"这种不针对具体学术问题的学术赶集在当今学界比比皆是。

1990年代以来,"国际性学术会议"激增。在教育部的量化评估系统中,学术会议是学术机构必不可少的计分项,而国内会议与国际会议的分值相差悬殊,因此每一个学术机构都希望把会议开成国际会议。北京师范大学有许多日本和韩国留学生,常常作为"外国学者"受邀出席一些学术会议。北京师范大学2004级民俗学博士研究生西村真志叶曾经有一次被要求坐在某个学术会议的主席台上,而她的老师们却被安排坐在主席台下,西村因此坚决拒绝这种安排,弄得宾主双方都非常尴尬。

热衷于参加学术会议的学者主要有三类:一是功成名就的老学者。他们有许多想要表达的学术理念和生活经验,可是已经没有足够精力形诸文字,他们喜欢坐在主席台上,借助轻松的口头表述来推销自己的成功经验,另外,他们还有许多学术掌故想与青年学者一起分享,所以,他们一拿起话筒回忆往事就很容易超时。二是职业的"与会学者"。这类学者多数已经评上教授,经费也比较充足,只要时间允许,什么会议都愿意参加;由于经常性的演讲和发言,这类学者一般口才较好且平易近人,多以交游广阔而蜚声学林。三是初出茅庐的青年学者。会议邀请函是他们进入学术共同体的入场券,他们往往需要由前辈同行的推荐来领取这张入场券；他们需要通过会议认识同行以及被同行认识，通过会议了解学术热点与行业规则；也希望通过会议认识学刊编辑，期望自己的论文能被相中刊用。

那些崭露头角的中青年学者往往是通过多次学术会议而获得学术自信的。优秀的青年学者怀抱雄心壮志，他们渴望学术交流，试图通过会议而融入这个学术共同体，可是，仪式性的会议进程以及平淡乏味的学术发言会让他们对那些神往的前辈学者感到失望，也减轻了对于多数同辈学者的竞争畏惧，甚至对于仪式性的学术会议产生反感情绪。

学者显然是分层的，青年学者希望有更多的机会与知名学者进行学术对话，可是，知名学者却更愿意在同一层次之间把酒话桑麻。这种隔阂会刺激青年学者的好胜心，也会刺激青年学者群体间惺惺相惜的草根情绪。具有相近学术理念和学术追求的青年学者在多次接触之后，会逐渐形成一些更小范围的学术共同体，俗称"圈子"。正是这些不断形成的新圈子，促成了此起彼伏的新学术中心的崛起。那些已经成名的中年学者，一般不会主动介入这些圈子，因为他们是既得利益者，没有介入新圈子的必要。

一般来说，圈子不是严格的学术团体，而是一种松散的、开放性的学术共同体，他们渴望有更多的成员加入，同一圈子的学者会在各种会议上互相呼应，逐渐形成自己的话语权。当圈子成员数量和话语权扩张到一定程度的时候，他们会通过系列的学术批评向前辈学者提出挑战。如果挑战成功，那么新的学术中心就开始形成了。

一个圈子的正式形成,往往以一个排他性的学术会议为标志。这种会议一般不公开征文,不广泛邀约同行,只做定向约请。会议之后,他们会用夸张的手法对会议的学术价值和意义进行反复宣传、回顾。比如,2003年的"民间文化青年论坛第一次网络会议"就被与会的青年学者在此后的二十多年反复提及,这次会议被描述成中国民俗学"后钟敬文时代"最重要的学术转折点。

一个圈子在学术界站稳脚跟之后,一方面需要吸纳新的成员,一方面需要排斥异己力量。"集体形成的理论和社会动力学的理论告诉我们,社会群体倾向于寻求和吸收像他们自己一样的新成员,按自己的形象塑造那些还没有形成固定思想的人,这些倾向扎根于人性的本质中。"[1]1927年,顾颉刚在中山大学筹办民俗学会的时候,不断刊登广告招贤纳士,大凡与民间文化能沾上点边的本校教授都被礼聘为民俗学会校内会员。江绍原此时正在中山大学英语系任代主任,而且开了一门破天荒的民俗学课程——《迷信研究》,本该是最佳人选,而且江绍原与顾颉刚还常常见面[2],但是,由于江绍原与鲁迅过从甚密,而鲁迅与顾颉刚交恶,因此,江绍原自始至终被顾颉刚排斥在"中山大学民俗学会"的大门之外。后来江绍原到了杭

---

[1] [美]丹尼尔·克莱恩、夏洛特·斯特恩:《学术界的集体思维:多数派系政治和专业金字塔》,吴万伟译,光明网·光明观察,http://guancha.gmw.cn,发表时间:2009年4月14日,核查时间:2009年12月31日。

[2] 参见顾颉刚1927年下半年日记。

州，曾数次试图与周作人、赵景深、顾均正等人另立民俗学会，终因种种原因而流产[1]。另一方面，江绍原本人似乎也不愿意介入中山大学民俗学会的事务，他不大了解《民俗》周刊的信息[2]，也不大愿意将书稿交由中山大学民俗学会出版[3]。

每一个年轻的圈子，都会定期召开学术会议，借助会议圈定圈子的成员范围，明确圈子的新取向或新范式，赋予新范式在学术版图中的重要学术意义。会议东道主会设立一个学术委员会，委员多由该圈子的核心成员担任，参会论文将交由这些委员进行评议。一般来说，会议"主题"以及论文"体例"或"要求"，就是该圈子所倡导的新范式的外在形式。他们正是借助于会前的"规则"以及会议期间的"评议"，赋予新范式以崇高的学术地位，相应地对其他研究范式（包括但不限于旧范式）的学术成果提出"批评意见"。

每一次成功的学术会议都是一次人事洗牌。很少有东道主会主动邀请那些与他们学术理念不合、学术观点相反的学者来自己的会议上唱反调。那些与东道主学术理念相近且有一定学术成绩的学者，会被安排为"召集人"或"评议人"，他们可以在这种仪式性的会议中，逐渐习得自己在学术版图中的大致位置。

---

1 张挺、江小惠笺注：《周作人早年佚简笺注》，四川文艺出版社，1992年，第346、354、359、364、367、377页。
2 参见江绍原给张清水的信，《民俗》周刊第74期，1929年8月21日。
3 张清水在给容肇祖的一封信中说到："近与江绍原先生函商，《现代英吉利谣俗》一书，江先生似不大想交民俗学会出版，为的是已答应了上海某书局的原故。"（《民俗》周刊第85期，1929年11月6日）

学术的活力，在于不断与时俱进、推陈出新。新圈子对旧圈子的否定是历史的必然，他们打倒了一些旧仪式，却建立了一些新仪式。今天站在否定立场的青年学者，终有一天也将站在被否定的位置上，遭遇来自后辈学者的批判和否定。所以说，不断地质疑和否定前人，以及被后人质疑和否定，正是学术研究生生不息向前发展的动力机制。

1920年代，北京大学的一班年轻人发起的歌谣研究会，以及中山大学一班青年教师组织起来的民俗学会，揭起了中国现代民俗学的大旗，这时，旗帜是扛在年轻人肩上的。1949年以后，中国民俗学中断了30年，到1983年组建"中国民俗学会"的时候，当年扛起民俗学大旗的年轻人虽然还在扛着这面大旗，可他们都已垂垂老矣。到了1988年换届的时候，"经过摸底后发现，老前辈学者都不愿退下来，于是就在原班子上增加了几位副理事长"[1]，话语权依旧牢牢地掌握在这些"老前辈学者"手中。进入21世纪之后，那些曾经年轻的学科创始人相继故去，几位"增加"的副理事长也已经年过70，这时，轮到他们"不愿退下来"了。

2001年12月，在中山大学主办的"敬贺钟敬文先生百岁寿辰学术讨论会"上，几位年轻学者不满于前辈学者没完没了的忆苦思甜，认为如此无益于推进学术，决定另组学术沙龙。2002年中国民俗学会第四次代表大会期间，8个来自不同学术机构的青年学者联合起来，在北京茗仁茶馆聚会，议定另组

---

[1] 王文宝：《关于"中国民俗学会"——纪念中国民俗学会成立20周年》，《西北民族研究》2003年第4期。

"民间文化青年论坛"。2003年7月,在陈泳超主持下,一次别开生面的网络学术会议——"中国现代学术史上的民间文化"在互联网上拉开帷幕,会议第一天就吸引了海峡两岸以及美国、德国、日本近60名青年学者和200多名民间文化爱好者的踊跃参与。很快,这些年轻人就组成了一个强大的学术共同体,相继发表论文,对过去80年的学术史进行全面反思。

十、学科危机:研究范式的过度操作

确立一些易于学习和模仿的研究范式,推举一批具有示范意义的学术范文,是一门学科走向成熟的重要标志。"早期学者经过反复的实践,逐步发现、创造和精炼了诸如民间故事、歌谣、笑话等概念,并逐渐形成了相对一致的共同理解。后来的研究者主体在特定的社会环境中,不容置疑地继承和习得这些富有权威性的概念,并在此过程中成为该学术共同体的一员。至今,研究者主体根据学术共同体的共同理解,操作各种体裁概念,实践做文章、讨论、田野作业等活动。而这些科学工作乃是研究者主体的日常生活。"[1] 绝大多数学者在习得前人的研究范式之后,都只能在既定范式的框架内从事常规研究。

所谓常规研究,就是在特定的专业领域,在既定的研究范式框架下,对一些社会文化现象提出问题,并给出合理的解答。几乎所有的常规研究都是"自问自答",问和答,都是既

---

[1] 西村真志叶:《日常叙事的体裁研究——以京西燕家台村的"拉家"为个案》,北京师范大学博士学位论文,2007年,第206页。

定研究范式框架下的出题和解题。一项研究成果有没有价值，不是取决于答案是否"正确"，而是取决于解题的过程在既定范式的标准下是否合理、是否具有说服力。

不同的解题方案之间形成一种竞争关系，通常来说，人们会选择相信那些更符合学术规范、更有说服力的解题方案。那些行之有效的解题方案会被渐次补充到常规研究的大范式之中，成为研究生学习和模仿的样板。

当一门学科逐渐稳定为常规科学，建立了一系列解题模式之后，学者们的论文写作就会逐渐走向模式化的道路。许多撰写过年度"研究综述"的青年学者都有相似的感慨：多数学者的论文都是基于同样的理论，使用同样的方法，得出相似的结论，所不同的只是更换了一个研究对象；有些论文甚至连更换研究对象都做不到，只能用不同的言语方式重复表述一些前人早已论证过的理论或观点。大量的学术论文很容易就会陷入反复使用相同材料、反复论证相同观点的循环写作之中。"1990年代中期之后，区域性民间信仰研究逐渐从东南地区扩散到全国各地。这些民间信仰志大多遵循一定的写作模式：追溯本地信仰源流与历史，分析巫鬼、祖灵、地方俗神等信仰形态，介绍岁时节日风俗与庙会盛况，铺陈禁忌习俗，最后总结本地区民间信仰的若干特性。"[1]

任何研究范式的操作频次都是有限度的，最富包容性的范式也会有穷尽其变化的时候。研究范式和它所从属的学科一

---

[1] 吴真：《民间信仰研究三十年》，《民俗研究》2008年第4期。

样，都是有限时间和有限空间内的存在，并非可以无限生长或永远健康。一种范式被过度操作之后，就很难再提出新的问题。而一门学科是否具有足够的魅力，主要看其常规研究能否提供足够多的新问题让学者们热衷于去解答，并由此获得荣誉，或者说，能否刺激学者不断找到新的学术生长点。没有新的学术生长点，就很难吸引优秀的青年学者驻足于这种没有活力的常规研究。所以说，一种研究范式越是热门，越是受追捧，短期内被越多的学者所熟悉，它就越容易消耗自己的生命，越容易接近"熵（entropy）最大"，最终走向自己的反面——被抛弃。

天才永远只是极少数，绝大多数学者只能依照常规研究的套路"描红格子"，不断习得前人的研究范式，以寻求一些微小的突破，许多学者甚至连细微的突破都难以取得。所以说，陈陈相因的重复操作本来就是常规科学的正常现象。当前各研究机构对于学术成果的量化管理体制，更是将这种重复操作推向了极致。量化管理机制催生的学术大跃进就像蝗虫进村，很容易就会把各种研究范式都吃光用尽。研究范式一旦被学术共同体用到了没有任何新意，也就到了该抛弃的时候了。

"人文社会科学领域的知识往往带有突出的时代特征，在不同的社会体制下还往往带有明显的意识形态、宗教观念等特征，因此人文社会科学的话语体系和理论体系无时无刻不在与时俱进。"[1] 从学术自身的发展历程来看，学术研究就是一

---

[1] 仲伟民：《当代学术史研究与学术创新》，《云梦学刊》2005年第4期。

种"建设→抛弃→再建设→再抛弃……"的螺旋式发展的智力游戏。一种新范式的确立,总是基于对旧范式的否定。新范式下新解题模式的积累过程,同时也是这些模式不断走向"熵增加"的过程,当新范式所能提出的问题趋于穷尽的时候,它的熵也趋于最大,也就意味着这一范式已经由新变旧,不再具有生机和活力了。但是,任何范式的退出都不会意味着学术研究的终结,一种旧范式的终结,必然意味着一种新范式的崛起,如此循环往复,生生不息。

许多高校的民间文学和民俗学研究队伍都有大致相似的成长经历:从别的二级学科转向民间文学或民俗学领域的,大都是在原来的领域中做得比较吃力的学者。相对来说,民间文学的文本比较简单、理论较少、方法单纯,易操作、好上手。1980年代,蜂拥而上的学术队伍迅速就把民间文学研究中能说的话都说遍了,旧的理论术语很快就翻不出新花样。即使睿智如钟敬文,晚年的许多文章都只能反反复复地论述相近意思的几个观点。

至迟到1990年代,基于少量贫乏的理论术语而建构的民间文学研究范式就已经穷尽了它有限的变化,难以持续生产新的学科知识。在国务院学位委员会和教育部1997年联合下发的《授予博士、硕士学位和培养研究生的学科、专业目录》中,文学类二级学科的目录中已经找不着"民间文学"的位置了。这是"一段显著的专业不安全感时期"[1]。如果没有一场彻底的学术

---

1 [美]托马斯·库恩:《科学革命的结构》,金吾伦、胡新和译,北京大学出版社,2003年,第62页。

革命，作为学科的"民间文学"就只能静静地等待寂灭了。

但是，试图发动学术革命的不安定分子很少会在学术领袖仍在其位时对他发起挑战，否则革命者将付出高昂的学术代价，受到学术领袖及其追随者的强烈排斥和打压。对学术领袖的公开反思一般要在领袖退位之后才会全面展开。

十一、学术革命：重立一个"新"偶像

2002年，对民间文学研究范式的反思首先始于对钟敬文学术成就的反思。最早公开吹响学术革命号角的，是北京大学的青年学者陈泳超。

在钟门弟子万建中的眼中："早在上个世纪初叶，钟敬文先生就曾倾心于民间故事的研究，撰写了一系列民间文学方面的经典性论文。"[1]万建中认为这些论文中大部分的论点、论据和论证一直闪烁着耀眼的学术光辉，至今也难以被超越。可是，面对同样的这批学术成果，在试图发动学术革命的陈泳超眼中，却没有多大学术价值："尽管钟敬文在20年代初期就开始对'野生'文艺感兴趣，也做了不少工作，但只是跟着北大风气，主要从文学的角度予以点滴的揭发，还谈不上什么创见。"[2]

---

[1] 万建中：《钟敬文民间故事研究论析——以二三十年代系列论文为考察对象》，《北京师范大学学报（人文社会科学版）》2002年第2期。

[2] 陈泳超：《钟敬文民间文艺学思想研究》，《民俗研究》2004年第1期。此文最早发表于2002年7月"民间文化青年论坛"的网络会议，会议期间曾引起激烈争论。

陈泳超在对钟敬文的方法论与部分学术成果进行仔细梳理之后,"不禁产生一种强烈的感叹":"虽然钟敬文将毕生精力贡献给了中国民间文艺学事业,但除了那些学科建设方面的文章之外,他竟然没有留下什么掷地有声、风标高举的学术范例。"不仅如此,陈泳超还对一些他认为有拔高之嫌的学术史观提出批评:"有些研究钟敬文学术思想的文章过分夸大了《民间文艺学的建设》一文的历史作用,比如方志勇《钟敬文中期民间文学研究初探》就说:'他的这些观点,极大地影响了我国民间文学事业的研究和发展方向,引起民间文学界极大的反响,标志着我国民间文艺的研究由片段的、部分的理论探索向全面化、系统化、科学化迈进。'这样的判断未免意气用事地夸大其词了。在我看来,该文在学界的影响,当时及以后均十分微弱,它最多只是钟敬文本人学术历程中的一座里程碑。"[1]

一般而言,学术革命不会只遮蔽一个既定的旧偶像,相应地还将唤起一个新偶像。不过,新偶像有时也是另一个旧偶像,"以旧换旧"是自汉唐以来中国文学革命的老传统,重立一个新提拔的旧偶像无疑代表着一种新的学术追求。2002年钟敬文去世之后,顾颉刚及其始于1924年的"孟姜女故事研究"反复地被青年学者抬出来加以重新阐释,正是基于这样一种静悄悄的革命背景。

2002年钟敬文仙逝之后,钟敬文的日本学生、名古屋大

---

[1] 陈泳超:《钟敬文民间文艺学思想研究》,《民俗研究》2004年第1期。

学的樱井龙彦教授首先提出了"后钟敬文时代"的学术史概念。在学术史上,"后"字作为概念前缀意味着转折、断裂。很显然,樱井早就从"溪云初起日沉阁"中看到了"山雨欲来风满楼"。

现实很快为樱井所言中。我们以"钟敬文"和"顾颉刚"作为篇名关键词,检索"中国知网",然后,再以钟敬文去世的2002年为界,以5年作为一个时间周期进行统计,得到表2。

表2 以"钟敬文""顾颉刚"为题名的论文数量变化

（括号内数字为民俗类论文）[1]

年度	1998—2002	2003—2007	2008—2012	2013—2017	2018—2022
钟敬文	83	66	28	64	20
顾颉刚	52（6）	102（13）	104（10）	214（22）	143（19）

从表2可以看出,2002年之前5年,关于顾颉刚与民俗学的论文只有6篇,可在2003年之后,却迅速增长了一倍多,随即呈现逐年走高的趋势。其中,专以"顾颉刚《孟姜女故事研究》"为题的讨论文章,2002年之前,全部数据库中只能检到1篇,作者正是陈泳超,而在2003—2007年间,可以检到4篇,作者几乎全是民俗学界青年学者。

中国社会科学院的吕微是个温和的革命派,他一直强调对于顾颉刚及其学术思想的重新阐释。"说顾颉刚是一位现象学和后现代学者并非危言耸听,至少对于大多数的中国现代学者

---

[1] 检索数据来源:"中国知网"。检索日期:2023年9月29日。

来说，顾氏的神话学思想是特立独行的。"吕微在对顾颉刚史学思想进行现象学分析之后，指出顾颉刚的学术思想相对于他所处的学术环境来说，"顾颉刚过于超前了，以至于顾氏对历史叙事的故事解读和神话解读不断遭到后人的有意遗忘"[1]。所谓"有意遗忘"，吕微是有所指的，意思是钟敬文民俗学方法论的影响力过于强大，以致顾颉刚范式未能充分发挥其应有的引领功能。

吕微的同事户晓辉更是直截了当地指出了顾颉刚研究方法在"后钟敬文时代"的"新"范式意义："今天，当我们回顾中国现代民俗学和民间文学研究的历史时，不仅首先可以看到顾颉刚树起的一个不低的起点和标高，而且可以感觉到他的研究范式和学术理念已经深刻地演变为中国现代民间文学研究极具中国特色的一部分，并且继续影响着当代学者，所以，无论从学术史还是从学科理论与方法的研究来说，顾颉刚都是我们无法绕开的一个学术的'山峰'，更是我们在学术上继往开来和进行自我反思的一笔可贵的思想财富。"[2]

打着顾颉刚范式的旗帜，是不是真要回到顾颉刚范式的旧路上去，那是另一回事，关键是，革命时期需要这样一面具有学术号召力的革命大旗。与学者们对顾颉刚研究范式的弘扬相应的，是对钟敬文学术思想的再反思。

钟敬文于1998年提出"建立中国民俗学学派"的设想，

---

[1] 吕微：《顾颉刚：作为现象学者的神话学家》，《民间文化论坛》2005年第2期。
[2] 户晓辉：《论顾颉刚研究孟姜女故事的科学方法》，《民族艺术》2003年第4期。

1999年出版《建立中国民俗学派》,立即获得学界高度评价,民俗学者普遍认为:"钟先生为世纪之交我国民俗文化事业的发展指明了光辉的前程,为民俗学工作者提出了明确而又神圣的任务。"[1] 1999年至2002年间,《建立中国民俗学派》几乎被中国民俗学者当作学科圣经[2],著名民俗学家姜彬认为"钟老创立这个体系,既是他个人实践经验的总结,又是五四以来,特别是解放以来我国民间文艺、民俗学极为广泛的群众性实践的总结",因而"有其历史必然性"[3]。

可是,在学术革命者吕微的眼中,"中国民俗学派"这个概念在逻辑上是有问题的:"从索绪尔关于'内在性'的学术立场看,将历史主体植入研究对象,就很难保证学术研究不受'外在性'也就是意识形态政治性的侵蚀。无论将民间文学的主体闭锁在'劳动人民'之内,还是闭锁在'全民族'之内,都无法以民间文学之逻辑主体的理由将民间文学具体的历史主体推到民间文学生成的抽象背景当中,从而面对索绪尔从内在性学术立场发出的质疑。"[4] 所以吕微认为,从这个角度看,钟敬文提倡的"多元一体的民族国家论"与过去所提倡的"阶级论"并没有本质上的差别:"因为阶级论的民俗学理念不具

---

[1] 万建中:《九十八岁撰新著》,《民俗研究》2000年第2期。
[2] 相关的学习论文,仅2000年一年,各地公开发表的就有如章天柱《关于建立多民族的一国民俗学学派的思考》(《民族文学研究》2000年第1期)、周星《"多民族的一国民俗学"及其它》(《民俗研究》2000年第1期)、过伟《中国民俗学学派基石论》(《广西民族学院学报》2000年第4期)、萧放《百岁老人著新说——〈建立中国民俗学派〉读后》(《民俗研究》2000年第4期)等十余篇。
[3] 姜彬:《钟敬文建立中国民俗学学派思想评述》,《广西民族学院学报》2001年第6期。
[4] 吕微:《"内在的"和"外在的"民间文学》,《文学评论》2003年第3期。

备直接性的生活基地的坚实支撑，多元一体的民族国家论也一样。随着概念表述的文化历史-现实性境遇的变迁，不具有直接性的概念就失去了应用的价值。"[1]

学术史反思只是学术革命的舆论准备。实质性的革命行为可以包括同人学术期刊的创办（如北京大学《歌谣》周刊）、示范性学术成果的产生（如顾颉刚《孟姜女故事研究》）、专门性学术团体的建立（如"中山大学民俗学会"），等等，但在当代学术格局中，革命成功与否，往往以一次具有历史意义的会议为标志。

21世纪"中国民俗学会"新老交替的一次里程碑式的会议，是2003年11月的"中国民俗学会成立20周年纪念大会"。由于学会秘书长高丙中的巧妙安排，学会请来了"原全国人大常委会副委员长铁木尔·达瓦买提、全国文联主席周巍峙"压阵，会上"为25位对学会做出贡献的学者颁发'中国民俗学会杰出贡献奖'"[2]，奖章是一枚精美的纯银质"勋章"。但是，大会安排的学术召集人和评议人，却没有一位"杰出贡献奖"的获得者，取而代之的全是咄咄逼人的青年学者。"民间文化青年论坛"的几位主要发起人，全都由过去的"听受者"摇身一变成为召集人或评议人，他们对演讲时间的严格控制，以及对参会论文的批评式评点，在学会内部掀起了一次革命性的高潮。这次会议对于那些突然失去话语权的前辈民俗学者来说，无

---

[1] 吕微：《民间文学-民俗学研究中的"性质世界""意义世界"与"生活世界"》《民间文化论坛》2006年第3期。
[2] 陶冶：《中国民俗学会成立20周年纪念大会在北京召开》，《民俗研究》2004年第1期。

疑是一次"杯酒释兵权"的鸿门宴，他们虽然荣获了勋章，保留了副理事长、常务理事的职位，但事实上已无"理事"之实职。

深感学科危机的青年学者出乎意料地保持了高度一致的革命态度。学术革命几乎没有遇到强有力的抵抗，甚至得到了部分同样深感学科危机的前辈民俗学家的舆论支持。2003年之后，几份重要的民俗学刊物如《民俗研究》《民族艺术》《民间文化论坛》等，主要作者的名单都发生了明显变化（尤其是《民俗研究》，当时的主编叶涛即是"民间文化青年论坛"的主要发起人之一）。一批青年学者频频亮相，相反，越来越多的老一辈学者开始抱怨这些刊物没有采用自己的投稿。

至此，中国现代民俗学在"后钟敬文时代"的第一轮学术革命已经基本结束，新一代的民俗学者开始作为学科的中坚力量登上学术舞台。"革命之后，科学家们所面对的是一个不同的世界。"[1]

可是，舞台上的青年学者们一定得明白，这个属于他们的世界是短暂的，若干年后，他们也将遭遇更年轻的新锐民俗学者对他们发动的新的学术革命。当他们被未来学术版图中心圈的新锐民俗学者革命的时候，正是他们的学术地位达到巅峰的时候，他们的著作开始被学术版图第二圈以及第三圈的学者们广泛阅读。这时，他一方面要饱尝被别人革命的滋味，另一方面，他们的学术影响扩展到了年轻时代所没有达到的更广阔的

---

[1] ［美］托马斯·库恩：《科学革命的结构》，金吾伦、胡新和译，北京大学出版社，2003年，第101页。

学术版图之中。

大部分学者都会在30岁左右习得一种最适合于自己的研究范式，而且往往是那个时代比较流行的研究范式。借助这种范式，他把自己纳入了常规研究的学者行列，并因此取得了一系列的学术成果，这些成果成为他立足学林的骄傲资本。十年之后，当一些更新的研究范式开始萌芽的时候，他一般不会成为更新范式的支持者。"在学术界，信念是根深蒂固的，与自我认识和身份认同密不可分，正因为如此，保护和捍卫这些信念对个人来说就有更大的利害关系。"[1]再过十年，当这些新范式逐渐成为主流的时候，他们即便不反对，也不会成为这些新主流范式的拥护者，因为拥护新范式就等于在一定程度上否定了旧范式，也就等于部分否定了他在旧范式下的研究成绩，其研究价值也大打折扣，这是他难以接受的。

所以，越是接近退休年龄的学者，越会紧张地致力于维护和传播那些曾经给他们带来学术荣誉的旧范式。相应的，那些即将退休的博士生导师对于博士生喜欢"赶时髦"，爱用"新理论""新名词""新概念"尤其敏感，甚至会表达他们的愤怒，他们会利用自己手中的学术权力，努力遏制新范式的进一步侵蚀和扩张，包括但不限于论文评审、答辩、发表，以及学术评议、课堂评论。

一些更具开放意识的知名学者，则会试图借助出色的具体

---

1 ［美］丹尼尔·克莱恩、夏洛特·斯特恩：《学术界的集体思维：多数派院系政治和专业金字塔》，吴万伟译，光明网·光明观察，http://guancha.gmw.cn，发表时间：2009年4月14日，核查时间：2009年12月31日。

研究，努力调和新、旧范式之间的矛盾。但是，这些范式调和的学术成果却不能得到那些激进新锐学者的充分认可，他们要的是更加彻底的，而不是调和的革命性成果。尽管如此，为了避免激化学科内部的新旧矛盾，大部分新锐学者依然会对这些出色的研究成果奉上高调的赞誉之辞，并且借助于对这些成果中新范式因素的充分肯定，达到否定旧范式的目的。

本章最后要说的是，正是因为成名学者对于既定范式和既定成果的保守和坚持，那些新入行的青年学者才不会在各种光怪陆离的理论风潮中迷失方向，学术研究的有效性才能得到充分保证，知识系统的稳定性才能得到保持。正是因为有了中心向边缘的学术传递，有了一波接一波向外扩散的学术影响，才让那些不再新锐的成名学者体会到著书立说的成就和意义，才不至于让学者的人生价值坠入虚无。

同样，也正是因为有了一波接一波的长江后浪，有了一轮接一轮的学术革命，才能不断更新学术讨论的话题，不断推进学术研究的纵深发展。作为矛盾双方的保守与革命，正是学术研究稳定和发展的天生双翼。

学派、流派与门派

科学发展中的学派建设,是科学哲学与科学社会学的核心话题之一,但是,中国的学派建设从 1980 年代开始倡导,历经四十多年,仍在不断倡导与推动,始终没有取得突破性的进展。究其主要原因,在中国的现实语境中,学派与门派、派系、小圈子始终密不可分,大多数的学派建设,建着建着就成了派系争斗。

本章试图在厘清学派、流派、门派三者概念的基础上,以中国民俗学的学科建设为例,采用实证研究的方法,比照西方科学发展史与学派理论,剖析中国现代学术研究中口号先行、意志先行、关门立派等生态弊端,总结科学学派形成的条件及其主要特征,从而为学派与门派的区分划出清晰的界限,以此为基础,勾画"门派→学派→流派"的递进路线图。

一、"神论文"与"神答辩"

2020 年 1 月 11 日,有读者在网上翻出中国科学院研究员徐中民发表于 2013 年的一篇"神论文"——《生态经济学集成框架的理论与实践》,仅仅半天时间,该论文就成为中国学界的大热话题。该论文"以导师程国栋院士夫妇的事例为例，阐述了导师的崇高感和师娘的优美感，描述了他们携手演绎的人生大道"，其中以洋洋4347字的单节篇幅，对"女子无才便是德""给导师做饭是一种义务""见利思大义"等话题展开了具体讲述，集中阐释了师娘"风姿绰约，雅致宜人，当可谓'清水出芙蓉，天然去雕饰'"的"师娘美"，最后得出了"师娘水为能下方及海，值得现今的女子甚至包括男儿效仿"的重要结论。[1]

令广大科研工作者深感不平的是，这样的"神论文"居然能够堂而皇之地刊发在所谓的"中文核心期刊"上面，而且是其导师程国栋本人主编的核心期刊《冰川冻土》。继而有媒体经过查证发现："徐中民研究论文被引频次在2007年、2008年连续两年名列地理学科口论文被引频次全国第一。"[2] 接着，又有好事网民通过引文追踪，发现这些引证文献多是徐中民无节制的"自我引证"以及徐中民学生的"马屁引证"。就在这篇"神论文"的22条注释中，作者就自引7次，引用导师程国栋4次。

"神论文"丑闻尚未平息，马上又有网民曝光一则"神答辩"怪事。网传一张湖南师范大学2019年11月举行的博士论文《教育研究的想象力——以张楚廷的教育研究为例》答辩

---

[1] 徐中民：《生态经济学集成框架的理论与实践（1）：集成思想的领悟之道》，《冰川冻土》2013年第5期。

[2] 廖瑾：《期刊就"论文大谈导师崇高感和师娘优美感"发声明：决定撤稿》，澎湃新闻，https://www.thepaper.cn，发表时间：2020年1月12日，核查时间：2020年5月24日。

海报，其最引人注目的地方在于：张楚廷既是被研究对象，又是作者的导师，还是答辩委员，由此引发了网民对于"导师指导学生研究自己还亲自审查自己指导的研究自己的结果能不能答辩过关"[1]是否合理的质疑。

我们用"张楚廷"作为关键词对"中国知网"进行"篇关摘"检索，可检得论文254篇，其中学位论文24篇（博士论文9篇，全部出自湖南师范大学；硕士论文15篇，10篇出自湖南师范大学），学术期刊论文194篇，产量最高的作者如蒋己兰（11篇）、黎利云（10篇）、姚晓峰（10篇）[2] 全部毕业自湖南师范大学，而蒋己兰的导师正是张楚廷。

湖南师范大学副校长张兢在一次张楚廷教育思想研讨会上说："张楚廷的教育思想博大精深，我希望在湖南能够形成一个麓山学派或者称之为张氏学派，把张楚廷先生的教育思想发扬光大。"[3] 湖南师范大学校方甚至认为："这和研究鲁迅是一样的。"[4] 可是，在众多研究张楚廷的论文中，不乏各种标签式、程式性、庸俗化的吹捧之作，而且绝大多数来自张楚廷的旧属、学生，以及学生的学生。因此有批评意见认为，张楚廷作为湖南师范大学前校长，"学术依附行政，缺乏独立性、自主性，必然会导致质疑和批判精神匮乏。而离开了质疑和批判，

---

[1] 万喆：《Z博士的脑洞丨怎么看导师们的"荒唐"故事》，澎湃新闻，https://www.thepaper.cn，发表时间：2020年1月16日，核查时间：2020年5月24日。
[2] 以上检索结果全部出自"中国知网"，检索时间：2020年1月17日。
[3] 蒋己兰：《张楚廷教育智慧》，北京理工大学出版社，2016年，第9页。
[4] 肖鹏：《湖南师大前校长指导博士生研究自己教育思想校方回应》，凤凰网，http://news.ifeng.com，发表时间：2020年1月16日，核查时间：2020年5月24日。

创新也就成了'无源之水',反而是沉渣泛起"。[1]

那么,程国栋学派、张楚廷学派能够成立吗?由此引发我们进一步思考,何谓学派?何谓门派?学术共同体应当具备怎样的条件和特质才能成其为学派?学派成员之间为什么如此频繁地互相引证?正常的学术流派与自吹自擂的江湖门派之间,到底是一种什么样的关系?张三丰和丁春秋,到底谁是一代宗师?本章试图以中国现代民俗学的发展历程和现状为例,详细解析学派、流派与门派三者之间的关系。

二、学派、流派、门派的概念界定

什么是"学派"?虽然不同的科学哲学家有不同的解释,但大致有个最小公倍数,即如《现代汉语词典》所归纳的:"同一学科中由于学说、观点不同而形成的派别。"[2] 本书出于分析讨论的需要,将之视作广义的学派。而狭义的学派,则是在广义的学派中排除了流派和门派之后的学术派系。

本书所说的"流派",是指在学术史的书写中,史家为了叙述方便,对同一学科内相似理论基础,或相似研究风格的学者所做的类型归纳。也就是说,某某流派并不是当事人自己打出的旗帜,而是由学术史家归纳出来的学术派系。一般来说,

---

[1] 熊丙奇:《导师指导学生研究自己的思想,当真"没有问题"?》,光明时评,https://guancha.gmw.cn,发表时间:2020年1月17日,核查时间:2020年5月24日。
[2] 中国社会科学院语言研究所词典编辑室:《现代汉语词典(第7版)》,商务印书馆,2016年,第1488页。

那些具有某种派系共通性的学者，总是会信奉同一套理论体系，或者取法同一位学术宗师，每个学者都是该理论或该宗师派下的一脉支流，学术史家将其汇为一系，遂为流派。

刘锡诚曾按八种不同的学术取向，将20世纪中国民间文学史归结为八个流派的学术史。比如他对"文学人类学派"的介绍："以泰勒、安德留·兰和弗雷泽为代表的英国人类学派神话学，是最早引进中国的民间文艺学外国学术流派。20世纪上半叶，被一些知名的文学理论家和民间文艺学家所传入，并用来研究中国的神话和民间故事，在中国民间文艺学，特别是神话、传说、故事等叙事体裁的研究领域里，曾经占有压倒性的地位。"[1] 不过，被刘锡诚视作该派代表人物的周作人、沈雁冰、赵景深、黄石、谢六逸等，虽然都曾译介和应用过人类学派神话学的理论和方法，但相互之间并没有学术互动，也从未打出过学派旗帜，"文学人类学派"是由学术史家刘锡诚归纳命名的。

至于"门派"，那就更好理解了，我们可以取《辞海》的定义："一门学问中由于学说师承不同而形成的派别。"[2] 简单地说，就是出自同一师门，学术取向或学术观点相近的师承性学术派系。由于中国学术界特别注重师承关系，所以，门派是中国学术界数量最多、旗帜最鲜明、派系色彩最重的一种学术派系。

---

[1] 刘锡诚：《中国民间文艺学史上的文学人类学派》，《湖北民族学院学报》2004年第4期。

[2] 辞海编辑委员会：《辞海》，上海辞书出版社，2000年，第1360页。

一般来说，由师门而结成的学术派系并不需要有什么独到的理论思想或方法论体系，只要导师名气够大，门下学生众多，有一两个可以拿来说项的理论主张，就可以对外宣称为"××学派"。比如："中国科学哲学'语境论学派'指称的是以郭贵春教授为学术领袖的一个'师承型'（或者'师生合作型'）学派。这一学派以教育部人文社会科学重点研究基地'山西大学科学技术哲学研究中心'为学术共同体基础，以《科学技术哲学研究》和各种学术会议为学术交流平台。"[1] 郭贵春和张楚廷一样，都曾担任地方大学校长，其学派主要成员都是本校旧属和学生。

广义的学派中，排除了流派和门派，就是我们将要重点讨论的狭义的学派。本书将狭义的学派定义为同一学科的部分学者，因为观点相近或志趣相投，具有大致相同的理论倾向，能够操作相同的学术概念，自发结成的学术共同体。本书以下提及"学派"时，如无特别说明，均用其狭义概念。

学派不同于流派有三：（一）学派是学者自发组成的有派系意识的学术共同体，学派成员之间有明确的共同体意识；而流派是由学术史家归纳出来的，其成员本身未必有共同体意识。（二）学派是一种现实组合，有学派领袖及核心成员；流派虽然也有共同取法的理论源头或学术宗师，但是该宗师或者是已经去世的前辈大师，或者是国外的理论大家，并没有在现

---

[1] 韩彩英：《学派观念和中国科学哲学"语境论学派"的学术特色》，《学术界》2011年第5期。

实中领导着该流派。(三)学派成员之间有经常性的学术互动；流派成员虽然宗法同一理论范式，但并不必然存在互动关系。

学派不同于门派亦有三：(一)学派是同一学科内的学缘关系，是志趣相投的学者之间的松散联盟，成员可进可退，相互之间没有人事上的约束关系；而门派是一种拟亲属关系，是同一师门之间的学术联盟，同辈往往互称师兄师弟，客观上带有一定的强制性。(二)同一学派的成员理论取向相近，往往操作相同的学术概念；而同一门派的学者则未必如此，他们只是在同一个学术机构或者同一位导师门下取得学位，彼此志趣可能相差很远，但他们都会共同参与机构项目或导师课题，在导师指定的方向上各自展开论述。(三)学派领袖的地位主要是依靠学术成绩与个人魅力获得的，因而是动态的、开放的、多元的；而门派领袖则是由师承关系注定的，因而是稳定的、封闭的、独尊的，只要是开派祖师还没有退出学术江湖，所谓的第二代掌门人就只能是"影子领袖"。

当然，学派与流派、门派之间的界限，亦如故事与神话、传说之间的界限，是相对的而不是绝对的。本书将用作例证讨论的三个当代民俗学派系，其中吕微倡导的"实践民俗学"最符合上述狭义学派的界定；朝戈金领导的"口头传统"研究团队，却远承帕里-洛德理论，近接弗里（John Miles Foley）的口头传统大旗，是个具有流派特征的学派；刘守华培育的"故事诗学"学派，则是以华中师范大学为中心，辐射全国的故事学共同体，是个由门派发展而成的学派。

三、学派只能形成于学科发展的成熟阶段

学派形成是学科成熟的主要标志之一，学派为新思想、新理论提供了生存和发展的学术空间。关于学派存在的意义，已经有无数的学术史家以及科学哲学家论述过了："科学家的创造活动无法离开某个共同体或学派，这是科学发展的一条重要规律。"[1]

但在中国的文化语境中，"派系""派别""××派"往往都被视作负面色彩的概念，因而很多学者会忌讳被贴上派系标签。检索"中国知网"，1978年之前的论文大凡出现"学派"二字，多是国外科学流派的介绍或批判，涉及中国现代学术的，只有几篇针对"新红学派"的批判文章。1978年末，《历史研究》评论员文章《提倡不同学派平等地讨论问题》，在思想文化界率先发出了"允许各种学派存在，允许各种学派从不同角度，不同方面，不同领域去探索真理，进行争鸣"[2]的声音。以1978年为界，此前的《华中工学院学报》刚刚发表《哥本哈根学派必须彻底批判》[3]；此后的《哲学研究》立即发表《爱因斯坦与哥本哈根学派——斥"四人帮"的"互相攻讦"论》[4]，给予伟大的量子物理学家玻尔（Niels Henrik David Bohr）及其创立的哥本哈根学派以高度的学术评价。

---

1 刘大椿：《科学活动论》，中国人民大学出版社，2010年，第222页。
2 本刊评论员：《提倡不同学派平等地讨论问题》，《历史研究》1978年第12期。
3 雷式祖：《哥本哈根学派必须彻底批判》，《华中工学院学报》1976年第2期。
4 沈小峰、陈浩元：《爱因斯坦与哥本哈根学派——斥"四人帮"的"互相攻讦"论》，《哲学研究》1979年第5期。

1980年,《复旦学报》发表《提倡标新立异,鼓励学术流派》的倡议,声明从1980年第一期起,该刊将开辟"学术流派评介"专栏,倡议说:"我们坚信,即使因此出点毛病,闹点笑话也是能够得到大家谅解的,而敢于独树一帜的无所顾忌的精神,总是有利于科学的发展,应该大力倡导的。"[1]但是,这一倡议在当时似乎并没有引起大的反响,翻阅该刊此后几年杂志,学派方面的讨论依然阙如。

　　"中国知网"收录的以"学派"为题的讨论文章,从1980年后逐步上升,1992年突破100篇,2008年之后每年都在400篇以上,峰值出现在2013年,达到521篇。这些论文的一个突出特点,就是每篇开头都要从正面角度论述一番学派的重要性,似乎"名不正则言不顺,言不顺则事不成"。这些论文大致都会反复表达这样一个意思:"一种新的科学体系的建立和新的科学理论的提出,从来都不会是一开头就以完整的形式出现,只有经过学派之间的争鸣、交流、合作,才有利于科学体系和理论的完善与深化。"[2]

　　关于学派对科学发展的作用和意义,在科学史以及科学哲学领域早已成为共同知识,但在中国学术界,每篇学派问题的讨论文章,都得重新强调一次,而这恰恰说明学派的"正当性"观念在中国学界依旧没有成为共识。

　　一方面,许多学者撰文提倡学术自由,呼吁更多学派的产

---

[1] 本刊编辑部:《提倡标新立异,鼓励学术流派》,《复旦学报》1980年第1期。
[2] 胡之德:《论学派争鸣》,《高等教育学报》1986年第2期。

生；但另一方面，现实中的学派标签依然还是许多学者的忌讳。比如，被学界视作"华南学派"核心成员的几位历史学者，全都不愿承认学派称谓。赵世瑜说："我从未听到过这个学术群体的核心成员自称'华南学派'。"[1] 刘志伟也强调："华南研究这一学术群体是不接受'华南学派'这一称谓的，他们的研究不是为了做学派，凡是做学派的都很危险，最终都会消亡，'华南研究'只是一种不同于以往历史研究的学术取向和追求。"[2] 科大卫更是直截了当地声称"从来没有过'华南学派'"。[3] 学者们低调处事的缘由，多半也是"怕一提倡发展学派，就会影响团结，产生严重的门户之见"。[4] 但无论是否使用"学派"称谓，他们并不否认"华南研究"这么一个学术共同体的实际存在。

事实上，科学史上的新思想、新理论、新方向，大多数是依靠学派、无形学院[5]这些学术共同体而形成的。现代学术早已淘汰"隐士"，更没有"民科"的位置，任何一个学者都不可能孤立地从事学术研究，他需要背靠强大的资料库、实验室，他必须从属于某个特定的研究机构；任何学者要想成为

---

[1] 赵世瑜：《我与"华南学派"》，《文化学刊》2015年第10期。
[2] 西边中心：《中山大学刘志伟教授莅临"魁阁讲座"讲述"华南研究之路"》，云南大学"西南边疆少数民族研究中心"，http://www.ydxbzx.ynu.edu.cn，发表时间：2018年3月20日，核查时间：2020年5月24日。
[3] 孔雪：《对话科大卫：历史研究，不止于书斋》，《新京报》2016年12月17日。
[4] 张兵：《试论学术流派形成的原因和标准》，《山西师院学报》1983年第4期。
[5] 无形学院是一个历史发展的概念，在科学社会学领域主要指在一系列相关科学研究领域中，由一批跨领域、跨机构的精英科学家自发形成的，以信息传播和学术情报交流为目的的非正式学术群体，相当于科学家精英俱乐部。关于无形学院的历史形成，本书《学术对话的功能与路径》一章的第三节将会述及。

杰出者，都必须在特定学术共同体中发出声音，求取呼应、认可，才能获取更多经费，提高论文发表率。不从属于任何一个学术共同体的学者是无法想象也不可能成功的，同样，未经学术共同体认可却选择媒体造势的所谓重大科研成果，基本都是不可信的。现代学术中的科学突破不可能基于完全独立的个人行为。

科学学派是在不同范式的学术争鸣中自然形成的。偏向于不同研究范式的学者在竞争中不断寻求"合并同类项"，以期在创新性研究中得到更多同类学者的舆论支持和建设性意见。"科学学派的主要的和基本的特征，首先是由站在他所聚合的集体前列的领导者创立某些独特的思想或理论，根据这些思想或理论确立科学中以前从未提出过的完全新的研究方向。"[1]

一门学科在其迅速发展的上升阶段，同业者出于维护学科合法性和壮大学科队伍的考虑，往往会成立一个尽可能人数多的同业学会，这一时期的专业人员还不够充足，因此难以充分考虑成员原有的学科背景和学术取向。等到学科发展到一个相对平稳的阶段，各领风骚的领军人物就会开始圈定自己的地盘，但是，这一时期的圈地运动更多的是以人脉关系，而不是以学术取向、立场来定亲疏。只有当学科发展进入到常规研究的平稳阶段，真正学术意义上而不是人脉关系上的学术联盟和学术革命才会发生，革命之后，新的学术诸侯重新圈地，学术

---

[1] 陈益升编译：《国外交叉科学研究——科学的哲学、历史、社会的探索》，科学技术文献出版社，2010年，第247页。

派系从中生成。

　　以中国现代民俗学为例。1983年钟敬文发起成立中国民俗学会的时候，出于广揽人才壮大声势的需要，甚至将吕叔湘、季羡林、侯宝林等一批与民俗学并无太大关联的公众人物都拉进队伍，聘为学会顾问，这样一个大杂烩式的共同体是不可能在学术上求得志同道合形成学派的。这一时期的钟敬文最需要的是"人脉"。

　　1988年中国民俗学会第二届理事会改选，刘魁立、张紫晨、乌丙安等第二代领军人物增选为副会长，从此开始了第二代三巨头各领风骚的发展阶段。三人虽然风格各异，但都依然处在钟敬文学术威权的统一部署指导之下，谁也不敢发起学术革命，更没有促成一个可以称之为"学派"的学术共同体。今天重审这段历史，当时只有远在华中师范大学的刘守华坚定不移地耕耘在单一的故事学领域，很少参与民俗学界的各种热闹活动，以及与故事学无关的文化大讨论，甚至刻意与钟敬文保持着一种安全距离，其论文在同代学者中，引证钟敬文论著的比例也是较低的。恰恰是这种隐忍的坚持，第二代民俗学者只有他以华中师范大学为依托，培育出了一个堪称学派的故事学共同体。

　　一门成熟的学科，不仅要有一批行之有效的研究范式，还要有不断自我革命的学术机制，否则，即使借助天时地利繁荣一段时期，还会再度陷入僵局，正如我们前面所说，一种范式被过度操作之后，就很难再提出新的问题。新的学术共同体或者新的学派，必然与全局的或局部的学术革命相伴而生，没有学术革命也就没有新的学派。我们甚至可以说，新学派的产生是一门学科可持续发展的关键性指标。但在钟敬文一言九鼎的学术时代，学术革命是不可能发生的。

新的民俗学学派的形成要等到21世纪第三代民俗学者登上学术舞台之后。"新世纪以来对民间文学/民俗学学科有全局性影响的有两件事情：一个是'非遗'运动，这是学科外部的。而学科内部呢？就是新世纪初的'民间文化青年论坛'。"[1] 成立于2002年的"民间文化青年论坛"正是后钟敬文时代的一场全局性的学术革命，但这批青年革命者更多地只是受到"学术革命"的激情冲动，当时既没有提出什么理论主张，也没有提供一套可供模仿的研究范式。革命并没有直接促成新学派的产生，只是为之提供了可能性。

时间仅仅过去十余年，当年的青年革命者全都成长为所谓的博士生导师、学科带头人、系主任、校领导、学会负责人，有的甚至已经退休。各人不同的理论取向和专业方向也在进一步分化，形态分析、口头诗学、表演理论、民俗主义、实证民俗学、实践民俗学、家乡民俗学、身体民俗、礼俗互动等一大批新的研究范式纷纷登台。今天的博士生再也不可能像20世纪的民俗学者那样对全学科通学通吃，他们只能跟从导师，或者根据自己的学术兴趣从中选择部分研究方向和方法。

第三代民俗学者在研究范式的选择和学术取向的分化重组

---

[1] 陈泳超：《闭幕式总结发言》，北京大学中文系"从启蒙民众到对话民众——纪念中国民间文学学科100周年国际学术研讨会"，2018年10月22日。

中，一直在或隐或现地合纵连横，经过了近二十年的努力，各自形成了稳定的学术执念，分头结成一个又一个细化的学术圈子。正是在这些日渐固化的小型学术共同体中，学者们找到了理论和方向的共鸣点，民俗学自此分门别派。所以说，民俗学作为一门交叉学科，只有到了它日渐成熟之时，才有可能逐渐生成学派。新的民俗学派不断生成的时候，也是百花齐放的学科春天到来之时，这在钟敬文一人时代是不可能见到的。

多元民俗学派的存在，无论对于不同民族、不同社区的民俗主体，还是对于不同学术兴趣、不同价值取向的学术主体来说，都为不同特性民俗文化的多样性理解提供了更加丰富的理论资源和释读可能，对于促进人类多样性文化间的相互尊重、交流与合作，无疑具有更加积极的意义。

那么，如何判断/建设一个学派，或者说，学派具有什么可识别的重要特征/要素呢？从学术史的归纳中可以发现，人文社会科学的学派要素主要有三：核心理念、核心人物、自觉的共同体意识。

四、核心理念：研究纲领及其硬核

几乎所有的科学哲学研究都认为学派的形成是以"共同的理论与方法"为前提的，但是，"共同"的界限在哪里？同一个学科，或者共用一套民俗学基础理论教材，这算不算拥有共同的理论与方法？如果算的话，那么，只要在民俗学科内讨论学派问题，就不必再强调理论与方法，因为大家都是一样的；

如果不算的话，我们又该把界限划在哪里？

事实上，今天的人文社会科学工作者很少会在实际工作中死守着一套理论与方法，即便是研究领域专一如刘守华，也一再声称其转益多师："吸取和改进芬兰学派以历史地理方法深入考察民间故事，对母题、类型解析的集中尝试、故事生活史的追寻及口头文学表演理论在故事学领域的实践等方面，交叉运用多种方法。"[1] 而同为实践民俗学者，除了吕微、户晓辉主要取法康德之外，其他学者都各有自己的西哲渊源。

既然是学派，当然首先得有不同于该学科其他同业者的"派"的学术标志，对于人文社会科学来说，这种学术标志并不必然是一套完整的理论假设与实验方法，关键是特色鲜明，而又在学理上立得住。武林中不是只有少林、武当这些高门大户才能称派，只要特色鲜明，峨嵋派也是派。

那么，确认人文社会科学的学派标志是什么呢？是一套可持续操作的"科学研究纲领"。按照英国科学哲学家拉卡托斯（Imre Lakatos）的定义，科学研究纲领包括硬核、保护带，以及作为方法论的启发法。[2]

首先是硬核。硬核是共同体成员对研究旨趣的共同的自我约束，是研究纲领中不容置疑、不可动摇的部分，是一种兼具理性与信仰的学术执念。与科学研究纲领的硬核必须有一套"基本理论假设"不一样的是，人文社会科学研究纲领的硬核

1　刘守华：《〈中国民间故事类型研究〉的方法论探索》，《思想战线》，2003年第5期。
2　[英] 伊姆雷·拉卡托斯：《科学研究纲领方法论》，兰征译，上海译文出版社，2016年，第55—62页。

既可以是（a）一套完整的理论假设，但也可以是（b）一种矢志奋斗的学术信念，或者（c）一个有独特研究范式操作的专门学术领域，总之，是标示其独特性的共同学术旨趣。硬核可以有调整但不可被动摇，一旦硬核被否定或公认为没有学术价值，也就意味着学派解体。而对于学派成员来说，一旦质疑其硬核，也就意味着脱离该学派。

比如，口头传统研究的硬核就是"回到声音"：口头传统从活形态的口头史诗起步，从声音的社会关系网络中理解民众的文学活动，从声音的文学上发现诗学、建立诗学，"口头诗歌始于声音，口头诗学则回到声音"。[1] 又比如实践民俗学，按吕微的解释，其硬核是"一个有着自身内在的实践目的的民俗学……其实也就是民自身内在的实践目的，而民自身内在的实践目的就是：成为自由的公民"。[2] 其核心研究范式可以概括为："以认识普遍立法的自由意志的民俗'法象'为诉求的纯粹实践理性的学术范式。"[3] 正是这些硬核，让学者们有了相同的思维起点和目标，通过相互激励、往复讨论，成果不断丰富，理论日趋完善。

其次是保护带。保护带是研究纲领的防护层，是硬核的辅助假设，相当于库恩（Thomas Samuel Kuhn）科学哲学概念中的常规研究。保护带具有灵活性和多样性的特征，既用来支撑

---

[1] 朝戈金：《口头诗学》，《民间文化论坛》2018 年第 6 期。
[2] 吕微：《在〈民俗〉周刊创刊九十周年学术研讨会上的发言》，中山大学中文系"《民俗》周刊创刊九十周年纪念学术研讨会"，2018 年 12 月 27 日。
[3] 吕微：《两种自由意志的实践民俗学———民俗学的知识谱系与概念间逻辑》，《民俗研究》2018 年第 6 期。

硬核，也是硬核的具体落实和应用，它可以被反驳、被修正，甚至被部分放弃。

当研究纲领与经验观察发生矛盾时，学者们可以通过调整辅助假设来规避经验观察对硬核理念的直接冲击。以地理堪舆的民俗理论为例，形势派主要是通过地表特征来勘龙点穴，但是，形势理论常常遭遇期望失验，这时，就需要借助数理手段来进行弥补和修订，将三维形势空间拓展到四维理气空间，使之更具灵活性和解释力。数理学说玄妙、神秘，使得地理堪舆的可言说空间得到大大拓展，有效地保护了形势理论不受实质性冲击。堪舆界有句老话"无形势不灵、无理气不验"，指的就是形势理论需要借助数理手段加以辅助调整。可见，在中国的风水学说中，形势就是硬核，理气就是保护带。

一般来说，保护带的修正，主要是通过学派内部的论争得以实现的。没有内部的论争和修正，优者无以凸显，劣者无从淘汰，学派就会失去活力，丧失其在学科中的话语权。在一个学派的成长过程中，任何一项具体的研究成果，在得到学派成员的一致确认之前，都是辅助假设的保护带，是可以被质疑、被修正的。而保护带中得到共同体一致确认的理论和观点，有可能成为该学派的理论、定理，或者填充到硬核当中，使硬核变得更充实、更完整，或者成为硬核外部的分核，成为学派内部新理论的生长点，从而丰富和发展学派的理论体系。

再次是启发法。这是研究纲领的形成方法。"纲领由一些方法论规则构成：一些规则告诉我们要避免哪些研究道路（反面启发法），另一些告诉我们要寻求哪些道路（正面启发法）。"[1] 无论是正面启发还是反面启发，都是对于学派内部成员的约束方案。

所谓反面启发法，是一种禁止性的规定，警示其成员"切勿误入歧途"，以免危及硬核。比如，口头传统理论家泰德洛克（Dennis Tedlock）的文章《朝向口头诗学》通篇在于阐明哪些是无益于口头诗学建设的工作："从排除常见错误现象这个立足点出发，他开篇就指出：若是从阅读荷马起步，则我们无法建立有效的口头诗学；从阅读由那些早期的民族学家和语言学家记录下来的文本起步，也不能建立有效的口头诗学；从惯常所见的对书写文本作结构分析起步，也无法建立有效的口头诗学……"[2] 同样，实践民俗学派也明确反对认识论的民俗研究，其倡导者吕微就说："作为认识论的民俗学只能视民俗为社会现象甚至自然现象，以认识其中的社会规律甚至自然规律，进而认识民在社会规律甚至自然规律中外在于民自身内在目的的他律存在条件，用理论民俗学的认识论话语来说，就是通过俗来认识民。其结果是，如果我们研究的民只是服从社会规律乃至自然规律的他律的客体，那么民就不再是自律的自由主体，随之，民自身内在的自由目的、自律目的，也就烟消云散了。"[3] 正是基于这一反面启发法，所谓科学主义、实证研究，都是受到实践民俗学旗帜鲜明反对的。

---

1 ［英］伊姆雷·拉卡托斯：《科学研究纲领方法论》，兰征译，上海译文出版社，2016年，第55页。
2 朝戈金：《口头诗学》，《民间文化论坛》2018年第6期。
3 吕微：《在〈民俗〉周刊创刊九十周年学术研讨会上的发言》，中山大学中文系"《民俗》周刊创刊九十周年纪念学术研讨会"，2018年12月27日。

所谓正面启发法，则是一种鼓励性的规定，号召其成员"行此金光大道"，以进一步筑牢、完善其保护带，增强研究纲领的学术竞争力。这种启发法可以是方法论的，也可以是目的论的。比如，口头诗学是从方法论上指导学者们使用程式、典型场景、故事范型等结构性层次，以分析和确立口头叙事的故事构造规则是如何形成并发生作用。而实践民俗学则是从目的论上为民俗研究指明方向，吕微说："有了对人自身的自由权利与道德能力的自由信仰在先，当我们说到人的其他信仰例如民俗、民间信仰的时候，我们才有充分的理由坚持说，民俗、民间信仰也自有它天赋的自由权利。于是，我们民俗学根据自身内在的实践目的论应该且能够做的事情，就不再仅仅是教育民如何俗、教育民间如何信仰；我们只是先验地阐明，民有俗的自由权利、民间有信仰的自由权利。"[1]

拉卡托斯认为，理论科学是相对自主的，正面启发法通常既不顾忌经验事实的反例，也不顾及同行的反驳，"把反常现象列举出来，但放置一边而不管它们，希望到了一定的时候，它们会变成对纲领的证认"[2]。吕微正是这么做的，他坚定地相信实践民俗学的理论正确性，从不顾忌"实践民俗学难以转化为民俗学实践"的质疑，甚至自豪地声称："我为此再多死多少脑细胞也无悔，以无愧于独立之学术、自由之精神。"[3]

---

1 吕微：《在〈民俗〉周刊创刊九十周年学术研讨会上的发言》，中山大学中文系"《民俗》周刊创刊九十周年纪念学术研讨会"，2018年12月27日。
2 ［英］伊姆雷·拉卡托斯：《科学研究纲领方法论》，兰征译，上海译文出版社，2016年，第62页。
3 吕微致户晓辉、陈泳超、施爱东邮件，2018年12月31日。

五、核心人物：擅长学术经营的学派领袖

学派与党派不一样，不必有执政党、反对党、在野党，大家可以各执一理，各说各话，彼此可以竞争，也可以完全平行。但是，每一个学派都一定会有一个或多个学术领袖或核心学者。"凡属郑重的学派，总是先有一位或几位学者，在某一门或一系列学科的研究中付出了艰辛的劳动，进行了反复的严肃的论证，从而提出了不同于众的精辟见解，形成了相对稳定的学术体系和独特风格，在一定的时代条件下和学术范围内给人们以启迪，因此吸引和影响了一批又一批的后来者，赢得了他们的崇奉和支持，再经过他们的不断补充、匡正、加深、加细，蔚然而成独树一帜的学派。"[1]

学术领袖也即学术组织者，可以是学科带头人、项目负责人、学术活动家、会议召集人、专栏主持人，等等。但是，学派对其领袖的要求会更高，学派领袖不仅要具备学术领袖的社会地位，还必须有独到的理论思想。学派有异于行业学会，它不是一个单纯的社会组织，学派是思想、风格、理念的聚合，是一个开放的思想磁场，所以，学派领袖如果没有深厚的理论素养，他就难以将众多追随者召集在一个共同的学术大旗下，无法为学派成员解惑答疑，指引方向。

学派领袖的个人品德在学派建设中起着非常重要的作用，科学史上几乎找不到一个才高八斗却品格低劣的学派领袖。学

---

[1] 盛宗范、黄伟合：《简论学派》，《江淮论坛》1986年第1期。

派领袖是精神领袖,他必须且只能依靠其充满魅力的学术思想和个人品德(而不是行政职务或导师身份)团结一批科学工作者为一个共同的学术目标而奋斗。一个吹毛求疵、专注个人名利、热衷个人宣传、缺乏服务精神的"学科带头人"是很难得到周围学者拥戴的。几乎所有的科学史在论及学派领袖品德的时候,都会以伟大的物理学家卢瑟福为例:"卢瑟福是那么的关心帮助学生,尊重个性发展,即使是一个平凡的人,在这里学习研究几年,也会找到自己的科研目标,并成长为一流的科学家。"[1]以至于他的学生、量子物理学家玻尔称他为"我的第二个父亲"。[2]

学派领袖必须擅长学术经营。杜正胜在评论现代史学"重建派"的建设时说:"傅斯年先生深切体会到现代学术不容易由个人作孤立的研究,要靠团体寻材料,大家互补其所不能,互相引会订正,要集众工作才易收效,故创办了历史语言研究所。"[3]组织和维护一个学术共同体是学派建设中至关重要的一环,无论这个共同体是实体的学术机构还是学术理念的精神聚合。一个处于成长期的学派,学派领袖为了吸引年轻博士的加入,往往会在各种讲座和会议上介绍、称赞、推荐同派学者,在学术论文中大量引证、阐释同派学者的学术成果,带头营造一个共同体的良好氛围。

---

[1] 宋琳:《科学社会学》,中国科学技术出版社,2017年,第138页。
[2] 张发、王伸:《诺贝尔奖获得者传略》,吉林教育出版社,2012年,第76页。
[3] 杜正胜:《从疑古到重建——傅斯年的史学革命及其与胡适、顾颉刚的关系》,《中国文化》1995年第2期。

在这一点上，吕微是第三代民俗学者中做得最好的。吕微酷爱西方哲学，数十年的比较阅读之后，他最终选择了康德哲学，最初是小范围内开设了康德哲学读书班，后来又坚持不懈地应用康德哲学进行民俗研究。吕微不仅勤奋于哲学阅读，还特别关注新近学术成果，尤其擅长发现同行的学术优点，从康德哲学的角度对同行的学术成果进行理论提升和重新阐释。吕微特别注重"学术对话"，他的每一次富于激情的演讲、每一篇长篇大论的宏文，都会点面结合地反复引证同行学术成果，尤其是引证高丙中、户晓辉的学术成果。随着实践民俗学队伍的扩大，吕微反复引证的学者名单也在不断扩充。吕微的理论提升让那些被点名的学者感动，也让许多年轻学者感到佩服，许多原本处于学界边缘的年轻学者都是在吕微的提点和引导下，逐渐地被吸引到实践民俗学的阵营当中。

相比之下，第二代民俗学者大部分都没有培育学派的意识。以理论素养最为深厚的刘魁立为例，他是第二代民俗学者最重要的学术领袖，学术演讲机会特别多，但他几乎从不在这样的场合公开评议同行的学术成就，很少鼓励，更不会批评，"不谈学术是非"。他的论文也曲高和寡，很少引证同代学者的学术成果。这种孤傲的学风使他的杰出成果长期得不到学界应有的重视与呼应，更遑论模仿与追随。其故事学代表作《民间叙事的生命树》[1]发表之后，很长一段时间得不到任何回应，直

---

[1] 刘魁立：《民间叙事的生命树——浙江当代"狗耕田"故事情节类型的形态结构分析》，《民族艺术》2001年第1期。

到他的几个学生在学界站稳脚跟,反复推介之后,才逐渐奠定了该成果在中国民俗学史上的经典地位。

另一位学术领袖乌丙安的风格则与刘魁立完全相反。他的弟子数量和成才率在民俗学界可谓仅次于钟敬文,他特别擅长夸奖和扶植后辈学者,每次富于煽动力的演讲,都十分注意照顾同人、奖掖后进,常常令人热血沸腾。可惜的是,乌丙安的理论资源主要继承自钟敬文,他没有在理论和方法上做出革命性的突破,也没有建构新的研究纲领,所以,团结在乌丙安麾下的学术队伍虽然庞大,但全是常规研究,并没有区别于其他学者的研究范式,因此也没能建立一个独具特色的学术派系。

学术领域有一些独行侠,以其精湛的学术操作,可能会赢得众多"粉丝"(fans),成为学术偶像。但是,偶像若无学派意识,再多的粉丝也只是一盘散沙,他们就像一群观戏的影迷,只是远远欣赏、叫好,并不参与偶像的学术游戏。刘宗迪是民俗学界公认粉丝最多的学者,可是刘宗迪并没有一套适合粉丝效仿的研究范式,他甚至在多次会议中公开声称论文有三不写:"第一,别人写过的他不写;第二,别人虽没写过,但能写得和他一样好的,他不写;第三,没有智力含量和挑战性的,他不写。"[1]这种高冷学风无异于在学派建设上"自绝于粉丝"。

大凡学派领袖都很注重扶持、奖掖自己的学术追随者。一方面适当地提出些研究方向的建议,组织专题、派发任务,一

---

[1] 施爱东:《作为实验的田野研究——中国现代民俗学的"科玄论战"》,中国社会科学出版社,2016年,第260页。

方面积极地为他们联系出版或发表，推介其成果、褒扬其成绩，甚至关心其生活。学派领袖总是会努力地利用自己的学术影响力，为追随者们创造尽可能好的学术条件。

与此相应，普通学者拥护一些与自己研究范式相近的学术权威，抬高其身价，本质上也是对自己观点和范式的肯定。普通学者对权威学者的引述，以及与权威学者之间的良性互动，有利于加大普通学者的话语力量，以便在资源分配中获得更加有利的位置。

六、自觉的共同体意识：共同理念的生成基础

所有的共同体概念都是相对的、分层级的。"科学家共同体"最早被英国科学家波兰尼（Michael Polanyi）提出的时候，指的是所有科学研究工作者所组成的具有共同信念、遵守共同规范、具有科学自治意识的社会群体。可是，这一概念在半个多世纪的知识变迁中，越来越倾向于收缩到更小的学术领域，如今常常被用在同一学科，甚至同一学派。

学派形成的另一个重要标志是"自觉的共同体意识"。这是一种学派意识和共同理念的习得过程，学者们为了更好地融入一个学术共同体，会自觉地养成一系列相近的观察社会、理解社会的基本观点和角度。

我们知道，在物理学上，一个系统往往同时存在多个共振频率，当受到一个外界激励时，系统会自动选择一个相应的共振频率随之振动。学术共同体也一样，除了共同的研究纲领，

还有其他许多共同理念。对于人文社会科学工作者来说,这些理念可能包括相近的政治观点、社会理想,甚至相似的治学风格、相同的体育爱好、共同厌恶的某类行为或某个公众人物,等等。有些学者甚至认为"学派内部成员之间的关系具有拟亲情的特点"[1]。但是,有些共同理念并不是在学派产生之前就已经存在的,而是在学派成员的互动交流过程中,因自觉的共同体意识而逐渐形成的。此类共同理念的生成途径主要有六:

（一）师承关系

这是最直接、最明确的生成途径,这一理念的生成主要来自导师的言传身教。在学术界我们常常看到近朱者赤、近墨者黑的现象,如果一个导师特别擅长拿项目、争课题,其门下弟子多半也会精于此道;如果导师是个激进的民族主义者,其门下弟子就很难是个自由主义者;中国人民大学的诸葛忆兵特别喜欢打羽毛球,门下博士生都跟着去学打羽毛球。

（二）学术成果的相互引证和相互阐释

这是最有效的跨时空的学术对话。无论阐释、引证还是相互批评、商榷,其前提都是阅读和理解,否则不会有对话冲动。"为什么越是年轻学者越爱批判权威学者?因为他仔细阅读了权威学者的著作;而他之所以这样做,又是因为他尊重权

---

[1] 宫敬才：《论学派——兼及我国马克思主义哲学研究中的学派问题》,《江海学刊》2015年第2期。

威学者及其观点。"[1] 吕微成为知名学者之后，依然很勤于阅读同行的著作，擅长发现别人学术成果中的优点和闪光点，而且总是能把这些闪光点往实践民俗学的理路上靠。那些被他引证并阐释出来的学术意义，有些是别人论文中未曾说透，或未曾表达的意思，有些甚至是别人论文没想讨论的问题。北京大学教授陈泳超就曾多次说到，吕微从他的书里看到的那些东西，其实并不是他想讨论的，但吕微那么分析，他也觉得很有道理。对于那些学术理念尚未成型的青年学者来说，觉得有道理就会有认同，反复强化的认同，就会逐渐生成相近的学术理念，这也是吕微特别受尊重和吸引人的地方。

（三）学术专栏

组织学术专栏是培育青年学者最有效的方法之一。在民俗学界，朝戈金、巴莫曲布嫫、吕微、高丙中、张士闪、安德明、杨利慧、赵宗福、陈泳超等人都擅长组织学术专栏，为相近学术理念的青年学者提供发表平台。朝戈金就在《西北民族研究》史诗学"开栏语"中明确表示"热烈欢迎国内外史诗研究者和平行学科的学者的加盟和支持"[2]。青年学者一旦秉持这一学术理念、使用这一研究方法踏入这一研究领域，就很可能在后续的研究工作中沿袭这一学术进路继续向前推进，从而成为该学派的一分子。

---

1 张明楷：《学术之盛需要学派之争》，《环球法律评论》2005年第1期。
2 朝戈金：《中国史诗学开栏语》，《西北民族研究》2016年第4期。

（四）专题学术会议或讲习班

学术领袖通过对同领域学术成果的阅读海选，会大致圈定一个"统战对象"专家库。时机成熟的时候，学术领袖就会调动手中的学术资源，召开具有学派性质的专题研讨会。会议主办者广撒英雄帖的同时，还会定向地邀请那些"统战对象"一起共襄盛举。会议邀请函上的会议主题、宗旨、议题，以及主办者特别选定的会议总结人对会议宗旨的阐释与强调，每个步骤都是对共同理念的一次宣教与强化。事实上，所有以实践民俗学为主题的学术研讨会，都会由吕微做大会总结。而在口头传统领域，"为召集全球范围内不同学科及研究领域的学者共同研讨当前史诗研究中的前沿问题，民文所继承办两届'国际史诗工作站'之后，创办了长线发展的口头传统研究跨学科专业集训项目'IEL国际史诗学与口头传统研究系列讲习班'……在学位教育、学术交流及人才培养方面取得了预期效果"[1]。

（五）项目合作

在西方科学界，学者通过项目合作来习得相近的学术理念、研究范式是很常见的现象。但在中国学界，许多项目合作者其实只是在课题申报时挂名友情出演，并不参与项目执行，因而能够经由项目合作而习得共同研究范式的，多数仍然体现为实际参与项目的师徒关系，或同事关系。

---

[1] 巴莫曲布嫫：《中国史诗研究的学科化及其实践路径》，《西北民族研究》2017年第4期。

（六）虚拟的日常交流平台

对于科学家来说，科研团队的合作需要密切的相互配合，但是对于人文社会科学工作者来说，个体之间的独立性显得更强一些。但这并不意味着人文社会科学领域学派成员的互动关系就会减弱，相反，其共同理念不仅不会止步于学术范畴，还会因为更加广泛的兴趣爱好和社会关注，延伸到政治经济及文化的方方面面。

通信技术的发展为学派的建立提供了更加便利的交际平台，微信群使学者之间的日常沟通变得更加频密。几乎每一个学派都会有一两个微信群。但是，大家很少在微信群中讨论严肃的学术问题，因为学术问题需要精密的思考、严谨的文字，而微信聊天更多的是即兴的想法和简洁的表述。那些未经深思熟虑的粗糙的辩论很容易造成误解、产生裂痕，在微信群讨论学术问题是有风险的。所以，一个活跃的微信群，其"求同存异"功能总是大于"辨章学术"功能，学者们发言的时候，会最大限度地考虑到什么样的观点能够得到多数人的认同，剩下的就是插科打诨、融洽气氛、分享转发学术公众号上的学术成果、互相点赞、恭贺一下对方的学术荣誉。

七、学派之间的不可通约性

不同学派的学者很少认真阅读对方的学术成果，他们至多是从对方的成果中寻找些对自己有用的素材，但基本不会对他们的论证方式和观点感兴趣。陈连山经常批评我和陈泳超没有认真阅读吕微的论文,但他没意识到,我对吕微的论文消化无能,我用十个小时也读不透他一篇三万字的论文,我的阅读速度甚至赶不上他的写作速度,这对我来说时间成本实在太高。

科学共同体在专业问题上的共识,是通过学术对话得以实现的。学术对话必须基于共同的知识结构,而不同知识结构的对话往往牛头不对马嘴。同样,对一个成果发布者来说,当他面对不同知识结构学者的质疑时,会很快失去耐心,试想,你读的书他没读过,你思考的问题他没思考过,你的 A 概念被他理解成了 B 概念,每一个人都是从自己所知的角度来理解你、驳斥你,学术辩论就如鸡同鸭的对话,你在叽叽叽,他却呱呱呱。辩论双方为了维护各自的学术尊严,很容易做出更极端的表达。这样的学术研讨不仅不能缩小分歧,反而会让分歧变得更加不可调和,加深双方的焦虑。正如王建民抱怨说:"批评别人'洋八股'的人,其实往往看不懂洋文,甚至连人家的'八股'到底是什么都搞不清楚,除了笼而统之地批判所谓的'唯心主义'之外,并不清楚来自国外的观点到底有什么缺陷和问题。"[1]

学派之间的不可通约性主要表现为彼此不认同、不感兴趣、难以理解。"不认同"是基于对其他学派理论、方法全盘否定的态度;"不感兴趣"是不阅读、不讨论、不置可否的悬置态度;"难以理解"则是在试图理解的基础上,由于知识结构的差异,导致浸入困难,退而只求知悉其主要观点及结论的

---

[1] 王建民:《中国学派及话语构建中的利益纠葛》,《探索与争鸣》2017 年第 2 期。

一种消极态度。

只有同一学派的学者，才会用最挑剔的态度，认真阅读你的著作，发现你的不足，愿意与你进一步地深入探讨。吕微每当完成一篇新论文，都会发给几位同行好友征求意见，实践民俗学派的另一主要成员户晓辉总是会"昨天拜读一过，今天凌晨爬起来又把扼要标示的部分再拜读一遍"[1]，然后就一些细节提出问题，这些问题多数是我这样的非实践民俗学者提不出来的。同样，作为实证民俗学者的我将论文发给他们征求意见时，学术取向相近的陈泳超总能查缺补漏地发现些问题，而吕微和户晓辉的回复却常常只是"基本同意""没有意见"，慢慢地，我也就不再征求吕微和户晓辉的意见了，以免给他们增添负担。

同一学派的学者更容易发生共振效应。他们的知识结构是相近的，学术观点是相似的，学术符号是共通的，语言习惯是熟悉的，彼此学术对话不仅效果好，效率也高。通过相互习得，不仅有利于思想的促进，也有利于技术的精进。户晓辉就多次表示，每次读吕微的论文，都能得到许多启发和进步；反过来，吕微也常表示从户晓辉的论文中受益良多。学派内部的相互鼓励和支持，以及不断累积的数据资源、思想资源、方法资源，必然会有利于技术精进和思想深入。

学派是新思想的孵化器、扩音器，学派内部的学术对话和论争是学派成熟的必要取径。俗话说"三个臭皮匠，赛过一个

---

[1] 户晓辉致吕微、陈泳超、施爱东信，2019年1月6日。

诸葛亮",而学派是集众多诸葛亮之力的学术攻坚。新思想、新理论在学派中更容易发生共鸣,更快得到重视和响应。甚至有学者认为,学派有更大的概率产出大师级的学者:"许多创新思想和理论观点由于过于分散和孤立,他们往往被忽视,如果被纳入学派争论,新思想、新理论、新观点就会在学术争鸣中走向完善和成熟,汇入学派的大河,并得以传承、绵延,学术精英甚至学术大师也会脱颖而出。"[1]个别学者的思想发明,只有通过集体的讨论、完善与传播,才可能成为社会的公共知识财富。

　　学派之间的对话却是另外一种景象。不同学派的学者貌合神离地坐在同一张桌上讨论问题,老江湖不痛不痒打几个哈哈就过去了,可是,年轻学者很可能成为不同学派学术批评的牺牲品。青年学者王尧的一篇故事形态学优秀论文,落在一位实践民俗学派的评议人手上,不仅没有得到肯定的评价,反而被全盘否定,认为这样的论文没有任何价值。这样的学术评议对于正处在学习期、模仿期的青年学者来说,是非常有碍其成长的。我曾经不止一次地听到有博士生抱怨说:"做完开题报告,听了各位老师的建议,我更加不知道论文该怎么写了。"这是因为糊涂导师将不同学术派系的学者请到一起给学生会诊,大家开出的药方彼此冲突,这就很可能让学生更加迷茫不知所措。

---

[1] 俞正樑:《建构中国国际关系理论,创建中国学派》,《上海交通大学学报》2005年第4期。

执着于不同研究范式、分属于不同学派的老师，很可能对学生提出完全相反的要求。"当不同范式在范式选择中彼此竞争、互相辩驳时，每一个范式都同时是论证的起点和终点。每一学派都用它自己的范式去为这一范式辩护。"[1] 学生作为弱势群体，不敢反驳，不敢抗拒，如果他不能清楚地理解不同学派的老师们迥然不同的立场和要求，试图左右逢源、平稳过关的话，恐怕只能交出一篇不伦不类，或者四平八稳、毫无创造力的平庸论文。

这种弊大于利的学术评议在学术期刊的"匿名审稿"制度中为害更甚。一篇富于创新精神的论文如果落到一个执着于旧范式的审稿人手上，不同范式或学派之间的不可通约性很容易导致这些论文得到较低的评价："从哲学的角度看，历史著作很可能显得软弱无力；从历史的角度看，哲学著述则可能不着边际。"[2] 真正的学术创新很可能就断送在这种"公正的"匿名评审制度下。在现代学术中，同一学科未必是内行，只有同一学派或操作同一范式才是最熟悉的内行。但是，同一学派间的匿名评审又可能走向另一极端，同派成员之间过于了解，审稿人往往一眼就能看出匿名论文的真实作者，因此很可能给出一个远高于实际水平的学术评价。所以说，承认学派以及理解学派之间的不可通约性，有利于学刊编辑决定如何将审稿权交付

---

[1] ［美］托马斯·库恩：《科学革命的结构》，金吾伦、胡新和译，北京大学出版社，2003 年，第 87 页。

[2] ［英］托尼·比彻、保罗·特罗勒尔：《学术部落及其领地：知识探索与学科文化》，唐跃勤、蒲茂华、陈洪捷译，北京大学出版社，2015 年，第 72 页。

到更合适的第三方审稿人手上。

相对于自然科学，人文社会科学的学术评价有更强的主观性和情绪性，但这不等于不同范式之间的相互评价就一定是非理性的。在一个更大的学术共同体"学科"的领域内，总是会有一些超脱于两个相互排斥的学派之外的第三方，学科中还有大量不从属于任何学派的独立学者，他们会基于普通的思维逻辑、公认的宏大理论、共同的学科基础、求实的取证要求、通用的学术规范来对某一学派的学术成果进行更加超脱的学术评判。与库恩相比，拉卡托斯对于不同范式之间的"不可通约性"有更温情的眼光，他肯定学术是一种理性的事业，既有一定的客观标准，也有选择的理性。

但在中国，不同范式之间的"文章相轻"却往往被转换成人与人之间的"文人相轻"。古人常常把"读书"和"做人"连在一起，为了否定对方的观点，首先否定对方的人品和学品。所谓"狗嘴吐不出象牙"，只要将作者贬成了狗嘴，就论证了文章不可能是象牙。历史上的各种派系之争从来都是被描述成人品之争，成者为王败者寇。日本著名汉学家吉川幸次郎曾经在《我的留学记》中评论北京大学的教授们："中国人喜欢说别人的坏话。不只说活着的与自己同时代人的坏话，对过去时代的著作也一样：这是没有价值的书、这是没有价值的学者。经常这么明确地说坏话。比如说乾隆时期修《四库全书》的总编纂纪晓岚，就是一个'没有学问'的人，我听一位先生说过，至今记得。此外，对著作的评论首先要看作者是个怎样的人。"[1]

历史学家王汎森把这个问题归结为"事实的厘清"与"价值的宣扬"混淆不分:"一旦新思潮当道,旧思想的承担者及其所抱守的学术见解,也同时成为被攻击的对象。同样的,旧派人物对新派人物不满,也倾向于否定他们的学术见解。"[2]其实,这种混淆不仅体现在事实与价值之间、新派与旧派之间,也体现在为人与为学之间,学派与学派之间。

现代学术则一直试图将学术与生活进行适当的分离,韦伯就说:"无论如何,使人成为杰出学者或学院老师的那些素质,并不是在生活实践的领域。"[3]正确理解学派之间的不可通约性,既有利于我们更好地理解学术论争,也有利于增进学派之间的相互宽容,以更加包容的心态去看待别人的研究,努力做到和而不同。

八、学派的眼光都是片面的,但也是互补的

尽管很少学派会承认自己的理论片面性,但事实上,所有学派看待事物、评论学术的眼光都是戴着偏光镜的、片面的、不同于其他学派的。

---

[1] [日]吉川幸次郎:《我的留学记》,钱婉约译,光明日报出版社,1999年,第78—79页。

[2] 王汎森:《执拗的低音:一些历史思考方式的反思》,生活·读书·新知三联书店,2014年,第5页。

[3] 马克斯·韦伯:《学术与政治》,冯克利译,生活·读书·新知三联书店,2007年,第42页。

作为一个实践民俗学者，刘晓春组织的"《民俗》周刊创刊九十周年纪念"学术研讨会，为了"从过去的认识目的论的民俗学，转变为实践目的论、价值目的论的民俗学"[1]，同时又想接续《民俗》周刊的学术传统，于是对顾颉刚的《发刊词》进行了重新释读："《发刊词》中宣示民俗学研究的立场、目的和方法，'我们要站在民众的立场上来认识民众'，'我们要探检各种民众的生活，民众的欲求，来认识整个的社会'，'我们自己就是民众，应该各各体验自己的生活'。宣言强调学者的民众立场和自身体验，具有了学者与民众互为主体性的实践民俗学思想萌芽。"[2] 在这份释读中，主办者显然有意忽视了《发刊词》中反复出现的"认识"二字，只字不提其"认识目的论"，而是选择性地从中提炼出"非认识目的论"的"实践目的论"，并且将之定性为民俗学的"初衷"。

巧的是，历史学的"华南研究"也是从这篇《发刊词》中找到了自己的学术信念和理论渊源，但他们从中拈出的主要是"认识民众""认识整个社会"的"认识目的"，而对"我们自己就是民众，应该各各体验自己的生活"的"自身体验"和"实践目的"视若无睹。他们继承了"中山大学民俗学会"的华南研究倾向及其人类学方法论的传统，其研究纲领的硬核之一是："华南研究的目标在于改写中国历史，实质上是要探

---

[1] 刘晓春、刘梦颖：《民俗学如何重申"民众的立场"——"'《民俗》周刊创刊九十周年纪念'学术研讨会"综述》，《文化遗产》2019年第1期。
[2] 中山大学中文系、中山大学中国非物质文化遗产研究中心：《〈民俗〉周刊创刊九十周年纪念学术研讨会通知》，2018年9月3日。

索如何从民众的生活和欲求来认识整个社会。"[1] 其一再强调的，恰恰是历史学的"认识目的"。

回到民俗学界，朝戈金的口头传统研究也是"认识目的论"的民俗学。"20 世纪末，肇始于美国的'口头程式理论'经朝戈金等中国学者的积极引介、翻译与在地化运用，在进入中国后的 20 多年中，不仅催生了中国民间文学和中国史诗学的学术研究范式转换，而且渐为民间文学以外的其他邻近学科提供了认识论与方法论意义上的理论参照与技术路线。"[2]

可是，认识目的论的民俗学在实践目的论的话语系统中是被无视的、不存在的。我们以高丙中的长篇民俗学史论《中国民俗学的新时代：开创公民日常生活的文化科学》为例，作者首先在文中明确表达了民俗学新时代的标准："研究民俗之'民'，就是要让旧范式下的文化遗民转变成新范式下的文化公民，完成这个转换，才是当下的中国民俗学的学问。"按照这一标准，中国民俗学新时代的开拓者，自然就只剩下少数几位实践民俗学者了。我们可以通过文中出镜民俗学者的定量分析，依次列出一个出场名录：高丙中 23 次（包括特指作者本人的"我"17 次）、吕微 14 次、钟敬文 12 次、户晓辉 12 次、刘铁梁 6 次、刘晓春 6 次、周星 4 次、韩成艳 4 次、刘魁立 4 次、王杰文 3 次、王立阳 3 次、杨树喆 3 次、安德明 3 次。出

---

[1] 刘志伟：《在历史中寻找中国："华南研究"三十年》，高士明、贺照田主编《人间思想 04：亚洲思想运动报告》，（台北）人间出版社，2016 年，第 36—37 页。
[2] 朝戈金、姚慧：《面向人类口头表达文化的跨学科思维与实践——朝戈金研究员专访》，《社会科学家》2018 年第 1 期。

场 10 次以上的，除了绕不开的钟敬文，就只剩了高丙中、吕微、户晓辉。事实上，文中正有这样的表述："无论就其哲学根基还是就其民俗学问题的针对性和系统性，（高丙中、吕微、户晓辉）这些著述都代表了中国民俗学者对于西方理论的中国化、对于哲学的民俗学化的最新高度。三人成众，中国民俗学初步具备自己的理论队伍，初步形成自己的理论领域。"[1] 在上述 13 位民俗学者中，可以基本判定为实践民俗学派及其支持者的至少 7 人。而本书反复提及的另外两个学派的代表人物朝戈金、刘守华，出场次数均为 0。

问题是，诸如口头传统等其他学派对于"中国民俗学的新时代"真的就毫无贡献吗？换个角度，就会呈现一个完全不同的学术视野："口头传统的研究，涉及思维规律、信息技术、语词艺术等诸多领域，其影响力也是多向度的。仅就中国的民间文学研究领域而言，学术格局和理路，都在其作用下发生着改变……口头传统研究所涉猎的话题极为广阔，具有极大的发展空间，其前沿属性和跨学科特点，赋予这个学术方向很大的生长空间。"[2]

所有的学派都是具有特定理论偏向的学术共同体，而所有的理论都是偏光镜。戴着理论偏光镜所看到的世界，是一个被偏振过滤的世界，我们只看到了自己想看到的，以及能看到的。比如，过去我们一直以为"不喧哗"是西方人文明观戏

---

[1] 高丙中：《中国民俗学的新时代：开创公民日常生活的文化科学》，《民俗研究》2015 年第 1 期。

[2] 朝戈金：《"口头传统研究"开栏语》，《贵州民族大学学报》2015 年第 5 期。

的标准模式,可是站在美国民俗学者理查德·鲍曼"表演理论"的眼光来看,演员渴望得到观众的鼓励是很正常的,没有互动的表演反倒是不完整的。在中国,被誉为"当代坤生第一人"的王佩瑜也说:"京剧的叫好是一种文化。"[1] 那么,"观戏叫好"到底是文化还是恶俗?不同的理论视角会给出完全不同的答案。

任何学派的认识都是片面的、有限的,但也是有理有据、合理合法的。"学派是无所谓对错的,而是互为补充的。"[2] 但是,如果我们不能认识到真理的相对性和片面性,不能理解范式转换犹如乾坤挪移,不能理解人的认识永远无法指向全部的真实世界,不能理解别人能看到的世界中包含着许多我们没能看到的成分,我们就会自以为是地将其他学派的思想斥为"虚妄""没有价值",从而对别人的工作横加指责。

科学发展从来都是不同学派从不同角度、不同侧面的各自突破,从来没有一个学派能够促成科学事业"全面发展"。凡是声称"综合研究"的,基本上都是面面俱到的概论式研究。正如我们在评价一部文艺作品时,如果一方站在现实主义的立场,另一方站在浪漫主义的立场,一定会对作品做出截然不同的评价,那么任何作品,在他们眼里都是"有缺陷"的。我们在参加博士论文答辩的时候,听得最多的意见就是:"如果能够加上××角度的论述,论文会更加全面。"可是许多学者直

---

[1] 蔡木兰:《王珮瑜:京剧的叫好是一种文化》,澎湃新闻,http://www.thepaper.cn,发表时间:2017年8月20日,核查时间:2023年10月2日。
[2] 倪波、纪红:《论学派》,《南京社会科学》1995年第11期。

到退休也没明白，学术研究就应该钻牛角尖，好的论文从来都不是以"全面论述"为目标。

学科之间的差距是很容易理解的，但或许我们没有意识到，学派之间的差距其实就是学科差距的微缩版。而学派与学科之间的关系也是动态的，一个学派的发展空间如果足够广阔，也有可能成长为一门独立的学科。事实上，美国的口头诗学在进一步拓展之后，就被弗里当作学科来经营："口头传统作为一门学科，其边界超越了口语艺术的范围——从《旧约全书》的形成到当代黑人宗教布道，从荷马史诗的文本衍成到当代的斯勒姆颂诗运动，都成为口头传统的研究对象。"[1]

当我们将视线转入学派内部时，还会发现学派成员之间也经常强调个体观点的巨大差异。吕微就经常说他哪篇文章批评了高丙中，哪篇文章受到了王杰文的反批评，彼此差距很大。虽然在学派外部的我们看来，吕微对高丙中的批评都是歌颂式批评，而王杰文与吕微的观点差异也只是"一碗萝卜"和"萝卜一碗"的区别，但是从学术发展的角度来看，恰恰是内部的论争，对细微之处的修补和订正，有力地促进了理论的完善，丰富了保护带的建设。"社会科学的研究也是群体性的事业，只不过它不像自然科学研究那样，由许多人共同完成一个课题，而是由对话与沟通、借鉴与批评的方式来从事的群体性事业。换言之，学术批评是学术团体共同从事学术研究的方式，

---

[1] 朝戈金：《追怀弗里：远行的"故事歌手"》，《中国社会科学报》2012年12月31日。

是学术团体共同完成学术使命的手段。"[1]

对于学派之间的关系,既有的科学社会学研究均认为是竞争关系。如果从人才争夺和资源分配的角度来看,竞争说当然有道理。竞争促使每个学派都得在理论和方法上筑牢硬核的逻辑结构,取得"进步的经验转换",以便在学科格局中"争取更多的学术资源,获得更大的学术名望,占有更重要的学术话语权,掌控更多的工作岗位"[2]。

但如果仔细考察人文社会科学的学术史或学术格局,我们就会发现,与竞争关系相应,学派关系更加倾向于互补关系。狭义的学术竞争就像同一项目的竞标,或者同一试卷的数学考试,可以在同一领域、同一选题上分出高下。但是纵观科学发展史,我们找不到任何两个学派构成了这样一种单纯的竞争关系。以本书提及的民俗学派为例,无论是刘锡诚归纳的20世纪中国民间文学八大流派,还是我们据以为例的刘守华的故事诗学、吕微的实践民俗学、朝戈金的口头诗学,相互之间并不存在竞争关系。

我们再把视野缩小到故事学领域。假设刘魁立的故事形态学也壮大为一个学派,它与刘守华的故事诗学之间会有竞争关系吗?刘魁立倾向于共时研究,刘守华倾向于历时研究;刘魁立倾向于结构分析,刘守华倾向于文化分析;刘魁立倾向于形而上的理论建设,刘守华倾向于形而下的个案研究。两者虽然

---

[1] 张明楷:《学术之盛需要学派之争》,《环球法律评论》2005年第1期。
[2] 宫敬才:《论学派——兼及我国马克思主义哲学研究中的学派问题》,第36页。

同治故事学，但是，他们的提问方式和解题方式完全不同，我们与其称之为竞争关系，不如称之为互补关系。正如《牛津法律大辞典》"法理学的学派"一条的结语中说："对法学家进行学派的分类不应模糊这种事实，即：在他们所有的观点和方法中都存在着一定的真理和价值，而且，这些观点和价值是互补的。"[1]

那么，有没有研究对象和研究进路完全一样，纯粹竞争关系的两个学派呢？科学史上从来不存在这样的两个学派。可以设想，如果真出现这种局面，其结果只有两种：要么惺惺相惜，强强联合；要么弱势一方改弦易辙，另辟蹊径。这方面最著名的学案就是顾颉刚与傅斯年之间"疑古"与"重建"的纠葛。顾、傅二人本来都属疑古一派，其间傅斯年出国七年，回来后发现顾颉刚已经牢牢地坐稳了疑古领袖的位置，心高气傲的傅斯年"可能为摆脱顾颉刚的阴影，进而否定了北大时期'疑古的傅斯年'，这时'光武故人'就变成'瑜亮情节'了"[2]，他重组人马，另起一灶，开辟了"上穷碧落下黄泉，动手动脚找东西"的"重建派"（史料重建派）[3]。在中国现代学术史上，顾、傅两派双峰并立，成为史学革命最重要的两大学术派系。

---

[1] [英]戴维·M.沃克编著：《牛津法律大辞典》，北京社会与科技发展研究所组织翻译，光明日报出版社，1988年，第801页。

[2] 杜正胜：《从疑古到重建——傅斯年的史学革命及其与胡适、顾颉刚的关系》，《中国文化》1995年第2期。

[3] 参见李扬眉：《学术社群中的两种角色类型——顾颉刚与傅斯年关系发覆》，《清华大学学报》2007年第5期。

九、"中国民俗学派"的悖论

学派是学科的进一步细分。假如将一门学科比作一棵树，那么，学派就是树上的枝杈，学人就是杈上的树叶，要想根深叶茂，就得枝粗杈壮，单一枝杈的树显然是孱弱的、没有竞争力的。正是不同学派的多向积累、相互补足，一个学科才能得到相对均衡的发展，不至于单调枯萎。

只有一个学派的学科，一旦出现学术权威，没有其他学派的刺激、制衡和补足，很容易就会导致整个学科的偏执和钝化，最后流为只有一种权威性概论思维的没落学科。但是，中国学界从1981年开始，就不断有人提出建设一派独尊的"中国学派"[1]的动议。从早期的比较文学开始，再到民族音乐学、戏剧学、系统科学、经济学、考古学、文艺理论、世界史、国际政治诸领域。进入21世纪以来，以"建设××学科中国学派"为主题的倡议文章更是汗牛充栋，数以千计，检索"中国知网"，依据口号提出的先后顺序，决心建设"中国学派"的学科还有翻译学、国际关系学、社会学、产业生态学、法学、管理科学、工程哲学、文化研究、民族学人类学、高等教育科学、风景园林学、可持续发展科学、财政学、非洲研究、传播学、经济管理、健康伦理学、科技术语研究、道教研究，等等。甚至国际象棋、动漫产业、芭蕾舞、美声唱法、单簧管、话剧表演、电影理论、油画艺术、远程教育、竞技体育、企业

---

1 罗庆文：《论学派》，《科学学与科学技术管理》1981年第3期。

文化都要建立中国学派。而气魄最大者，是多位学者撰文提倡建设整个中国哲学社会科学的中国学派。但是非常遗憾，建设中国学派的口号喊了40年，至今没有一个学科敢于宣称建成了可以称之为"中国学派"的学派，哪怕勉强建成的都没有。

"建立中国民俗学派"口号的提出始于1998年。在"中国民俗学会第四次全国代表大会"上，钟敬文先生做了《建立中国民俗学学派刍议》的主题报告，就建立中国民俗学派的必要性与可能性、学派的特殊性格、旨趣和结构体系，以及今后的发展方向等问题进行了全面阐述。代表们围绕着该报告进行了热烈的讨论和学习，一致认为报告对于中国民俗学的发展具有十分重要和深远的意义。段宝林在闭幕词中说："这一重要报告，通过热烈的讨论，已经成为大家的共识，这就使这次大会成为中国民俗学发展历程中一个重要里程碑，必将引导中国民俗学进入一个新的时代。"[1]

二十多年过去了，"中国民俗学派"依然无影无踪，甚至可以预知，将来也不可能建成。建不成的原因是学理上无法成立。

学派不等于学科。可是，当一个学派以国家名义来命名的时候，也就意味着该学派的地域范围覆盖整个国家，这是该学科在该国家一统江湖的唯一学派，学派的内涵和外延在该国家就与学科达到完全重合。如果A概念等于B概念，那么，A

---

[1] 中国民俗学会秘书处组织编写，施爱东执笔：《中国民俗学会大事记（1983—2018）》，学苑出版社，2018年，第68页。

概念和 B 概念之间就有一个是没有实在意义的。可见仅从名称上看,"中国民俗学派"就等于"中国民俗学",两者是等价的,也就是说,"中国民俗学派"与"中国民俗学"之间,至少有一个是没有实在意义的、多余的概念。

我们试想,如果朝戈金的口头诗学是中国民俗学派,那么,吕微的实践民俗学、刘守华的故事诗学难道就不是中国民俗学派吗?如果大家都是中国民俗学派,那所谓的中国民俗学派又有什么意义呢?再往前看,20世纪上半叶的民俗学诸流派中,谁又堪称中国民俗学派?如果将顾颉刚为代表的历史演进派追认为中国民俗学派,那么,钟敬文为代表的民间文艺学派难道就不是中国民俗学派吗?如果大家都是中国民俗学派,那么,顾颉刚和钟敬文又有什么区别呢?这不是一团糨糊吗?按照这种命名逻辑,所有的学科干脆都叫作"中国××学派"好了,学科这个词干脆就别要了。

我们之所以能够区分不同的学派,是因其研究纲领具有独特性、排他性:"一切科学研究纲领都在其'硬核'上有明显区别。"[1] 现在,我们看看中国民俗学派的研究纲领(硬核)有没有独特的、可识别的学派特征。钟敬文在"建立学派的必要性"中开宗明义地说:"建立民俗学的中国学派,指的是中国的民俗学研究要从本民族文化的具体情况出发,进行符合民族民俗文化特点的学科理论和方法论的建设。"[2] 并且将"旨趣和

---

1 [英]伊姆雷·拉卡托斯:《科学研究纲领方法论》,兰征译,上海译文出版社,2016年,第56页。
2 钟敬文:《建立中国民俗学派》,黑龙江教育出版社,1999年,第4页。

目的"归纳为四个要点：清理中国各民族民俗文化财富；增强国民文化史知识和民族意识与感情；资助国家新文化建设的科学决策；丰富世界人类文化史与民俗学的文库。

但是，这样的宗旨是很难作为学派硬核的。刘宗迪发明过一个"关键词替换法"，专门用以测试那些看似有道理，实则无关特定对象的学术命题：一个命题是否有意义，必须看该命题是否经得起关键词替换；如果某个关键词被替换后，该命题仍然成立，则该命题与该关键词没有必然联系。比如考察这样一个命题："中国学派的基本特点是：具有中国特色，现代的，先进的，世界的，开放而与时俱进的。"[1] 我们可以将其中的"中国"替换成英国、美国、德国、法国、日本任何一个国家，该命题依然能成立，于是我们判断该命题没有意义。同样，我们将中国民俗学派的"必要性""旨趣和目的"替换成日本的、韩国的、越南的，该硬核一样可以成立。因此可以认为，中国民俗学派的研究纲领不具备独特性和排他性。

不同国家的民俗学之间本该是互相学习、相互交融的对话关系，可是，如果按照钟敬文的学派逻辑，每个国家都可以有且只有一个"×国民俗学派"，彼此更换的只是国别名称，学术派系变成了国别派系。根据我们前面论述过的"学派之间的不可通约性"，这样的学派建设，最终很可能演化为民族主义的学术对垒，而不是平等交融的学术对话，国际学术对话不仅没

---

[1] 刘人怀、孙东川：《再谈创建现代管理科学中国学派的若干问题》，《中国工程科学》2008年第12期。

有必要，也没有可能了。

那么，我们有可能从理论和方法上对中国民俗学派做出国别区分吗？答案也是否定的。钟敬文将其"方法论"分成了三个层次：（一）世界观或文化观的层次；（二）一般的或大部分科学共同使用的方法；（三）某种学科所使用的特殊的研究方法。[1]可即便是最具特殊性的第三层次，依然是"某种学科所使用的"，也即是"学科的"而不是"学派的"，这跟日本民俗学者菅丰所提倡的"普通的学问"[2]几乎没有任何区别。

可能有人会举"芬兰学派"为例进行反驳，但是别忘了，芬兰学派还有另外一个更正式的名称叫"历史地理学派"："通过对不同地区的相关民间文化异文的比较，对题材模式的迁徙和流变状况进行探索，力图确定其形成时间和流布的地理范围，从而尽可能地追寻这种题材模式的最初形态和发源地。"[3]该派有非常明确、独特的理论硬核、保护带和方法论，恰恰是用关键词替换法无法替换的。

从学科发展纲要的角度看，"建立中国民俗学派"有一定的指导意义，但若从学派建设的角度看，钟敬文显然错误地理解了学派，他将学派建设视同于一国之学科发展。真正的学派生长所需要的，恰恰是自由的学术生态，以及对权威的反叛。而不是以国家的名义，用一统江湖式的民族国家标签，对预设目标、既定结构、对象范围进行学术规划，实行单一学术旨趣

---

[1] 钟敬文：《建立中国民俗学派》，黑龙江教育出版社，1999年，第54—55页。
[2] 施爱东：《民俗学的未来与出路》，《民间文化论坛》2019年第2期。
[3] 钟敬文主编：《民俗学概论》，高等教育出版社，2010年，第370页。

的范式垄断。

事实上，在钟敬文时代，真正有个性的学派苗头恰恰都被抑制了。在"中国民俗学派"的威名震慑之下，谁敢、谁能另立一个"非钟敬文旨趣的中国民俗学派"呢？2001年由中山大学主办的"钟敬文先生百岁寿庆暨'现代化与民俗文化传统'国际学术研讨会"上，当王文宝和贺学君在会上称赞中山大学叶春生教授正在建设一个具有区域特色的"岭南民俗学派"的时候，叶春生马上惶恐地表示了否认。

放眼全球科学史，从没听说哪个学派是事先命名，然后按照定计划、分步骤的路线图建立起来的。更没听说过哥本哈根学派是因为玻尔振臂一呼，说"我们一定要建立一个学派"，于是学派就立起来了的。学派往往具有滞后效应，一般来说是这样一种情形：一群志同道合的学者做出了一定成绩，形成了独特的研究范式，具备了一定的学术规模，逐渐被学界同行注意到，这时，有一两位派内或派外的学者，从其学术特征中拈出一个标志性的学术符号，在论文或会议中使用，得到同行认可，逐渐成为共识。

十、门派：丁春秋的弟子群

任何一个学科都是学派少、门派多。当学术的真理性、客观性、崇高性被悬置之后，学术研究作为一种社会活动的行业特征变得日益显著，学术行业尤其是人文社会科学领域的"经营性"特征也越来越明显。学者要在这个学术江湖上混出名堂，一般会在上中两层做好"合纵连横"，再在中下两层搞好"门派建设"。

学术行业的师承关系大致可以归纳为四种：

（一）直系师承关系。主要是导师及其名下的博士、硕士之间的关系。如果是著名学术机构的导师，可能每年还会接收一些访问学者，年轻的访问学者一般也被视作门生弟子。

（二）学制师承关系。一般来说，同校同学科的所有教师与所有研究生都是制度性的师生关系。关系确认的前提主要在于教师一方，一位名气足够大、学术资源足够多的教师，可以做到桃李不言下自成蹊，自动吸附同学科的所有非直系学生。在钟敬文时代，所有在北京师范大学毕业或进修过的民俗学者，无论由谁具体指导，他们对外一定是自称"钟敬文的学生"。这点在日本也一样，在福田亚细男退休之前，大凡神奈川大学的民俗学毕业生，多数都会对外声称自己是"福田的学生"。

（三）拟制师承关系。主要指通过社会性仪式确认的师承关系，类似于古代座师与门生的关系。比如某研究所所长与该所青年学者的关系、著名学者与著录弟子的关系。拟制师承关系的关键不在于传道授业与解惑，而在于对一种亲密关系的确认。

（四）同业师承关系。这是依据学者在行业中的地位、身份和辈分来确认的一种广义的师生关系。某学者创立了一套方便操作、可持续发展的研究范式，吸引了部分同业者的追随模仿，他们自愿尊称该学者为老师，甘为后学、愿承学脉。

学术门派中，最重要的支撑力量是直系门生。在校博士生因为没有自主选择的自由，他的博士论文方向和选题必须尊重导师的意向，或者作为导师在研项目的一部分，导师的要求对于他们来说就是学术指令。在民俗学界，"甚至我还从不同渠道听说，有个别知名学者居然要求自己的学生，除了钟敬文先生的著作和自己的著作，其他国内同行的著作都不用读、不许引"[1]。这种闭关自守的师门学术团队只能是门派，不能被视作学派。没有学术选择自由的在校博士生也不能被视作学派成员。

事实上，这种强势捆绑的学术团队是最不牢靠的，学生一旦毕业，可能远离学界，也可能"叛出师门"。在中国民俗学界，就有好几位老师的师生关系出现这种情况：学生被导师强迫做课题，按导师意志做些无聊的学术填空，这些学生一旦毕业离校，很多人都会决绝地删除导师的一切联系方式，从此天涯路人。这些导师表面上看起来似乎桃李满天下，一串学生名字填在表格上也很有成就感，事实上，每一颗桃李都是有毒的。

学术门派即使加上学制门生和拟制门生，依然难以被视作学派。一个掌握了学术资源的学术领袖，自然会有学制门生和拟制门生竞相攀附，这种攀附关系既可能是学术攀附，也可能是资源攀附。

---

[1] 施爱东：《"神话主义"的应用与"中国民俗学派"的建设》，《民间文化论坛》2017年第5期。

当代中国学界，学术门派的标志性特征是"师门微信群"。大部分师门微信群都是把导师的姓氏放在第一个字，最常见的群名是四个字的"×门××"或者三个字的"×家×"。这样的微信群往往把联络感情放在第一位，社会评论放在第二位，几乎没有学术交流。多数师门微信群都有如下特征：（一）师母当家，活跃气氛，有时传达老师想说而不便说的话；（二）红包游戏，弟子门生之间实现"礼物的流动"；（三）及时发布导师的最新成果，及时学习，轮番点赞、献花；（四）对导师参与的学术活动给予高度评价；（五）过年过节尤其是教师节和导师生日，一定要给导师献花，祝导师节日快乐，永远幸福；（六）夸导师帅，帅不帅都很帅；（七）弟子门生互相交流工作业绩，彼此互相点赞鼓励；（八）活跃气氛的社会评论及插科打诨，轮番表演爱心、同情心、正义感、责任心；（九）每次最早跳出来为导师点赞和唱颂歌的，永远是那几个最有上进心，跟导师走得最近，而不是学术成就最高的弟子；（十）越是早年的弟子，点赞越矜持，越是晚近的弟子，点赞越积极。

许多师门微信群都可以达到上百人的规模，传说某位巴蜀名师的师门群甚至多达四五百人，这是一个庞大的学术团体。在这种大家庭式的师门圈子里，肉麻的吹捧听得多了，导师飘飘然会觉得自己的确风采峭整、学问精深，大有独树一帜创立学派的必要，一俟时机成熟，就会在某次由本校主办的学术研讨会（有时是在行业年会）上打出"××学派"的旗帜。多数情况下，"××"是一个地域名称，比如"三晋""鄂西""齐鲁"之类。因为他们既没有标志性的理论，也没有独特的方法，只有学科带头人和所在的地域/学术机构是独特的。如果导师的学术成就和学术影响足够大，有足够多的话题资源，弟子们就会创建一个微信公众号，或者不定期出版师门论文集，发布与该"学派"相关的论文和学术报道，以光大师门，强化身份认同。

不过，这样的"学派"旗帜一般只能坚持十几年，大部分旗帜刚举起来就意味着将要倒下。我们可以算一下，要打出一面学派旗帜，基础要足够深、声势要足够大、学生数量要足够多，一般来说，导师差不多得年过半百才能经营出这样一种局面，事实上这时候已经临近退休了。而导师一旦退休，失去了学术权力或江湖地位的加持，弟子们除了在微信群里唱唱颂歌，剩下的也就是教师节到导师家里送束鲜花，导师生日时聚聚餐、唱唱歌，平时都在各自的学术生涯中各归各位，上课、开会、填表、写论文、做项目，折腾自己那摊子事，所谓学派也就名存实亡了。

十一、门派、学派、流派的递进路线

确立一个门派很容易，但要发展成一个学派，却还有漫长的道路。"一个学派、一种研究范式唯有在运用中得到学界的拥趸，才可能在学术圈、在整体学科意义上，成为学派、成为研究方式，而不是靠自诩、自夸就能够成事的。"[1] 但目前学术

---

[1] 王建民：《中国学派及话语构建中的利益纠葛》，《探索与争鸣》2017年第2期。

界的一种怪现象却是，被公认为学派的（如华南学派）不承认自己是学派，而一些门派特征明显的学术共同体，却急吼吼地想让学界认可它的学派身份，比如山西大学学者就撰文呼吁："应当对'语境论学派'（甚至直称'郭贵春学派'）学者群体，或者具有语境论旨趣的学者群体，响亮地给予符合国际惯例的'学派'名号。"[1]

之所以说门派难以成长为学派，还有一个关键性的死结：学术批评机制的缺失。越是显赫的师门，导师名气越大，学生就越是难以对导师的学说提出质疑和批评，而且，门派内部讲究论资排辈，小师弟在大师兄面前也很难取得平等话语权。可是，如果共同体内没有平等对话和相互批评的学术氛围，就不可能有学术的创新与发展。"满足于现有答案，不展开学术批评，就意味着现有学术成果没有问题。任何科学都是为了解决问题，如果没有问题，科学就没有存在的必要了。"[2] 门派没有可持续发展的批评动力，学派就不可能生成。

在人文社会科学界，一个门派若要培育成学派，除了导师必须具备学派领袖的各项特质之外，还得满足以下四个条件：（一）确立一套开山立派的学术研究纲领，尤其是作为硬核的学术理念或研究范式；（二）吸引和团结一批真心拥护该研究纲领，热衷于学派建设的同业优秀学者，而不是仅仅依靠弟子门生；（三）明确一个稳定的、专门的学术领域，或一套可持

---

[1] 韩彩英：《学派观念和中国科学哲学"语境论学派"的学术特色》，《学术界》2011年第5期。

[2] 张明楷：《学术之盛需要学派之争》，《环球法律评论》2005年第1期。

续发展的理论体系，从该领域的理论体系中拣选、发展出一系列共通、适用的学术符号；（四）既有的学术成果具有良好的社会解释力或文本解释力，其研究范式能够吸引青年学者不断加入，具有可持续发展的学术空间。

以刘守华为例，他在华中师范大学长达 60 余年的教学生涯中，培养了一大批故事学人才，还吸引了其他高校的许多故事学者。他们有固定的研究领域、明确的研究纲领，甚至在论文写作模式上都有明显的形态特征。[1] 刘守华最大的特点是自从进入故事学领域，确认一套文化学研究范式之后，再不松手，不贪多、不务杂，用毕生精力反复操作。一批优秀故事学者以此范式共同完成的《中国民间故事类型研究》[2] 可以视为宣告这一学派成型的标志性成果。

学派不同于流派最重要的一点，是自觉的共同体意识。在互联网时代，学派成员之间的日常交际变得更加频密。共同体意识的培养可以跨越空间，但无法跨越时间，也不容易跨越语言，因而具有特定的时间和语言限制。如此限定之后，我们很容易就会发现，那些跨越时间和语言的，由史家归纳出来的共同体，就只能归入流派。比如，刘宗迪等学者认为当代民俗学界存在一个诸如刘锡诚、叶涛、萧放、陈泳超、黄景春、刘宗迪、施爱东等人组成的"顾颉刚学派"，他们都注重史学方法

---

[1] 刘守华的故事诗学是在芬兰"历史地理学派"的基础上，结合文化分析方法而形成的一种故事研究法。笔者曾经将刘守华故事研究模式总结为 6 个功能性步骤。参见施爱东：《故事学 30 年点将录》，《民俗研究》2008 年第 3 期。
[2] 刘守华主编：《中国民间故事类型研究》，华中师范大学出版社，2002 年。

与民俗学的结合,注重史料和历史、地理的维度,这恰恰是现代民俗学理论话语中被忽视的"执拗的低音"。可现实中,该派成员不仅与被奉作宗师的顾颉刚之间无法跨越时间形成学术互动,即使同时代的诸成员之间,也没有形成自觉的共同体意识,因而充其量只能算一种学术流派。

如果我们承认一个具有流派特征的"顾颉刚学派",那么,新的问题又出现了:民俗学的"顾颉刚学派"将顾颉刚立为宗师,历史学的"华南研究"共同体也将顾颉刚视作宗师之一,这两个学术共同体之间又是什么关系呢?同样的问题也出现在具有流派特征的口头传统领域。20世纪末、21世纪初,一批美国语言学者在现代认知科学的背景上重新思考和讨论口头演述性问题,将帕里-洛德理论与认知语言学相对接,形成了一个新的"认知口头诗学",这个学派与远在中国的口头诗学又是什么关系呢?

这只能说是亲戚关系。亲戚间可以相互走动,也可以不走动,主要视乎无形学院[1]是否形成。但是,这个问题却带出了流派高于学派的一个重要特征:从学派"硬核"的角度来看,流派必须具备(a)一套能够对经验事实做出较好解释说明的、具备超越学科藩篱影响力的基础理论假设和研究方法,才有可能跨越时空障碍和语言隔阂,甚至隔代遗传,衍生出不同的流派。而如果仅凭(b)一种理想化的学术信念,以及(c)特定范式操作的专门学术领域,则很难对学派之外的优秀学者形成

---

[1] 这里主要是指跨学科的学术精英之间的互动关系。

持久吸引力，难以跨界流播。

也就是说，学派成长为流派的前提条件是，学派领袖必须创造性地"发明"一套具有较强的经验事实解释力、富于学术启发性的理论假设，如顾颉刚的"'层累造史'理论"、口头诗学的"帕里-洛德理论"、普罗普的"故事形态学理论"等，同时还要具备一系列配套的操作工具和方法，如顾颉刚的"历史演进法"、口头诗学的叙事单元分析工具以及三个结构层次的分析模型、普罗普的功能分析法，等等。

从学术主体的角度来看，流派必须有合适的学术传人。一个学派如果指明了一个意义重大的学术方向，提出了一套建设性的理论与方法，让同业者相信该方向确有可持续发展的远大前景，自然会吸引他们前赴后继的追随。以口头诗学为例，该派理论最早源于哈佛大学帕里、洛德师徒的口头诗学，第二代领军人物弗里将之拓展到更加广阔的口头叙事传统，进入21世纪之后，学术重心开始转向中国，朝戈金领导的"口头传统研究中心"进一步提出了"回到声音""全观口头诗学"[1]的学术理念和研究路径。朝戈金坚信，弗里及其口头传统的理论、方法和学术理念必有远大的学术前景，其体系化发展必将带来对人类表达文化的整体反思和知识框架的重新整合。反之，一个学派的理论与方法如果不能吸引青年学者前赴后继的追随，就很难在现代学术格局中得到稳定维护，积淀成流派。

综上所述，那些依靠师承关系或行政力量强制圈定的学术

---

[1] 朝戈金:《"全观诗学"论纲》,《中国社会科学》2022年第9期。

团队，就是门派；能够吸引一批同业优秀学者自愿加入的学术共同体，就是学派；学派获得了跨时空传承、跨语言传播的生命力，就是流派。

但是，流派也不必然从学派传承而来，流派的生成途径有二。我们将从学派传承而来的流派称作"亲炙流派"，亲炙流派具有谱系清晰的特征，比如口头传统研究就可以画出"帕里→洛德→弗里→朝戈金"的代际路线图。另外一种流派我们称之为"致敬流派"，也即宗师与流派成员之间没有直接师徒关系，属于未曾谋面的隔代传承或国际传播，它是私淑弟子对于理论开拓者的遥远致敬："许多并非同一单位的学者，因为相近的学术旨趣或思维方式，会选择相近的研究范式。一批散布于不同学术机构的，与顾颉刚扯不上任何师承关系的青年学者，反而是顾颉刚民俗学范式最忠实的拥戴者。"[1] 致敬传承不存在代际路线图，尽管史学界存有一脉未曾间断的"疑古派"，但是，民俗学界的"顾颉刚学派"并没有从疑古派接续香火，而是直接致敬顾颉刚，承续了历史演进的民俗研究范式。亲炙流派由于具有学派连续性，一般也会传承学派一贯的共同体意识，而致敬流派由于缺失学派领袖，很难后天培养自觉的共同体意识。

本章最后，我们想强调的是：学术多样性是现代学术的一项基本特性，尊重学术多样性应该视为一种学术伦理。学派多

---

[1] 施爱东：《我们都是顾颉刚的私淑弟子（代序）》，王霄冰、黄媛选编《顾颉刚中山大学时期民俗学论集》，中山大学出版社，2018年，第2页。

样性是学术多样性的具体表现,每一个学派建设,都从不同方向促进了人类知识的生长。我们可以从两个不同的角度来看待学派建设对于学术发展的意义:不同学派之间的竞争互补有利于学术多样性的发展;学派内部的有效交流有利于将零碎的知识系统化、共识化,在专业领域内实现知识财富的可靠增长。

学术研究的学『术』问题

我们进入 21 世纪已经二十多年，可是，民间文学研究生教育中最大的问题依然是"概论教育"与"概论思维"的问题。[1] 我们将民间文学的基本特征、审美特征、各体裁特征、民间文学与社会生活的关系、民间文学与作家文学的关系、民间文学的传播变异特征、历史上存在过的各种民间文学理论，包括田野调查的方法和意义都一五一十地传授给了学生，我们还指导学生去阅读各种各样的民间文学作品，开列了长长的理论书单。可是一进入实际操作，多数研究生的论文依然是"学术史＋田野报告"的大综述，各种理论只是作为概念标签穿插于其中。他们在研究生阶段学到了许多关于民间文学的知识，可是并没有掌握科学的研究方法，可谓"有学而无术"。

19 世纪以来，科学事业迅猛发展，学科分支越来越细，每一个学科都发展出自己领域的核心理论、概念、术语。专业门槛越来越高，学科隔阂越来越明显，学科范式的约束力也显得更加强大。但是，我们在教科书中介绍了许多民间文学学术流派，却很少为学生提供研究范本，也很少进行方法论教学；

---

[1] 施爱东：《"概论教育"与"概论思维"》，《西北民族研究》2004 年第 1 期。

对于学生来说，教科书上怎么说就怎么听，无力鉴别也无从模仿，很难将这些抽象的理论说教融入具体对象的研究实践，更谈不上创新性发展。

基于"学科建设"话题的讨论，本章将从常规研究（继承）和学术革命（创新）两个角度入手，以民间文学学科为例，讨论学术研究的方法论问题。

一、常规研究就是"做应用题"

所有的现代职业中，科学研究被认为是最具创造性的职业。但事实上，科学研究也有高度收敛的一面，每一位科学工作者都必须基于既有的专业知识，使用能够为共同体成员所理解的专业语言来阐释自己的思想和观点。传统和规范是科学研究的入门基础。

相对稳定的研究范式是学科成熟的主要标志。研究范式是经由学术共同体多数成员认可并据以展开研究的工作模式，包括一整套基本观念、理论工具、专业术语，以及提问方式和解题方式，体现为一批示范性的、具有较强可操作性的经典学术成果。"由于把注意力集中在小范围的相对深奥的那些问题上，范式会迫使科学家把自然界的某个部分研究得更细致更深入，没有范式的指导这样做，将是不可想象的。"[1]

---

[1] [美]托马斯·库恩：《科学革命的结构》，金吾伦、胡新和译，北京大学出版社，2003年，第22页。

是否遵守既定的研究范式，是学术共同体识别一篇论文是否"专业"的主要判定标准。我们在日常的项目成果评审中，常常以"写作规范"乃至"行文老到"来称赞一项成果，言下之意是该成果基本观念合乎学科传统、概念使用准确、语言表述恰当。"写作规范"是学科共同体对于学术写作的基本要求，即使是天才般的发明发现，也必须基于传统、规范的学术表述。

那些非传统、不规范的表述方式，会被视作不具备专业常识，无论是否真知灼见，都很难为同行所容忍和接受。熟练掌握一套研究范式需要很长时间的专业学术训练，"无师自通"是很容易走火入魔的。"自学成才"在 20 世纪 80 年代曾经是一种令人敬佩的文化现象，但是，随着科学事业的日益现代化、国际化，"自学成才"早已被当成明日黄花式的学术笑谈、嘲讽用语。作为民俗学者，我每年都会收到一些业余学术爱好者发来的各种"《易经》研究""天象研究""文化图腾研究"等方面的"学术论文"，几乎所有这类"研究"都是天马行空式的个性化猜想，我从来没有认真看完过一篇。

年轻学者必须首先习得"规范写作"才能有效地融入学科共同体，这个过程往往是通过模仿导师和前辈学者的优秀成果来完成的。范式教学就是将这些优秀成果作为研究生学习的示范案例，授人以渔。导师的成果越是杰出，导师的方法越有可操作性，学生也会越容易上手，这是"名师出高徒"很重要的一个方面。我们可以从顾颉刚给《国立中山大学语言历史学研究所周刊》作者的一封指导信中，看看他是如何授人以渔的：

研究"《庄子》里的孔子"我意可照下列次序做去：

1. 将《庄子》中说及孔子的话完全录出。

2. 将抄出的材料，分为三类：

  (1) 与《论语》相同者（即儒家之孔子）。

  (2) 讥诮孔子者（即道家反对儒家的话）。

  (3) 与道家说相同者（即把孔子道家化的话）。

3. 加以评论：

  (1) 证明孔子面目之变化。

  (2) 证明《庄子》非一人所著。

  (3) 证明战国各家学说之冲突。

我们千万不要希望可以从《庄子》一书中得到孔子的真相，因为战国学者本无求真的观念，要怎么说就怎么说。我们只能知道古人对于孔子的观念曾经有过那样一套，如《庄子》中所举。[1]

学术研究路在何方？世界虽然很大，但并不任你驰骋，只有走的人多的地方才是路。比如说，在当代中国，二人转表演远比史诗演唱流行，受众面也大得多，可是，为什么"史诗学"成了一门学科，"二人转学"却没能成为一门学科？因为我们的前辈没有为二人转发明一套适合于分析和评价的经典研究范式。面对史诗演唱，我们知道该用什么理论工具、如何提

---

[1] 顾颉刚致夏廷棫信，《国立中山大学语言历史学研究所周刊》第 23 期，1928 年 4 月 3 日。

问、怎样分析，最后一定能在田野与理论的实证分析中得到一个满意的结论。但是，面对二人转，我们除了跟着傻笑，头脑中一片茫然，不知道适用哪套理论，可以提出什么问题，更不知道该如何解剖分析。

20世纪90年代以来，民俗学界产生了大批以"××民俗学"命名的分支学科，可是，绝大多数只是一种研究取向或研究路径上的学术主张，并未提供可操作的研究范式。提出一项学术主张很容易，发明一套研究范式不容易。如果没有一套行之有效的研究范式，追随者无法模仿、跟进，生产不出能够用来发表的、可以获得职称晋升和学术声誉的学术成果，自然也就风流云散了。

民间文学能够成为一门学科，顾颉刚居功至伟，他的"层累造史"理论和"历史演进"研究法，为民间文学、民俗学奠定了最重要的范式基础。胡适为顾颉刚归纳的"颠扑不破的"历史演进公式，在中国民俗学乃至历史学界，流行了近百年，至今仍被我们广泛使用。刘锡诚的《二十世纪中国民间文学学术史》依据不同学术取向，将20世纪的民间文学划分八个学术流派，虽然略嫌牵强，但是对不同研究取向做了很有意义的归纳，可以让我们清晰地看到不同研究范式所构成的多样性民间文学研究的意义所在。

学科共同体在研究范式指导下的日常研究，构成了我们通常所说的"常规研究"。库恩认为，常规研究"是指坚实地建立在一种或多种过去科学成就基础上的研究，这些科学成就为某个科学共同体在一段时期内公认为是进一步实践的基础"[1]。也就是说，常规研究是在前辈学者典范性研究工作启发之下，高度收敛、带有模仿性质的思维活动，这类研究主要局限在学科传统的范围内，无论提问方式和解题方式，都会遵循既定的学科规范。常规研究是既定范式下的解题工作，类似于数学领域的"做应用题"。解题的乐趣在于不断更换对象和范畴，为变幻莫测的社会文化现象做出基于专业立场的答疑和阐释。

江绍原使用西方宗教学理论与中国传统考据学方法，逐一分析那些流行于平民社会的迷信事项（做应用题），造成了广泛的社会影响。顾均正将江绍原范式与顾颉刚范式进行比较，说了这样一段话：

> 像江绍原先生从前在《东方杂志》上所译的一篇关于老鼠的文字，则是先有个关于老鼠的迷信这题目，而去搜寻各种不同的故事来研究的。譬如顾颉刚先生研究孟姜女，则是用同类的故事来研究的，而研究出来的东西，便是那一个故事在前，那一个故事在后：即是看他如何转变。
>
> 所以照我的意思，还是取前一种方法。因为前一种所得的成绩是无限，后一种所得的成绩是有限的——故事如何转变。用前一种方法研究，我们可以得到许多民俗学

---

[1] ［美］托马斯·库恩：《科学革命的结构》，金吾伦、胡新和译，北京大学出版社，2003年，第9页。

的智识。而用后一种方法研究,则反是要应用许多民俗学的智识来做工具的。从需要上说,从难易上说,我都采用前一种方法。[1]

都是应用题,有些题难做,有些题易做,顾均正的话不是没有道理。张清水回应说:"所用方法的不同,便由于他俩的立场不同,所努力的学问,也是歧义的原故。顾先生所用的方法,要应用到许多学问与智识,固然是艰难。江绍原先生所用的方法要就一个题材广大搜集,也不是易事。"[2] 这段话换个方式可以表述为:不同研究范式的立足点和操作步骤有别,但是,学术工作必须基于特定立场、理论,以及必须建立在实证材料的基础上,这一点是一样的。

要成就一门学科,至少得有成千上万学术论文和专著的支撑。如果没有一批可供模仿的研究范式,光靠盲人摸象是生产不出如此海量学术成果的。学术研究不可能都有开拓性、创新性,我们的绝大多数论文都是常规研究,都是那几种套路。我曾在《民俗研究》的一次会议上说:"《民俗研究》转给我审读的稿子,只要不是初出茅庐的青年学者来稿,虽然是匿名稿,但我多数时候都能一眼看出是谁的论文。至于青年学者,我猜不出本人,也很容易猜出他的导师。"[3] 每个学者的论文都是有套路的。越是成熟学者越有"路径依赖",套路越明

---

1 顾均正、清水:《民间故事分析的几种方法》,《民俗》周刊第102期,1930年3月5日。
2 顾均正、清水:《民间故事分析的几种方法》,《民俗》周刊第102期,1930年3月5日。
3 施爱东:《民俗学就是关系学》,《民俗研究》2020年第6期。

显；青年学者如果还没有形成自己的套路，就会表现为师门的套路。

同样的道理，越是成熟学科，对于学者的规范性要求越高，研究套路也越明显。写作套路是如此的重要：没有套路就没有常规研究，没有常规研究就没有学科共同体，没有学科共同体就没有学科建设。

研究范式的套路性质决定了研究范式不能太复杂，一定要有实用性、可操作性才能得到应用和推广。顾颉刚的历史演进法是一次彻底的学术革命，在当时的学术背景下提出这一点很不容易，但是操作方法并不难，很适合其他学者模仿，哪怕刚入门的青年学者也可以据此进行研究。当年23岁的陈槃，就在他的《黄帝事迹演变考》文后附了这样一段话："我很愉快，我能捉住顾颉刚先生告诉我们的伪古史的原则——'层累地造的'；又用了顾先生给我们辨伪史的工具——以故事传说的眼光来理解古史，于短期间写成这篇文字。"[1]

20世纪80年代之后的民间文学，最典型的研究范式提供者莫过于刘守华，他的故事研究具有非常清晰的写作公式："在确认了既定故事类型的基础上，尽可能地充分掌握该类型的所有文本及既有研究成果，然后，①描述该类型的形态特征；②回顾该类型的既有研究状况；③对该类型的历时传承和空间传播进行历史地理学的复原与描述；④运用多种理论和方

---

[1] 陈槃：《黄帝事迹演变考》，《国立中山大学语言历史学研究所周刊》第28期，1928年5月9日。

法（如人类学派故事理论、神话原型理论、精神分析学说，等等），尽可能地对情节及母题的文化内涵加以阐释；⑤在可能的情况下，对故事的演述状况和传承语境进行描述和说明；⑥如果需要，还可从文艺学的角度进行美学分析。"[1]这套操作简便的研究公式为他赢得了一批故事学的模仿者和追随者，因此开创了一个故事诗学学派。典型的反例则是刘魁立对于"故事生命树"的形态学研究，这种研究范式过于倚重作者的学术想象力，不好学，也不便操作，因此难成气候。

成熟学科的大部分研究都是常规研究，常规研究主要是做应用题。进入论文写作之前，我们就已经有了问题的基本答案，疑难之处只在于素材搜集和解析过程。如果你在进入论文写作之前依然没有初步的答案，那么，你的论文就无法有序地循着一条中心线索展开，只能脚踩西瓜皮，滑到哪里算哪里，这就很难成就一篇结构严整、条理清晰的好文章。所以说，科学活动牢固地建立在基于科学传统的一致意见上，如果没有规范性操作的严格训练，常规研究或解题活动就不可能得到顺利展开。

二、学术研究的"问题优先原则"

所有的学术研究，都是为了解决"问题"而存在的，这种根本属性决定了学术研究中提问方式的重要性。我们的教学模

---

[1] 施爱东：《故事学30年点将录》，《民俗研究》2008年第3期。

式只是强调了问题意识的重要性,却没有从方法论上训练学生"如何"培养问题意识。

民间文学、民俗学从它诞生之日起,就不曾缺乏"指方向"的学者。可是,我们有了这么多新方向、新领域,甚至已经无所不包地将整个民俗生活都纳入我们的研究范畴了,为什么我们的学科实力却并没有取得突破性的增长?道理很简单,划出一块学术领域、指明一个研究方向、提出一种学术主张,都不是什么难事,任何一位对学科格局有所了解的学者都可以做到,而且也很容易找到追随者,因为你总能招到一些奔着硕士、博士学位而来的研究生,但是,要提出有意义的问题,做出令人敬佩的成绩,创立一套行之有效的、能够得到学界公认的研究范式,非常非常难。

当我们提不出有意义问题的时候,就会回到概念问题上做些辨析文章。比如,近40年来关于"神话""传说""故事"等概念及其相互关系问题上的精细讨论,虽然在分类学上或许有些意义,但实际上并没有影响到民间文学的发展进程。一个学科如果没有形成真正的问题意识,整天关起门来进行"内卷化"研究,不断重复一些没有实质性突破的老问题,那就说明我们的学科尚未成熟,或者正处于停滞阶段。

科学研究的问题意识,可以简单归纳为五个方面。

(一)研究范式和学科本位决定了我们的提问方式和解题方式

我们一再强调研究范式的重要性,是因为只有在既定的研究范式之下，我们才会提出"有意义的问题"，做出有效的解答。如果只是从研究对象出发，那么"骂街"也是一种广泛分布于全国各地的民间文学现象，语言丰富、特色鲜明，甚至伴有程式化的肢体动作，可是为什么没有人去研究呢？因为我们没有相应的研究范式，提不出有意义的问题，不知道从何着手。所以说，能不能提出一个有意义的问题，决定着一个课题的成败；能不能提出一系列有意义的问题，决定着一个学科的兴衰。

学术研究中的问题往往是从既有的研究范式中生长出来的。提问方式一方面考验我们的学术想象力，另一方面也考验我们掌握本学科知识的专业水平。问题不是一拍脑袋想出来的，提出问题和看待问题的眼光是受到既有学科理论提示和塑造的。这一点，即便钟敬文也不例外，他说："十月革命后的苏联的学术，对我们的新学术的建设有过很多影响。我个人在这方面的经验是微小的。可是，它可以证明在苏联科学的引导下，我们能够怎样避免错误和比较快步前进。解放以来，我比较有机会学习苏联学者和教育家们关于人民口头创作的优秀理论。凭着这种理论的启发和帮助，使我能够抛弃了那些不正确的看法，使我能够解决那些有疑惑的问题，和重视那些原来不大留意的课题。"[1] 当然，一个时代有一个时代的学术，钟敬文时代的民间文学有那个时代的苏联印记，当时的有效问题不等于今天的有效问题。时代变了，范式变了，问题也变了，但

1　钟敬文：《钟敬文文集·民间文艺学卷》，安徽教育出版社，2002年，第114页。

是，从范式中产生问题的原则、方法没有变。

我们的研究之所以归属于民间文学而不是其他学科，就在于我们是用民间文学的理论和方法去解答与民间文学相关的社会和文化问题。学科是有界限的，这条界限不是由研究对象决定的，主要是由提出问题和解决问题的方式决定的。相对于无限世界的永恒问题，民间文学只提出和解决有益于民间文学认识和发展的有限问题。有些问题在其他学科或许是真问题，但是对于民间文学学科来说很可能是伪问题。正如所有自然科学都要用到数学知识，但并不是所有学科都要进行数学研究。学者个体有任何偏好都是正常的，但如果整个学科集体转向，则意味着学科性质的改变。

（二）好选题背后一定有许多等了很久的好问题

问题是所有研究工作的出发点，问题价值是研究价值的必要条件，只有好问题才有可能引出有价值的研究，但是，目前我们的研究生教育最大的问题是研究工作中提不出问题。查看"中国知网"收录的民俗学博士论文，充斥着诸如"××传统村落的调查与研究""××族民俗文化传承研究""××村落形态变迁研究""民俗学视域下的××研究""××村与都市民俗研究""××族的民间信仰与民俗生活"之类的论文，光看标题就知道作者的研究工作是对象先行，而不是问题先行。

"问题"落在既有的范式轨道中，一般是有解的；可一旦脱离范式轨道，就很可能变得无解。比如，我们可以任意提出一大堆人们关心的，或者被认为很有"意义"的问题：宇宙到底有多大？人类的极限寿命是多长？民间文学的本质是什么？类似的问题我们可以无限罗列，但是，很可能永远找不到答案。至少在现代科技发展阶段，这样的问题是"无解问题"，其实也就等于"无效问题"。学术研究中如何提问，不仅考验我们的学术想象力，也考验我们掌握和运用理论知识的能力。

问题与选题密切相关，有了好问题才可能遇上好选题。问题往往萌生于学习过程，我们在阅读前人著述时，对于前人尚未论及或者论证不周全之处总是会产生一些疑问，这些疑问激发我们思考，甚至可能唤醒我们的生活经验，提出一些大胆的猜想。这些问题和猜想就像一些撒落的种子，也许大部分都没有落地生根的机会，但是，读书越多、思考越多、疑问越多，撒落的种子也越多，总有一些能够获得生根发芽、开花结果的机会。所以说，如果没有事先存在于我们头脑中的问题，就算遇见一个好选题也会被我们错过。

问题总是先于选题而存在，没有问题的学者，对于再好的选题也会视而不见。刘魁立写《民间叙事的生命树》[1]，不是因为读了浙江的狗耕田故事，突发奇想产生了要做结构分析的想法，而是先有了故事形态结构的一系列问题和思路，然后找了浙江的狗耕田故事来做例证。有了这些问题，即使没有浙江的狗耕田故事，他也会用河北的狼外婆故事来完成这个课题。所以说，当我们羡慕优秀成果好选题的时候，就应该明白：好

---

[1] 刘魁立：《民间叙事的生命树——浙江当代"狗耕田"故事情节类型的形态结构分析》，《民族艺术》2001年第1期。

选题不是凭运气遇上的，好选题背后一定有许多等了很久的好问题。

（三）问题往往从不确定的关系中产生

"自然科学和社会科学间对立的主要原因在于'主体'的作用和性质。"[1]主体因子越多，各因子之间的关系和行动规律就越复杂、越难把握。所谓社会科学，就是对特定社会现象及其内部诸关系的研究；而人文科学，则是对人文现象及其内部诸因子的关系研究。关系是个笼统的概念，种种复杂关系在我们展开研究之前都是隐匿的、不确定的，需要通过我们的研究去揭示。

实证研究的目的就是发现和描述存在于现象与现象之间的一致关系及其一般规律。在自然科学领域，要素与要素之间的关系是趋于静态、相对稳定的。但在人文社会科学领域，由于主体的介入，要素与要素之间的关系是趋于动态、不稳定的，我们几乎找不到两个完全一样的社会生态模型，可以用来重复我们的社会考察。尽管弗雷泽（James George Frazer）在《金枝》中引用了无数例证来论证其巫术理论，但是，这些案例中没有任意两组关系是完全一样，可以用来相互证认的。一方面，这使得人文社会科学的成果更不具备可重复性、可检验性，更难得到同行一致认可，甚至导致文人相轻；另一方面，

---

[1] 联合国教科文组织编：《当代学术通观·社会科学卷：社会科学和人文科学研究的主要趋势》，周昌忠等译，上海人民出版社，2004年，第61页。

这也让人文社会科学研究的变量加大、趣味性增强，尤其是语境维度的介入，使得研究对象更生动，研究工作也更具魅力。

（四）以问题为中心组织材料

客观事物在进入我们的学术视野之前，一团混沌，要寻找其内在关系及运行规律，首先就得切开混沌，分门别类。只有将混沌的事物分出了A、B、C、D，我们才有可能也有必要讨论A与B或者A与D的关系。但是，到底是按这种方案将混沌切分为A、B、C、D，还是按那种方案将混沌切分为甲、乙、丙、丁，完全视乎我们的研究目的。

就民间文学来说，当我们以问题为中心组织论证材料的时候，常常发现基于体裁的划分总是束缚我们的取材和思路。在问题面前，体裁界限变得极其脆弱。问题不仅超越体裁，也超越文本形态。比如我们以"民众如何塑造刘伯温形象"作为问题展开讨论，不仅神话、传说、故事、戏曲、歌谣、谚语可以成为讨论的素材，甚至族谱、碑记、仪式抄本、口述史，也会奔入我们的视野，最后我们发现，只要涉及刘伯温形象的叙事文本，都可以成为我们的取材对象，传统体裁的界限，在我们的研究中突然就会变得没有意义。

以问题为中心组织材料，必然会打破原有的体裁边界、文本边界。只要能够用来解答问题，逻辑上可靠可依，什么材料都是证据。过去警察断案多靠目击者证言，现在有了"天网监控系统""人脸识别技术""基因鉴定技术"，原本最重要的主体证据也只能让位于科技证据。明白了这个道理，所谓"二重证据法""三重证据法""四重证据法"也就失去了讨论的必要。基于问题优先原则,根本就不必有"n重证据"的顾虑,只要是证据就是可用的,对于所谓二重、三重、四重的定义,就显得毫无意义。

(五)问题为学术研究的可持续发展留下了空间

华中师范大学徐金龙老师曾经在一次学术讨论会上提出一个问题:"现在的故事讲述环境变了,基于过去时代的故事研究对于现代社会已经不适用了,故事研究的意义在哪里?"我当时给出的回答是:"创造过程首先由问题激发,问题调动了全部内在的思维活力。现实生活不断变化,恰恰要求我们做出变化了的解释,只要问题存在,对于答案的追寻就没有止境。"对于这一回答,其实还可做进一步的展开:

1. 科学发展史一再证明,世上不存在所谓的绝对真理,所有的理论都是有条件的、不完善的。理论的不完善性为后来的科学工作者留出了永无止境的追寻空间。

2. 条件发生变化,相应的理论也必然做出适应性调整。故事讲述环境变了,无论讲述平台变成了广播、电影、电视,还是舞台表演、网络视频、电子游戏,只要讲述活动还在,民间文艺作为一种表演方式或生活方式没有改变,我们的研究就仍然有意义。研究目光是追随讲述行为的,而不是守在老槐树下等着故事讲述人的光临。

3. 只要生活中还存在民间文学表演,既有的民间文学研究范式总的来说尚未失效,就会有许多民间文学事件进入我们的研究视野，有许多常规问题等着我们去解答；相反，如果部分研究范式已经失去效用，那么，学术革命的要求又会迫使我们针对新现象提出新问题、新假说。

这里所说的新问题，可以从两方面来理解：一是常规研究中的新问题，一般来说，变通地借助既有研究范式就能够得到解决；二是学术革命时期的新问题，这就需要有创造性的新思想才能取得突破。前者维护学科的日常运作；后者引领学科的可持续发展。

如果一个学科面对变化着的世界却提不出有意义的新问题，总在一些已经解决或者无法解决的问题上反复打转，也就意味着学科危机出现了。

三、研究进路的"结论先行原则"

所有的学术研究都由四个部分组成：对象、问题、解题方式、结论。它们共同组成了被我们称作范式的范畴。其中起决定作用的是解题方式，主要包括理论、设备、方法三个方面。

不同学科的研究方法虽然各有侧重，但大部分还是共通共用的，无非是资料搜集、文献阅读、田野调查、归纳整理、分类比较、逻辑推论，等等，这些都属于通用软件。设备方面主要包括图书馆、数据库、实验室（人文社会科学不像自然科学，一般不需要实验室）、田野基地等，这些都属于通用硬件。真正标志学科特色的解题方式，只有属于这个学科的专业理论。所以说，衡量一个学科存在价值的关键，归根结底是理论建设。

专业理论不仅是解题的关键，还决定了你会提出什么样的问题，能够得出什么样的结论。作为一个民间文学工作者，你接受了顾颉刚的历史演变观念，习得了民间文学的变异性理论，面对一系列民间文本，你就不可能将问题设定为寻找一个"原生态""本真性"的"本来面目"；相反，你从一开始就会明确研究工作是奔着"演变"而去的，如何变，为什么变，变成什么样，变的机制如何，变的趋势怎样，变的临界点在哪，促成变的主体是谁，等等。

同样，你接受了帕里-洛德理论，你就不会试图去寻求史诗的"历史真相""英雄原型"，也不会试图确立一部"标准史诗"；相反，你从一开始就会把目光投射在"程式"或"大词"上面，你关注的是片语、音韵、步格、句法、艺人，你的讨论一定会围绕典型场景、故事范型、传统指涉性或者艺人的故事创编而展开。

田野素材犹如已知数据，专业理论好比数学公式，常规研究就像解一道应用题。应用题的结论必然是预先设定的，当然，这个结论未必是清晰的、完整的，有待在具体研究中系统化和精细化，但是，结论的目标、方向和轮廓是大致确定的。我们以中国民俗学最经典的"历史演进法"为例，胡适提出一个研究公式，其中所谓"史事的渐渐演进"，以及演进的方向和结论，全都是预先设定好的：

1. 把每一件史事的传说，依先后出现的次序，排列起来。

2. 研究这件史事在每一个时代有什么样子的传说。

3. 研究这件史事的渐渐演进,由简单变为复杂,由陋野变为雅驯,由地方的(局部的)变为全国的,由神变为人,由神话变为史事,由寓言变为事实。

4. 遇可能时,解释每一次演变的原因。[1]

马克思说:"最蹩脚的建筑师从一开始就比最灵巧的蜜蜂高明的地方,是他在用蜂蜡筑蜂房以前,已经在自己的头脑中把它建成了。劳动过程结束时得到的结果,在这个过程开始时就已经在劳动者的表象中存在着,即已经观念地存在着。"[2] 同样,一个优秀的民间文学工作者,在他走进田野之前,不仅知道自己要什么、怎么做,而且清楚地知道问题的最终答案。他所要做的,只是尽可能把证据搜集得全面一些,把题解得漂亮一点,让你相信他的资料搜集是扎实的、解题步骤是可靠的、最终结论是正确的。

鉴于多数学者难以理解和接受"结论先行"的研究方法,下面我们对这个问题做进一步的分解说明。

---

[1] 胡适:《古史讨论的读后感》,顾颉刚编著《古史辨》第一册,上海古籍出版社,1982年,第193页。

[2] 马克思:《资本论》第1卷,《马克思恩格斯文集》第5卷,人民出版社,2009年,第208页。

（一）田野调查（查阅资料）是为了获得有效事实

客观世界呈现出无限丰富多样的信息，我们来到田野，到底调查什么、搜集什么？教科书告诉我们应该全面、客观地搜集各种信息，可是，信息是永远不可能搜集全面的。我们可以将来自田野的事实材料分为两种：有效事实、无效事实。只有确定了有效事实，我们才能把时间和精力集中在有意义的访谈和记录上。

什么事实是有效事实？只有能够用来解答或者辅助解答问题，具备一定学术功能的事实材料才是有效事实；否则就算事实材料再丰富，也是没有意义的无效事实。举个例子，在光学史上，英国皇家科学院的光学爱好者们曾经记录了大量的事实材料："他们尽可能详细地记录下所观察到的东西，认为自己虽然不能归纳为理论，但对别人积累第一手的材料有用处，也是对科学研究的一种贡献。但是由于他们的经验观察是脱离了相关的理论的，就显得琐碎和杂乱无章，对科学研究没有什么帮助。"[1]

没有理论指导和目标指引的事实材料，就像随手铲起的砂砾，不经筛选，无法用作建筑材料。所有的学术观察都是在特定原则和目标指引下的选择性观察。田野调查绝不是从零开始，毫无准备工作就能够一头扎进去的，而是有计划的前期工作的延续，是一种目的性很强的学术行为，说白了，就是为了

---

[1] 张庆熊：《社会科学的哲学——实证主义、诠释学和维特根斯坦的转型》，复旦大学出版社，2010年，第55页。

给既定的问题和答案寻找证据。

田野调查一定是范式先行的,没有范式指导的生活体验不是田野调查。抱着文学目的和民俗学目的的田野生活,是性质完全不同的两种学术行为,两者关注的问题,以及提问的方式是完全不一样的,前者叫作田野采风,后者叫作田野调查。

(二)有效事实不等于科学事实

科学哲学区分了客观事实和科学事实:"物质世界的事件、现象、过程,这些是客观事实;人们从观测和实验中所得到的影像,对观测结果做出的经验陈述或判断,这些是科学事实。"[1]有效事实和无效事实都是客观事实,对有效事实做出的经验陈述或判断叫作科学事实。厘清事实只是我们进入科学研究的第一步,未经专业训练的人一般只问"何为客观事实",不会就"科学事实如何"提出问题。

寻求客观事实不是学术问题,这样的问题一个普通新闻记者就能完成。严格地说,对科学事实的寻求也不是学术问题,学术问题不仅是专业性的,还必须是经由归纳处理之后才能回答的问题。比如我们在田野中观察一个仪式,"仪式怎么样"追寻的是客观事实,"仪式是什么"追寻的是科学事实,但这都不是严格意义上的学术问题。只有通过归纳、假设、推理、论证才能找到答案的"仪式为什么"才是可能的学术问题。

如何提问,既要考虑自己的知识和理论储备,也要考虑自

---

[1] 刘大椿:《科学哲学》,人民出版社,1998年,第57页。

己的学术想象和解题能力。对自己能力的认识,只能从经典文本的阅读、理解,以及代入式思考、比较中逐渐习得。一般来说,问题太具体直观则没有难度,问题太复杂抽象则没有可操作性。如何提问决定了我们的研究能不能继续,有没有价值。

(三)研究范式决定了我们的学术眼光

同样一个民间仪式,民俗学者看到了"过渡礼仪",舞蹈家看到了"撒尔嗬",而老百姓看到的只是"办丧事"。事实信息孰为有效孰为无效,取决于我们的学术眼光。而学术眼光又取决于研究范式,以及我们进入田野之后的事实洞察力。研究范式预设了我们的问题和答案,事实洞察力则有可能帮助我们调整问题和答案,从而做出新的学术突破。所以说,理论和预设必先于田野调查,否则,所谓的田野调查就只是盲目而艰苦的生活体验,不是有效的学术行为。

学术眼光和事实洞察力是由既定的研究范式和敏锐的感悟能力决定的,是"学以致用"和勤于思考的结果。在广州火车站的人流中,你会觉得每一个旅客都行色匆匆,但是,一个有经验的警察却能够迅速判断谁是小偷、谁是普通旅客,虽然未必百分百准确,但也八九不离十。反过来,一个没有接受过专业学术训练的浪漫诗人,就算在江村住上一百年,他也写不出《江村经济》。

(四)常规研究的问题和答案都是预先设定的

大部分的学术工作都是常规研究。学者进入田野(图书馆、数据库）之前就已经明确了要解决的问题，预设了问题的结果，田野调查（资料查询）所要得到的只是支撑这种结果的资料证据和生动细节。他会努力使最终结果与最初设想相吻合，需要调整的只是丰富和完善最初的设计模型。他不大可能改变原有的概念框架、观念图式和研究目的，否则他的前期工作和设想就作废了。

结论先行最突出的表现是"开题报告"。开题报告要求我们声明使用什么理论、什么方法、希望达到什么目的，甚至要求我们提供一个预设的研究方案，以及所谓的"创新点"。评审人员可能会指出我们在某些地方"不够规范"，或者认为我们提出了一个"没有意义的问题"，迫使我们回到常规研究的"阳关大道"上来。课题进入正轨之后，虽说具体的结构提纲甚至思路都会发生或大或小的变化，但总体方向是不变的，支撑性的理论和方法也是不变的，结论也还在预设的目标范围之内。

（五）放弃一个旧结论，必然重设一个新结论

遵循结论先行原则并不意味着我们在具体研究中必须从头到尾一条道走到黑。一方面，成熟的学者很可能横跨多个研究领域，兼容不同的研究范式；另一方面，同一种研究范式也有不同的问题指向，范式是一棵大树，问题只是一根枝条。

实际研究中经常会遇到这样的情况：我们预设了问题和答案，可是，在实地调查或文献爬梳的时候突然出现了更有价值、更值得挖掘的新问题，于是果断地放弃了原有的问题和答

案，中途改变了选题方向。但是，这种情况并没有否定结论先行原则。我们之所以放弃旧问题旧结论，是因为我们的头脑中浮现了新问题新结论。在旧结论（原预设）与新结论（新预设）之间，只是替换了一个结论（预设），并没有否定结论先行的基本原则。

如果实际的研究工作中旧问题旧结论被否定，却没有产生新问题新结论，那就意味着课题流产，这恰恰从另一个角度说明没有预设的问题和结论就无法有效地进行科学研究。也许有人会说，"现在许多课题的结项成果都是概貌性、描述性的，并不需要一个所谓的问题和结论，最后也能顺利结项"，但那是另外一个话题，不在我们讨论之列。

（六）创造性、革命性研究的问题和答案也是预先设定的

绝大多数的创造性研究，都是学科共同体内部对于旧范式的一种革命性突破。革命必然是有对象的，科学革命的对象就是旧研究范式。所以说，革命的前提是你对旧范式足够熟悉，对其弊端和不足也非常了解，一个纯粹的外行是不可能突然跑到民间文学领域来发动学术革命的。

如果没有目标，当然也就无所谓偏差，只有在有目标的行进中，我们才能觉察到偏差和错误。我们之所以认为"南辕北辙"是一种错误，正是因为我们有了"南"的目标指向，才能意识到"北"的方向错误。同样的道理，只有当我们预设了结论，在田野中遭遇了反例，发现了既定范式所不能解释的现象时，我们才有可能去思考新的解题方式，放弃旧的结论，提出新的假说。如果没有预设的结论，我们就不可能发现错误，也不会知道旧范式是否失效，因此也就不需要提出新的解题方案，革命也就无从发生。

没有"正常"的认知图式就意识不到"异常"现象的存在，也没有"重新解释""重设目标""提出假说"的需要，也就不会有创造性、革命性的成果产生。普通人看戏也就看个热闹，只有顾颉刚这种"读书多了"又"成了戏迷"的"五四"知识分子，才会意识到戏曲故事与历史记载的巨大反差，并试图解释这种反差："推原编戏的人所以要把古人的事实迁就于他们的想象的缘故，只因作者要求情感上的满足，使得这件故事可以和自己的情感所预期的步骤和结果相符合。……我看了两年多的戏，惟一的成绩便是认识了这些故事的性质和格局，知道虽是无稽之谈原也有它的无稽的法则。"[1]

（七）"结论先行"使得"找证据"成为最重要的工作

学术写作既然是一种解题行为，就必然具备已知数、问题、公式、答案四个要素。我们想象的解题步骤是这样的：先有已知数和问题，然后选定公式，经过一定的解题步骤，最后得出答案。可是，人文社会科学领域的解题步骤是反转的，由于特定学科、学派的研究范式（公式）是确定的，范式所决定的问题和答案也是大致确定的，于是，四大要素中只有寻求"已知数"才是解题工作最重要的任务。

---

[1] 顾颉刚：《我与古史辨》，上海文艺出版社，2001年，第25页。

田野调查也好，文献爬梳也好，数据库检索也好，我们的解题工作主要是在"找证据"，也即寻找"已知数"。面对无限多样的客观事实，哪些是有效的已知数，哪些是无效的已知数，问题又回到了我们前面说过的有效事实与无效事实的区分。也就是说，只有在既定研究范式、结论先行的前提下，我们才知道需要什么样的已知数，我们的"找证据"工作才能变成一项有目的、有效率的行动。

四、重复解题的意义

接着我们会问：既然常规研究都是解应用题，解题之前已经有了答案，那我们还有什么必要一再重复解题呢？

常规研究的必要性主要体现在如下四个方面。

（一）确认理论和夯实研究纲领的必要

在科学观念史上，孔德（Auguste Comte）认为，理论是存在于事实中间的恒常关系，他说："实证哲学的基本性质，就是把一切现象看成服从一些不变的自然规律。精确地发现这些规律，并把它们的数目压缩到最低限度，乃是我们一切努力的目标。"[1] 而规律则是经由观察和经验来"发现"和"确证"的。但是，近现代的科学发展逐渐让我们认识到，所有的理论

---

[1] 转引自邱觉心：《早期实证主义哲学概观孔德、穆勒与斯宾塞》，四川人民出版社，1990年，第33页。

都是相对的，具有"发明"的特征：真理没有永恒，科学只是一个向着真理无限接近的过程；理论无法确证，只能通过不断修订和完善，由学术共同体给予"确认"。确证和确认的差别在于，确证是一锤定音，而确认则是一个反复验证、修订，不断趋于完善和体系化，甚至最终可能被阐释性更强的新理论所取代的动态过程。所以说，我们的每一次解题行为，都是确认过程中的一环，是由假说向着真理不断逼近的一种认识活动。

科学研究是一项高度竞争的事业。不同的假说在提出之后，就进入了抢占拥戴的漫长角力之战。理论不仅是"发明"的，而且是"追认"的。在人文社会科学领域，所有理论在它刚刚被提出的时候，都只是假说，假说必须得到共同体成员的承认和应用，只有当假说被应用于一个又一个同类个案且被证明有效之后，假说才会逐渐当作理论被接受。在人文社会科学领域，理论还有文化语境的差别。一个在始发地得到确认的理论，当它旅行到另一文化语境之后，还得有一个在地化的过程，需要重新修订和再确认。理论的旅行是一个不断丰富的，反复、漫长的过程。

确认理论的过程，我们还可以用英国科学哲学家拉卡托斯的"科学研究纲领"来加以说明。拉卡托斯认为，科学增长是由可持续操作的、以连续性为特点的研究纲领构成的。研究纲领主要包括硬核、保护带，以及作为方法论的启发法三个方面。无论哪一个方面都不是一次成型的，需要通过反复的正面启发法进行"证认"。尤其是保护带，"这一辅助假说保护带，必须在检验中首当其冲，调整、再调整、甚至全部被替换，以保卫因而硬化了的内核"。一套研究纲领的确认过程，是一系列艰苦而漫长的具体研究："纲领的最初形式甚至可能只'适应'于不存在的'理想的'情况，它可能要用几十年的理论研究才能达到最初的新颖事实，并且要花更多的时间，才能达到有趣的可检验的研究纲领的形式。"[1]

（二）扩展知识的必要

常规研究不是为了揭示世界的新奥秘，而是借助不同的具体个案，不断验证已知理论，做出一些适应性调整。通过反复的验证和调适，不断强调这些理论的真理性特质，从而将之固定为一种认知图式。正是我们的"微创造性"工作，支撑和证明了前辈学者的创造性工作。也正是出于这种目的，一些教授（尤其是博士生导师）会强制要求学生反复引证其学术成果，将其理论、观点广泛应用到相关领域或个案研究当中，一方面是为了扩大这些成果的引用率和知名度，一方面也是试图强化其理论、观点的适用性和真理性。

科学社会学奠基人默顿（Robert King Merton）指出："科学的制度性目标是扩展被证实了的知识。……科学的惯例具有其方法论上的存在理由，但它们之所以是必须的，不只是因为它们在方法上是有效的，还因为它们被认为是正确的和有益的，它们是技术上的规定，也是道德上的规定。"[2] 也就是说，

---

[1] ［英］伊姆拉·拉卡托斯：《科学研究纲领方法论》，兰征译，上海译文出版社，2016年，上述引文分别见第56、79页。
[2] ［美］R.默顿：《科学的规范结构》，林聚任译，《哲学译丛》2000年第3期，第57页。

将那些已经被证实的理论应用于更加广阔的社会文化领域，提高人们对于自然和社会的认识水平、改造能力，既是科学的制度性要求，也是科学事业的技术规定、道德规定。

这种知识扩展可以从两方面来理解。一是内涵扩展。理论是抽象的，只有回到具体实践才能体现其意义，从抽象到具体的回归是科学研究的螺旋式上升过程，每一次回归都是理论内涵的具体化、多样化、丰富化过程。将理论应用于每一个具体案例，都可能衍生出一些更生动、更现实的扩展内涵。二是外延扩展。越是宏大理论，越是拥有广阔的适用范围。将本学科理论应用于其他学科领域，通过对理论的适应性调校，可以极大地拓展理论的解释效力。比如我们可以尝试用口头诗学理论分析"诗三百"或者李白的诗歌创作，用史诗结构来解释当代文化中的文化造神现象，用故事形态学理论来解释谣言传播中移花接木的变异现象，等等。

（三）学术能力的训练要求

当一种理论被反复确认，并且为共同体成员所熟知之后，如果再也没有修订和完善的必要，基于该理论的解题活动就会逐渐显得"过时"，再也无法向共同体提供新的信息，据此写出的论文就很难获得发表机会。所以说，"过时"并不一定意味着"错误"或"失效"，有时候恰恰是因为"太正确"而被所有共同体成员公认并熟知，转化成了众所周知的"理论常识"。典型者如弗雷泽的交感巫术理论，今天已经被广泛应用于人文社会科学领域，可是与此相关的论文却很难得到发表机会，这不是因为弗雷泽的理论被证伪，恰恰是因为理论已经化作常识，不再具有"新鲜感"。

那些已经被"确认"的理论虽然暂时失去了知识扩展的生长活力，但是由于理论思考成熟、研究范本较多、操作程式稳定、解释效果显著，正适合拿来作为研究生培养的解题训练，用以培养学生利用本学科理论和方法分析、解释一般问题的能力。比如，我们可以鼓励学生将本学科理论应用于家乡民俗现象的研究、回应当代社会文化中的热点话题，或者转换视角，用以解释一些新兴文化现象如电子游戏、神话段子、网红口头表演等。

（四）从常规解题活动中发现异常，孕育革命

一则"过时"的理论，只要还没有被更新的理论所取代，一般来说就还是有效的。但如果有一种替代性或者颠覆性的理论正在逐步成为学科主流，同时也就意味着旧的理论正在逐渐失去市场。口头诗学理论兴起之后，曾经流行一时的史诗"历史叙事说"也就自然被淘汰了，比如朝戈金在对冉皮勒《江格尔》程式句法的分析中发现："这里的句式的构造，还体现出了蒙古史诗诗法中的另一个特点，即根据韵律的需要安排一些河流山川的名称。谁要是希望考证出这里的'额木尼格河'和'杭嘎拉河'在什么地方，他多半是不会有什么结果的。"[1] 因为口头诗学理论告诉我们，所谓的"额木尼格河"或"杭嘎拉

---

1 朝戈金：《口传史诗诗学：冉皮勒〈江格尔〉程式句法研究》，广西人民出版社，2000年，第200页。

河",都是根据韵律的要求随口虚构出来的河流名称。

革命不是凭空产生的,革命的需求恰恰源自旧理论的失效。也就是说,只有当我们用旧理论的眼光去看待新事物,或者使用旧的解题方法遭遇失败之后,才有了新猜想和新假说的需要。口头诗学理论的产生,就是因为传统的古典学无法解决年深月久的荷马问题,"学术探索走进了死胡同,长久地徘徊不前"[1],这才刺激了米尔曼·帕里(Milman Parry)迫切地走向田野,寻找新的解题思路。

五、理论建设是一种认识活动

理论建设一直被认为是民间文学、民俗学学科建设的关键瓶颈。周作人早在学科创建之初就曾感叹民俗学没有自己的学说(理论):"民俗学——这是否能成为独立的一门学问,似乎本来就有点问题,其中所包含的三大部门,现今好做的只是搜集排比这些工作,等到论究其意义,归结到一种学说的时候,便侵入别的学科的范围,……民俗学的价值是无可疑的,但是他之能否成为一种专门之学则颇有人怀疑,所以将来或真要降格,改称为民俗志,也未可知罢。"[2] 江绍原后来淡出民俗学界,也有这方面的原因。

民间文学、民俗学界因理论饥渴而造成的泛理论崇拜,不

---

1 朝戈金、巴莫曲布嫫:《口头程式理论》,《民间文化论坛》2004年第6期,第92页。
2 周作人:《周序》,江绍原译《现代英吉利谣俗及谣俗学》,中华书局,1932年,第1—2页。

仅没能有效地促进学科发展，反而成为学科建设的认知障碍，导师随便提几句口号、随便指一个方向，就被学生奉为民俗学新理论。在学术著作中重复一些基本常识是很掉价的事，但即使再掉价也得在这里重复强调一下：学术权威的指导意见不是理论建设！学术畅想和学术感悟不是理论建设！制作术语拼盘不是理论建设！只有立场观点、方向指引而没有逻辑体系、术语体系，以及示范性学术成果的学术主张，也不是理论建设！上述第一种和最后一种，在当代学界是最有市场、最具迷惑性、最容易但也最难辨识的。

理论是基于假说和论证，能够经受实践检验，最终受到学科共同体绝大多数成员认可的知识体系。而且这种认可只能来自学术共同体，而不能仅仅来自学生、部属，更不是社会公众。对于非专业人士来说，伪命题往往比真命题更受市场欢迎，因为伪命题迎合了多数人的经验认知图式。以食品谣言为例，什么身体排毒理论、以形补形理论、素食养生理论、食物生克理论，在社会上大行其道，不仅被人奉若圭臬，而且被许多大爷大妈确认过眼神，"得到实践检验"。

科学哲学将科学认识区分为经验认识和理论认识两个层次。一般来说，对于现象的描述、概括、归纳、分类等可以归入经验认识层次；对于现象的解释、现象间关系的假说、由此及彼的逻辑推演等可以归入理论认识层次。所以说，理论是系统化的理性认识，是从可观测的现象和已有的理论出发，经由合乎逻辑的推理论证得出的，关于世界存在及运行方式的认知图式。理论是能够用来解释和说明同类现象的一般模式，是对事物存在规律的认识。

　　从这个意义上看，钟敬文虽然用了一整本书的篇幅阐释如何"建立中国民俗学派"，全书也有严整的体系建构[1]，但这终归只是一种学术设想或学术号召，而不是一种认识活动，没有体现为从现象到认知的逻辑推论过程，也不是对事物存在规律的认识，因而只能称作"倡议"，不能称为理论。

　　但是，有些看似简单的知识反倒是一种理论。比如，顾颉刚"层累地造成的中国古史"之说的提出虽然只是用了一封信的篇幅，但它是古史和传说形成规律的一般性认识，内涵丰富、阐释潜力巨大，堪称中国现代历史学、民俗学、民间文学最经典的理论。

　　传说与故事的二分法作为一种不断深化的知识分类，也可视为一种认知理论。民间本无传说与故事的区分，可是，学者们意识到有些故事有历史因由，有些故事纯幻想性，于是做出了传说和故事的区分。后来发现传说既有以人物为中心的，也有以事件为中心的，于是又把传说分为人物传说和史事传说，如此不断细化，渐成体系。有了分类，就需要对各个类别进行概念界定，开始大家都借用柳田国男的传说定义，认为传说既有"可信性"特点，又有"中心点"或"纪念物"[2]。但是，实际分类的时候，很可能找不到明确的中心点或纪念物，在一次讨论会上，徐华龙提出了"附着性"的概念，大家都觉得非常

1　钟敬文：《建立中国民俗学派》，黑龙江教育出版社，1999年。
2　[日]柳田国男：《传说论》，连湘译，中国民间文艺出版社，1988年，第26页。

好，于是，陈泳超以附着性取代中心点和纪念物，以此作为《中国民间文学大系·传说》卷的收录标准。[1] 由此可见，理论是一种可以不断修正、不断精细化的认知方案。

所有理论都有其局限性，因为理论思维是一种抽象思维，而抽象思维必然要将对象进行分析处理，从中抽出一个或几个方面（悬置或抛弃其他方面）进行纯粹化思考。所以说，抽象思维所看见的世界永远是偏光镜呈现的世界，它达到了特定方向的清晰和深刻，但是悬置了其他一些方向，是一种片面的深刻。

作为一种认识方案，所有的理论都具有自足性、片面性和封闭性，有一定的适用范围和边界。那些混贴理论标签、制作术语拼盘的学术研究不仅不是理论素养高的表现。有时可能恰恰相反，强令关公战秦琼，正说明作者对关公和秦琼都不够了解，要么是理论基础不扎实，要么是思路不清晰。

六、假说是理论建设最重要的步骤

接下来我们要问，理论建设从何着手？理论发现有没有规律可循？

（一）所有的创新性研究都是基于传统的创新

创新不是向壁虚构，而是既有理论条件下的学术革命。"科学家承认他们依赖于文化遗产，他们对文化遗产的态度是

---

[1] 陈泳超：《序言》，中国文学艺术界联合会、中国民间文艺家协会总编纂《中国民间文学大系·传说·吉林卷》，中国文联出版社，2019年，第A021页。

共同的。牛顿的名言'如果我看得更远些，那是因为我站在了巨人的肩上'，只在于表明他受惠于公共遗产的观点，并承认科学成就在本质上具有合作性和有选择的积累性。科学天才的谦逊不能简单地从文化上加以说明，而应认识到，科学的进展是以往的人与现代人共同努力的结果。"[1]科学只有基于传统和专业训练才有可能向前迈步，任何脱离科学传统的科学发现都是"民科"[2]的无稽之谈，正如一个完全不懂数学的体育老师，不可能突然来一场数学革命。

理论发明要求科学家具备两项基本素质：基于传统的规范性操作、刺激发明发现的创造性思维。前者确保科学家的工作必须基于规范、专业的表达，这是他的成果能被同行所理解和接受的必要条件；后者确保科学家能够突破旧范式的固化思维，这是他能取得创新性成果的必要条件。

（二）理论发明是因为遭遇了异常现象

现实中出现了常规研究无法处理、不能解释的现象，或者说，出现了理论解释的反例，我们称之为异常。

伟大的发现各有各的机缘，但从科学史的角度看，有一个共同的步骤是所有理论生产都绕不过去的：出现异常，然后有假说（猜想），再后才有理论。"科学假说是科学理论发展的思维形式，是人们根据已经掌握的科学原理和科学事实，对未知

---

1 ［美］R. 默顿：《科学的规范结构》，林聚任译，《哲学译丛》2000 年第 3 期，第 59 页。
2 民科，在这里特指那些未受过正规学术训练，却自以为是地声称能够解决重要科学问题的民间科技爱好者。

的自然现象及其规律性,经过一系列的思维过程,预先在自己头脑中做出的假定性解释。"[1]

异常迫使我们去修正既有理论,当异常一再出现,修无可修的时候,我们开始质疑既有理论,这时,很可能会提出新的假说:"难道是因为……原因?"

(三)发挥学术想象,提出新的假说,解释异常现象

假说的提出有赖于学者的学术想象力,这也是一个学者学术能力的重要标志。所谓假说,也即关于某一现象与其他现象,或者现象内部诸要素之间具有某种一致关系的猜测性判断。假说往往依靠经验和直觉,爱因斯坦(Albert Einstein)说:"要通向这些定律,并没有逻辑的道路;只有通过那种以对经验的共鸣的理解为依据的直觉,才能得到这些定律。"[2]假说之所以依赖经验、直觉和想象力,是因为从个别的事实当中,规律不可能被直接观测到,也无法必然地由逻辑推演出来。

直觉思维必须基于经验的积累,经验源于不懈的观察和学习。从个别事实到假说的形成过程中,必然地调动了我们对所有相似事件的知识储备,我们掌握的知识越多、经验越丰富,可以用于联想的学术资源也越多,表现为更加强大的学术想象力。知识和经验一方面构成了想象的资源,同时也制约着想象

---

[1] 刘大椿:《科学哲学》,人民出版社,1998年,第71页。
[2] [德]爱因斯坦:《爱因斯坦文集》第一卷,许良英、范岱年编译,商务印书馆,1976年,第102页。

的无边漫游，它时时刻刻都在提醒我们，哪些想象是有意义的，哪些想象是无意义的，哪些想象是可解释的，哪些想象是无法论证的。假说一旦形成，就会让我们感到兴奋和刺激，假说不仅充分调动我们的学术积极性，也积极地作用于科学研究的全过程。

假说的提出是科学研究"结论先行原则"的另一种表现形式。事实上，假说本身就是先于论证的预设性结论。假说改变了我们看待事物的眼光，改变了有效事实的判定标准，刺激着新思想的萌芽、新知识的生产。

七、借助归纳推理形成新的假说

接下来，我们再进一步展开讨论假说如何产生。

科学研究中，多数假说都是来自归纳推理。归纳推理是借助个别、具体事物之间的联系方式，想象同类事物的普遍关系模式，推导同等条件下的一般性事物关系、原则的基本方法。成语"举一反三"说的就是这个意思。

归纳法可以用三个数学步骤表示如下：

（一）证明当 $n=1$ 时，命题成立。

（二）假设当 $n=k$ 时，命题同样成立。

（三）证明当 $n=k+1$ 时，命题依然成立。由此说明，n 为任意自然数的时候，命题均成立。

归纳是在比较的基础上进行的，通过比较，找出不同数学组别的相同点和差异点，然后把具有相同点的数别归为一类，找出其中的规律，写出公式，给予证明。有了这个公式，我们就可以用它来解释，或者预测一些模糊状态的事物关系。至于公式是否正确，我们可以用大量类似情形下的事物关系来进行说明、验证，或者修正、完善，甚至推翻旧公式，另立新式。

具体到人文社会科学研究当中，我们如何使用归纳法提出新的假说呢？

归纳推理分为"完全归纳推理"和"不完全归纳推理"。所谓完全归纳推理，指的是考察了某类事物的全部对象，发现所有的对象都具有某类特征或某类关系模式。而不完全归纳推理指的是仅仅考察了某类事物的一部分对象，发现这些个案都具备某类特征或某类关系模式，也即我们常说的"窥一斑而知全豹"。

在民俗研究中，我们常常使用的是"局部完全归纳推理"。所谓局部完全归纳推理，指的是设定一个边界条件，划定有效边界，尽可能地将边界之内的所有样本全部纳入考察范围，将这些样本视为作为模拟推论的全部样本。我们试以刘魁立的《民间叙事的生命树》来做个说明。

刘魁立所要探究的主要问题是，一个简单的故事，由哪些要素构成？依据什么原则来组织材料？在这些要素中间，哪一个是主要的？哪一个是次要的？围绕这些问题，他计划从浩如烟海的中国故事中选择一个大家比较熟悉，而又比较简单，便于操作的案例，他选择了"狗耕田"故事。为了避免对异文数量漫无边际的无限追求，他严格规定了对象范围的界限，采取了以地域为单位的整体抽样方案。他从材料来源上把研究对象限定为:"仅仅考察这一类型在一个具体省区(浙江)里的所有流传文本的形态结构。"[1] 这一限定不仅达到了抽样的目的,而且有效地把异文背景限定在了相对同质的民俗文化区域之内,使得研究成果更具逻辑合理性。

再往前,我们还可以看看顾颉刚的孟姜女故事研究,他在《孟姜女故事研究集》第一册的《自序》中说:"当这半篇写清时,自己觉得很满意,几乎要喊出'可以找到的材料都给我找到了!'但过了些日子,误谬之处渐出现了,脱漏的地方出现得很不少了,而宋以后的材料越聚越多,更不易处理,因此,剩下的半篇再也写不下去。"[2]

分析顾颉刚这段话,我们可以析出两种不同的取材方案:(一)当材料相对较少的时候,我们应该尽可能地竭泽而渔,找齐所有能找到的素材,在完全归纳的基础上做出结论。(二)当素材库过于庞大的时候,就很难做到完全归纳,这时,就得划定边界,退而求其次,在局部完全归纳的基础上做出结论。

由于历史研究主要依据古籍、古物、古建等物质性的遗留物来进行研究,资料相对有限,所以历史学者多强调尽可能完备的材料观,正如顾颉刚一再号召同人说:"我对于我们同志要作几项请求。孟姜女故事的材料请随时随地替我收求;不要想'这些小材料无足轻重',或者说'这种普通材料,顾某已具备了'。因为从很小的材料里也许可以得到很大的发见,而

---

1 刘魁立:《〈民间叙事的生命树〉及有关学术通信》,《民俗研究》2001年第2期。
2 顾颉刚:《顾颉刚民俗论文集》卷二,中华书局,2011年,第3页。

重复的材料正是故事流行的证明。"[1]

但是，在当代活形态的故事研究中，同一个故事的任意两次讲述都可以形成异文，许多流行故事的文本量过于庞大。在处理一些单项问题的时候，不可能也没必要做到竭泽而渔，这时候就应该借助抽样调查来进行归纳推理。

随机抽样并不是随便抽样，不是任意抓取几个样本就代表着"随机"。随机抽样是一种"等概率抽样"，也即完全依照机会均等原则所做的抽样。比如我们要做一个关于"居民消费能力的调查"，我们不能在上班时间跑到菜市场随便找一些人进行调查，这样我们很可能只是找了一些退休的大爷和大妈，我们得顾及不同性别、不同收入阶层、不同年龄段的消费者。抽样得有明确的边界方案，这样才能有效提高调查的可信度。

一般来说，随机抽样可以分为简单随机抽样、典型抽样、类型抽样、整群抽样等几种基本形式。"局部完全归纳推理"就是典型的整群抽样，比如，刘魁立对于故事生命树的形态研究就是基于浙江省民间故事的整群抽样，从而展开局部完全归纳推理。他在解释该研究的取样范围时说："本文拟就浙江省在这次民间文学普遍调查搜集中新记录的狗耕田故事文本，从形态结构的角度进行若干分析。……我们在浙江省约一百个地县行政单位所出版的九十九卷民间文学卷本中，寻捡到二十八篇（狗耕田故事）。这二十八个文本隶属于二十四个县区。我将这二十八个文本罗列在本文末尾，并将五个属于同一类型的

---

[1] 顾颉刚：《顾颉刚民俗论文集》卷二，中华书局，2011年，第4页。

二十年代记录的文本一并列出,统一编号。"[1]

单就研究的可靠性来说,样本总是越多越好,那么,多到什么程度可以作为一个"基本足够"的指标呢?对于边界明确的抽样来说,我们希望能对整群样本竭泽而渔,但是,对于边界不明确的抽样来说,是否也应该有一个标准?大致说来,当新样本不断增加,而我们的结论或命题不再受到影响,不再出现"例外"的时候,也就是说,无论当样本数 n=k+1 还是 k+2 或者 k+3,我们都无须对命题加以调整的时候,我们就认为样本数量 k 已经基本满足了假说的要求。

形态研究对于样本数量的要求比较高,一般的人文社会科学研究很难得到这么大的样本量。所谓"引经据典""旁征博引",指的就是在对某一个案展开具体研究的时候,不断佐以其他典型案例,或者相似个案(同类样本)的关系模式来加以说明。理论上说,相似个案总是越多越有说服力。弗雷泽的《金枝》,就是这种"旁征博引"的典范性研究案例。

接下来需要讨论的问题是,归纳推理的第一步,也即针对于 n=1 时的命题如何生成?在这里,我们暂且悬置"感性直观"或者"感性真理"之类的哲学话题,只从"科学猜想"的角度来加以说明。

我们还是以民俗学为例。事实上,民俗学者(比如刘魁立)在对民俗事项 A1(比如狗耕田故事)做出科学猜想之时,他已经在该事项的相关领域有了比较丰厚的知识积累,隐约地

---

[1] 刘魁立:《民间叙事的生命树——浙江当代"狗耕田"故事情节类型的形态结构分析》,《民族艺术》2001 年第 1 期。

生成了许多问题,甚至已经形成了对于问题的一些猜测性判断。我们无法想象一个毫无相关知识的学者,他既不了解同类民俗事项的表现形态,也不知道前人是否已经解决了这些问题,他偶尔接触某一民俗事项,就能够天才地做出某种有价值的猜想。

有价值的假说,只能来自有准备的头脑。刘魁立在对狗耕田故事的考察中,发现狗耕田故事所呈现的某些现象似乎具有某种规律性,其中的一些关系可以用来解释相似的民俗现象,或者用以佐证某种判断,于是,他以狗耕田故事为例,在现象观察和归纳的基础上,排除部分干扰项,做出更加清晰、更有概括性的判断,加以提炼,形成新的故事学命题。

人文社会科学研究中的归纳推理,多数情况下都是"简单枚举归纳推理",对此,我们也可以用以下三个步骤来表示:

(一)描述个案 A_1,提出命题 B。也就是说,当 $n=A_1$ 时,命题 B 成立。

(二)引证类似个案 A_k,论证命题 B 成立。也就是说,当 $n=A_k$ 时,命题 B 同样成立。

(三)引证前人的相似研究及其个案,证明当 $n=A_t$ 时,命题 B 依然成立。由此说明,在类似语境的其他案例 A 中,命题 B 具有普遍性。

在以上步骤中,A_t 并不等于 A_{k+1},因而只是一种随机抽样,无法逐一推广到 A_{k+2}、A_{k+3} 等全部个案当中,所以从逻辑上来说,这三个步骤是不严密的。但是,人文社会科学毕竟不等于自然科学,我们无法做到对不同个案进行自然排序,也就无法定义 Ak+1。

但在实际的研究工作中，大多数学者连以上三个步骤都很难做到。由于社会实践的复杂性，命题 B 往往不是表现为单一的、必然的判断，而是表现为一组模糊的、或然的判断。因此，我们常常需要将命题 B 区分或拆解为 B1、B2……Bn 等多种情形，于是，在案例 A 与命题 B 之间，就形成了一种集合间的相交关系，即 A ∩ B 的关系。A1 可能对应于 B3，而 A2 则可能对应于 B1。所以说，人文社会科学中的命题不像数学中的命题，能够一锤定音地形成定论，而是需要一再借助相似案例、同类现象，以及他人的研究，反复地进行论证和修订。

以上说的是假说形成的基本理路，它与论文写作的结构思路不是一回事。

论文写作往往是通过摆事实、讲道理，步步为营、层层递进，最后，水到渠成，自然地"推导"出一个新命题、新假说。经验不足的研究生若无导师指点，光是阅读别人的优秀论文，很容易误以为这种层层递进的论文结构就是作者的思维结构，写作思路就是思考进路，观点和假说都是合乎逻辑地"推导"出来的。初入学术门径的研究生若是模仿论文思维来从事学术研究，那就只能是缘木求鱼。在实际的科研进程中，新命题、新假说的提出，往往不是在论文的最后一个步骤"得出"，而是在论文的第一个步骤就"悟出"了。

我曾经听过一位著名学者的讲座，他从自己在田野调查中遇到的一个疑惑开始讲起，为了解开疑团，他不断在田野与文献中寻找解决问题的材料，往复穿梭，渐次深入，每一份材料都被他恰到好处地用上了，最后终于完美地解开了疑团。那么，这个终极答案是否可靠，能否得到证明呢？他说，村里有长老指引他找到一块古碑，碑文中恰好就有这个答案，跟他的推论完全吻合。讲座获得了热烈的掌声。事后我就问他："你说那块古碑，是不是刚开始调查的时候就已经看到了？"对方笑而不答。作者虽然没有回答我，但我相信该项研究的"答案"是先于论证而存在的——无论作者是根据古碑"按图索骥"，还是凭借自己的学术想象敏锐地意识到了答案。

新命题、新假说能否成立，往往取决于它是否具备实验检测和实践预测的功能。但是，人文社会科学领域的假说很难用这两点来判定，而是需要经受两种考验：一是同类解释，二是同行竞争。所谓同类解释，也即当假说不仅能用于解释这一民俗事件，而且能够用于解释其他类似民俗事件的时候，我们就说该假说是有效解释模式。所谓同行竞争，指的是在一定时期之内存在相互竞争的多种假说的时候，得看哪种假说能够得到更多民俗学者的支持和引用。原则上，人们总是会选择一个更加"好用"的理论，放弃那些不符合自己解释要求的其他理论。

人文社会科学的假说，一般是通过引证量的积累和同行的默认来获得其学术地位的。层出不穷的假说绝大多数都会湮没在文献的故纸堆里，真正能够脱颖而出成长为理论的假说极少。假说不一定能成为理论，但是，没有假说就没有理论，因为客观事实并不会自然呈现出理论，理论是需要通过我们的归纳和猜想去发明的一种认识性表述。

八、用普通逻辑规范学术研究、提升学科竞争力

"科学发现从问题开始,科学家针对问题做出各种各样大胆的尝试性猜测,这些假说和理论激烈竞争,经受观察和实验的严格检验,在检验中清除错误并筛选出逼真度最高的新理论。"[1]说白了,理论就是假说中的优胜者。所有理论都源于假说,是对最优假说的选择性接受,以及逐渐走向常规研究的认知固化;反过来看,所有假说都是新理论的可能方案。

判断优质假说的标准是实践检验,而淘汰劣质假说只需要普通逻辑。科学假说并不是天马行空的任意想象,科学假说和学术想象都必须受到逻辑的规范和制约。假说是需要论证的,论证主要由推理构成,有效推理除了前提可靠之外,还要求逻辑可靠。逻辑既是一种思想工具,也是一种约束性的规则。讲逻辑,包括正确使用概念、定义,合理分类,遵守推理论证的基本原则,等等。逻辑是所有学科通用的思维规则,它为一切科学制定了分析、批判、推理、论证的约束条件。

逻辑是人类思维的一般规律,在具体研究中往往体现为一套语言表述的规则。逻辑不是知识,但它可以检验知识,为我们提供有效生产、组织、运用知识的一般规则。所有科学活动都必须遵循基本的逻辑规则,否则就会导致错误的知识生产和理论认知。所以说,我们的学术研究就是戴着镣铐的舞蹈,是受到逻辑约束的知识发明,没有逻辑就无法形成有

---

[1] 刘大椿:《科学活动论》,中国人民大学出版社,2010年,第139页。

效的知识体系。

不受逻辑约束的思维有可能是奇思妙想,但在一般情况下表现为胡思乱想。有学者批评说:"当今大学的人文社会科学领域,从本科生到研究生,都缺乏系统的逻辑学习,普遍存在逻辑思维能力欠缺的问题。学生表达一个观点,写作一篇论文,特别是硕士论文和博士论文,有些问题看似语言问题、看似材料问题,其实仔细分析都是逻辑问题或者说思想问题,思路不清其实就是逻辑混乱,论证不力其实就是逻辑不严密。很多学生,看了很多材料,也有一定的专业理论,就是组织不起一篇论文,其实是逻辑思维能力不够。"[1]

逻辑与具体内容无关,指的是推理形式的有效性或正确性。无论对哪个学科,对什么人,判断和推理的形式都是相通的。一篇文章讲不讲逻辑,一个外行就能看出来。正是基于这种不同学科、不同学派之间的逻辑共通性,我们才有资格去评判其他专业的学术成果,同样,别人也会用同样的标准和眼光来评判我们的成果。所以说,尽管不同学科关注的问题不同、使用的材料不同,理论、方法各异,但是,对于学术成果的质量和水平的判断却很容易取得一致意见。

随着自然科学和人文社会科学的进一步融合,随着学术行业接受过正规学术训练的从业者比例不断加大,学术界对于学术成果的逻辑性要求必然会越来越普遍、越来越高。民间文学要想赢得其他学科的尊重,靠的不是研究对象的伟大、研究资

---

[1] 高玉:《人文社会科学,讲逻辑才是第一位的》,《写作》2021年第1期。

料的丰富，也不是研究成果的多少，而是研究质量的高低、学术对话的能力。而衡量我们研究质量的标准，主要是我们判断、推理和论证的思想能力，也即基于归纳逻辑和演绎逻辑的整体性学术能力。我们每一个从业者，都是民间文学学术成果的贡献者，我们每一个从业者的学术能力，都或多或少地成为其他学科评判民间文学学科的一项指标。

20世纪80年代刚刚恢复民间文学学科地位的时候，由于50年代的民间文学工作者早就已经"转移到学校以外的岗位上去了"[1]，而临时补充到民间文学教学科研岗位上的从业者，许多是从其他专业转过来的散兵游勇，因此，"受教育部委托，钟敬文主持开设了民间文学进修班，一边进行学术骨干培训，一边利用一年的时间组织学员编写了《民间文学概论》教材"[2]。但就是如此草草组团的学术队伍，匆匆编就的教材，居然"后来在各高校民间文学专业建设与课程研发方面发挥了举足轻重的作用"[3]。依靠这样的学术训练，这样的一支队伍驰骋学界，民间文学未能得到其他成熟学科的充分尊重，其实也不冤枉。

我们今天面对的局面已经迥然有别于40年前，我们培养了数以千计的专业硕士和博士。民间文学的基本概念，以及相关的理论和方法，都通过教科书以及各种专业课程传授给学

---

[1] 钟敬文主编：《民间文学概论（第二版）》，高等教育出版社，2010年，前言第2页。
[2] 萧放、贾琛：《70年中国民俗学学科建设历程、经验与反思》，《华中师范大学学报》2019年第6期。
[3] 萧放、贾琛：《70年中国民俗学学科建设历程、经验与反思》，《华中师范大学学报》2019年第6期。

生。但是，我们的专业教学依然是知识灌输式的教学，我们向研究生传授理论知识，却没有训练他们的研究能力。我们向学生介绍了神话学派、流传学派、芬兰学派、功能学派，这个主义那个理论，甚至指出了这些学派、主义、理论各有哪些优缺点，却没有向学生展示这些理论如何论证得来、怎样运用于学术实践，许多学生甚至连一个研究范本都没有看过。这就像递给你一把游标卡尺，告诉你这是干什么用的，却不教给你使用方法。

那些悟性差一些的博士生，多数只是拿着理论名词当学术标签，知其然不知其所以然，认为用得上的地方就顺手粘一个，逻辑论证自然也就让位于花里胡哨的标签游戏。许多博士学位论文表面上看起来田野扎实、材料丰富，可是，一进入到论证阶段就显得捉襟见肘，很难做到中心明确、逻辑严密、结构完整、自成体系。

九、弱势学科的自我拯救

目前的学科体制中，文学一级学科之下的二级学科，主要依时间序列划分为古代文学、现代文学、当代文学，其中古代文学又可再划分为从先秦文学到近代文学的一个断代序列。这是一个合乎时间秩序的逻辑结构，环环相扣，缺一不可。嵌在这个逻辑结构中的任意一环都不会有学科危机之虞。但是民间文学不一样，它不在这个时间秩序之中，没有先天的免死金牌。

文学研究自古以来都只讨论作家文学，民间文学只在"五四"新文化运动之后才开始在学术史上露一小脸。现行的各类"文学理论"都是关于作家文学的理论，偶尔提及民间文学，也只是寥寥数语。究其原因，主要是因为民间文学的话语体系与现行"文学理论"互不兼容，民间文学尚未找到能够与文学史和文学创作充分对话的理论工具。

20世纪50年代以来，我们为了强调民间文学学科地位，一是借助时代话语和政治话语，强调民间文学是"广大劳动人民的语言艺术"[1]；二是编辑、出版革命领袖或著名作家赞美民间文学的言论，以论证民间文学之伟大，如《马克思恩格斯有关民间文学的言论》[2]、《马克思恩格斯论民间文学》[3]、《马克思恩格斯论民间歌谣》[4]、《马克思主义论民间文艺》[5]、《马克思恩格斯列宁斯大林论民族民间文学》[6]、《鲁迅和民间文艺》[7]、《郭沫若论民间文学》[8]、《高尔基论民间文学》[9]、《俄国作家论民间文学》[10]，

---

1 钟敬文：《钟敬文文集·民间文艺学卷》，安徽教育出版社，2002年，第15页。
2 刘锡诚编：《马克思恩格斯有关民间文学的言论》，中国民间文艺研究会研究部印制，1959年。
3 中国科学院文学研究所民间文学研究室编印：《马克思恩格斯论民间文学》（内部参考），1979年。
4 广西山歌学会编：《马克思恩格斯论民间歌谣》，广西民间文学研究会印制，1985年。
5 刘世锦编：《马克思主义论民间文艺》，漓江出版社，1988年。
6 毛巧晖、王宪昭、郭翠潇编：《马克思恩格斯列宁斯大林论民族民间文学》，中国社会科学出版社，2013年。
7 许钰编：《鲁迅和民间文艺》，北京师大中文系民间文学教研室印制，1979年。
8 民间文学研究组编：《郭沫若论民间文学》，辽宁大学中文系文学研究室印制，1978年。
9 北京师范大学中文系民间文学教研室编印：《高尔基论民间文学》（内部参考），1981年。
10 刘锡诚编：《俄国作家论民间文学》，中国民间文艺出版社，1986年。

等等。

20世纪80年代以后，我们以"口头性"强调民间文学与作家文学的区别，以"独特性"论证民间文学的价值，曾经取得一定效果。但是，这种"独特性"定位也造成了民间文学研究的不断"内卷化"，学者们热衷于碎片化的地方性知识调研，甚至对个别社区的鸡毛蒜皮都做出精细描述，在一些无足轻重的内部问题和无解的玄学问题上耗精费神。"内卷化"导致我们的知识、概念、术语、话题都在逐渐远离大文学研究，一定程度上堵塞了民间文学学科与其他兄弟学科的对话通道，相应地也失去了兄弟学科对民间文学学科的关注和支持。

21世纪初，当"非物质文化遗产"这一新概念吹拂中国学界的时候，许多民间文学工作者还曾幻想它能春风化雨浇灌民间文学茁壮成长。可是，在教育部公布的《列入普通高等学校本科专业目录的新专业名单（2021）》中，"非物质文化遗产保护"新专业被归口在艺术学一级学科名下，民间文学再次坐失政策红利。

民间文学相对于作家文学虽然有其独特性的一面，但是，作为人类社会的一种话语方式或艺术形态，归根究底还是人的创作，是传承人基于口头传统的即兴创编，也是草根作家的文学创作。基于"人类"这一共同的创作主体，基于人类共同的情感体验和思维方式，民间文学与作家文学被紧紧地关联在一起，两者一定拥有艺术思维上的诸多共性。数量庞大的民间文学异文，某种程度上构成了多种文艺形态的大数据样本，蕴含人类文化的多样基因成分，等待着我们去挖掘、去认识。这些根植于民间文学，映射着民众情感倾向与审美期待的文学原型，构成了民间文学与作家文学的对话基础。

普罗普（Vladimir Propp）的故事形态学、帕里－洛德的口头诗学之所以能够进入更广阔的人文科学领域，成为语言和文学分析的理论工具，正是因为他们从民间文学中发现了普遍性的文学法则，而这些法则却很难从作家文学的复杂文本中直接被发现。民间文学的简洁、明快、直截、高效，恰恰为我们排除了许多零碎细节的干扰项，有利于我们借助这些更单纯、更具原型特征的文学形态，探寻文学生产更原始、更基本、更深层的文化特质，揭示文学创作的底层逻辑。

综上所述，科学研究是一种以常规研究为主，有特定操作规范和写作程式的文化生产活动。学术研究中的"问题优先原则""结论先行原则"是常规研究的要求，也是科学革命和理论发明的基本前提。科学研究本该"学""术"并重，但我们往往重视专业知识的传授而忽视科学研究的方法论教学，战略目光远大而战术训练不足。

民间文学缺乏先天学科优势，在非物质文化遗产保护浪潮中又错失政策红利，时代留给我们的或许只有学术自救。民间文学的学科建设，有赖于我们每个人的研究水平、每篇文章的学术贡献，而我们的硕士和博士培养又是其中的关键环节。树立科学观，强化科学思维和实证理念是研究生培养必不可少的内容。

科学观与思维方式是相辅相成的，科学观会决定你以科学的眼光看待事物、用科学的方法解决问题，反过来，这种看待和解决问题的思维方式又会进一步强化你的科学观。实证研究是科学的基础和灵魂,当科学成为主流学术的通行思想方式的时候,那些不科学的研究,就成了学界异数。如果民间文学从业者无法培养起坚定的科学意识和实证理念,拿不出代表性的成果,那么,无论我们如何自证价值,也很难得到兄弟学科的尊重。

搞好民间文学学科建设,理论上似乎应该寄希望于每一位民间文学工作者的共同努力。但事实上,人在40岁之后,思维方式和研究范式,甚至勤懒习惯都已基本定型,很难做出改变,讨论学"术"问题对于40岁以上的学者来说是没有意义的。我们只能寄希望于更加年轻的民间文学工作者:"社会学和创造心理学的研究表明,科学家有个创造力最旺盛的年龄限,大致在35—40岁之间。在这个年龄,科学创造力达到抛物线的顶点。"[1]

归根结底,我们一方面必须借助常规研究保有学术市场的基本份额,但止步于常规研究的学科是没有前途的,所以,另一方面还得激发青年学者的学术想象力,通过学术革命实现积极的代际传承,突破理论建设瓶颈,促进学科发展。

---

[1] 刘大椿:《科学活动论》,中国人民大学出版社,2010年,第266页。

学术研究的『边界』问题

"边界"是学术研究中非常重要的一个问题。学术边界既是研究素材选取的尺度依据，也是学术讨论的立足基础，直接关系到我们的科研工作能否可持续地有效进行，以及是否能够收获有意义的成果。领域大小、目的差异，都需要不同的边界设置。

我们从"民间文学史"的边界开始说起。民间文学概念的提出，是"五四"新文化运动的重要成果之一，但是当时的概念并不清晰。不同的倡导者划出了不同的界限范围，甚至连名称都不统一，他们分别使用过平民文学、民众文学、大众文学、俚俗文学、风谣学、谣俗学、俗文学，等等。

最早的经典民间文学史当数郑振铎的《中国俗文学史》（1938年），该著第一句称："'俗文学'就是通俗的文学，就是民间的文学，也就是大众的文学。"[1]这就是郑振铎对于"俗文学"的边界限定，虽然比较粗略。

1949年之后的第一部民间文学史，是北京师范大学中文系1955级学生集体编写的《中国民间文学史（初稿）》（1958

---

[1] 郑振铎：《中国俗文学史》，商务印书馆，2017年，第1页。

年），这部民间文学史正是在批判郑振铎学术思想的基础上展开的，因此，其边界限定也发生了质的变化。此后很长一段时间，民间文学研究处于停滞状态。1978年之后，第一部民间文学史是祁连休等主编的《中华民间文学史》(1999年)。此后相继出现过多部民间文学史著，这些著作各有各的边界限定。[1]

不过，由于这些民间文学史著的水平参差过大，不便比较讨论，本书选择以民间文学诸体裁史著中水平最高的故事史为例展开讨论，讨论文本主要基于刘守华《中国民间故事史》（1999年）、谭达先《中国二千年民间故事史》（2001年）、祁连休《中国古代民间故事类型研究》（2007年）、《中国民间故事史》（2015年）、顾希佳《浙江民间故事史》（2008年）和《中国古代民间故事长编》（2012年）。

一、确定科研工作的课题边界

本书暂且将所有独立完整的科研项目、学术著作、学术论文及其完成过程统称为"课题"。任何课题都要有明确的目标，以及工作开展的范围界限，要尽量地排除干扰项，保证我们的工作是在一个相对封闭的课题边界之内进行。

---

[1] 世纪之交的民间文学史著先后曾有王文宝《中国俗文学发展史》（1997年）、高有鹏《中国民间文学史》（2001年）、李穆南等《中国民间文学史》（2006年）、高有鹏《中国民间文学发展史》（2015年）。此外还有一些地方民间文学史著如段友文《山西民间文学史》（2021年）；少数民族民间文学史如李树江《回族民间文学史纲》（1986年）、杨权《侗族民间文学史》（1992年）、左玉堂《云南民族民间文学史》（2013年）等。

所谓课题边界，指的是科研主体对于课题内容、主题、素材、范畴，以及所使用的理论、方法的限制性规定。一般来说，课题边界包括取材边界和讨论边界两个方面，我们常常说讨论问题要"就事"（取材边界）"论事"（讨论边界），说的就是这个意思。赵世瑜的《对〈本事、故事与叙事——唐传奇《柳毅传》的表演研究〉的简短回应》[1]就是一篇论述讨论边界（批评边界）的文章，而本书主要就取材边界展开讨论。

所谓边界，都具有对内的限定性和对外的排斥性两个方面。制定一条有效的课题边界对于学术研究来说至关重要，而取材边界又在其中起着关键作用，一定程度上规定和制约了讨论边界。取材边界主要指课题的资料搜集过程中，甄别、析取科研素材的原则和方法，是研究主体为特定课题专门设置的、限制性的素材取舍规则。

取材边界太宽，素材过于宽泛，研究者目力达不到的地方太多，讨论就很难深入，只能蜻蜓点水、泛泛而谈；取材边界太窄，能找到的样本数量不足，文本要素的变量太少，就很难展开有意义的学术讨论，只能东拉西扯、生搬硬套。米多煮不熟，米少煮不香，素材的言说空间太大和太小都出不了好成果。如果课题最后还得硬写一段既有新意又有理论高度的"结语"，那真是呕心沥血。

撰写民间文学史，首先要弄清楚什么是民间文学。郑振

---

[1] 赵世瑜：《对〈本事、故事与叙事——唐传奇《柳毅传》的表演研究〉的简短回应》，《民俗研究》2022年第6期。

铎写《中国俗文学史》,是将俗文学当作"正统文学"的相对补集来处理的,所以他说:"因为正统的文学的范围太狭小了,于是'俗文学'的地盘便愈显其大。差不多除诗与散文之外,凡重要的文体,像小说、戏曲、变文、弹词之类,都要归到'俗文学'的范围里去。"后来北平的俗文学爱好者们联合起来,办了个《俗文学》周刊,将边界做了些外扩:"平字号《俗文学》的范围比较广泛些,除了作为骨干的戏剧、小说之外,我们还顾及俗曲、故事、变文、谚语、笑话、宝卷、皮黄和乡土戏等等。"[1]

沿着这个"占地盘"的学术思路,后来王文宝写作《中国俗文学发展史》时,更将俗文学的范围扩大到了几乎无所不包,他用列举的方式,将俗文学分成了六个大类:诗歌类、说唱文学类、戏曲文学类、小说类、故事类、其他类。其中仅故事类,就包括了神话、传说、狭义故事。这其中的狭义故事一项,又包括了寓言、童话、笑话、新故事等类别。[2] 如此庞大的取材范围,即便倾尽王氏毕生之力也难取其半,这从一开始就注定了《中国俗文学发展史》只能是一本泛泛而谈、挂一漏万的平庸之作。

相比之下,美籍华裔学者丁乃通编纂《中国民间故事类型索引》时,边界意识就非常明确。他将课题边界严格限定在狭义民间故事,他在谈到古典文献的利用问题时说:"只要在主

---

[1] 吴晓铃:《朱自清先生和俗文学》,《吴晓铃集》第四卷,河北教育出版社,2006年,第7页。

[2] 王文宝:《中国俗文学发展史》,北京燕山出版社,1997年,"引言"第3页。

要的大图书馆里看一眼那么多架的丛书，野心太大的研究者就会如醍醐灌顶，立刻清醒。我知道自称要包罗万象，结果会不能达到目标，所以用的资料只限于主要的笔记小说、中国散文小说、戏剧和话本。"[1] 因为类型索引本来就是一项共时研究课题，古典文献的部分缺失并不会对课题成果造成大的损伤，适当收缩战线，是为了更好地将主要精力放在1966年之前的中国现代出版物上。

民间文学不仅丰富多样，而且不拘体裁，相互流动，根本不可能一网打尽。学者的时间精力是有限的，故事史的书写只能限定在有限的篇幅之内。我们永远也写不出一部"符合历史真实"的故事史，只能在现有条件下尽量做到自圆其说，不留逻辑漏洞。要做到这一点，一是要制定清晰的课题边界，二是要严格地执行这一边界。边界之内，尽可能竭泽而渔；边界之外，尽可置之不理。

制定一条清晰的课题边界，是为了目的明确地提取材料，中心明确地展开讨论，以保障研究工作的有效进行。否则，每一个问题都可以不断延伸，每一则材料都可以从不同的角度加以分析，研究工作就会漫无边际。

我们可以设想这样一个场景：当我们讨论甲、乙二人的品格差异时，必须严格限定在甲、乙二人之间展开讨论。如果我们以甲有个弟弟甲二具有某种品格，来说明甲在这一方面也应

---

[1] 丁乃通：《中国民间故事类型索引》，郑建威等译，华中师范大学出版社，2008年，导言第10页。

该具有某种品格，那么，我们就可以用同样的方法，把乙的哥哥乙二、姐姐乙三、堂弟乙四、表妹乙五，全都纳入考察范围，接着我们还会发现，乙二、乙三、乙四、乙五之间还有品格差异，到底以谁来作为乙的佐证和辅料，又会成为一个新问题。所以说，"为了避免将一些小事无限放大，我们必须坚持就事论事。要做到就事论事，就一定要忍痛割爱，舍得放弃那些与该事件没有直接关系的各种材料，将那些弱相关的信息排斥在边界之外"[1]。

在比较研究中，课题边界的意义显得尤为重要，因为只有同类才有可比性。

丁乃通编纂《中国民间故事类型索引》的主要目的，就是为了说明中国民间故事与西方民间故事本质上是相通的。丁乃通之前的西方故事学者，普遍对中国故事没多大兴趣，"主要的原因是他们认为中国的故事大体说来属于完全不同的传统"。因为中国是个传说大国，西方学者分不清中国的传说和狭义故事，总是拿中国的传说来跟西方的狭义故事做比照："当西方民俗学者研究所谓的中国童话时，读到的许多故事是讲恶鬼、诱人的狐仙、不守清规的僧道、鸟儿鸣唱前世还是人形时不幸的身世、八仙的奇幻法术、风水先生无误的预言，以及类似的故事，他们怎么会不如此想呢？因为在西方国家的索引中，没

---

[1] 施爱东：《倡立一门新学科：中国现代民俗学的鼓吹、经营与中落》，中国社会科学出版社，2011年，第4页。

有这样的故事。"[1] 于是，丁乃通发愿要编出一本中国的民间故事类型索引，用来跟西方的同类故事进行比较。

既然要做比较研究，就必须基于同类故事，以同样的课题边界来取材，以确保双边素材的逻辑一致性。丁乃通非常清楚这项工作该如何开展，他对"中国民间故事类型"进行了严格限定："像汤普逊和罗伯斯一样，我觉得只有一二个变体的故事不能称作一个类型，因此必须至少要有三个不同的故事异文，才能构成一个中国特有的类型。仅有的例外就是我认为那类型的情节单元（Motif）是其他国家文学中也有的，以及多数是在童谣里找到的程式故事，和还有一些类型是我确知中国一定另有其他变体，但尚未有人记录下来的。"[2]

正是基于课题边界的严格限定，丁乃通才有资格在课题完成的时候，对中西民间故事做出这样的论断："百分之几的中国故事类型可以认为是国际性故事呢？本书列入了843个类型和次类型，仅有268个是中国特有的，就连这些也有少数和西方同类的故事差距并不很大。"[3] 也就是说，丁乃通的研究认为，就狭义故事而言，中西民间故事的相似率至少达到了68.2%。

反观谭达先的故事史，有许多案例都是只在文献中出现过一次的"故事类型"。他往往根据事件的"故事性""传奇性"

---

[1] 丁乃通：《中国民间故事类型索引》，郑建威等译，华中师范大学出版社，2008年，导言第2页。

[2] 丁乃通：《中国民间故事类型索引》，郑建威等译，华中师范大学出版社，2008年，导言第11—12页。

[3] 丁乃通：《中国民间故事类型索引》，郑建威等译，华中师范大学出版社，2008年，导言第15页。

来判定是不是"故事",然后归纳一个主题,加个"型"字。以其唐代故事中的第二则故事《马援》为例,作者以其事"深为史家喜爱"而将之断为"老将出征请帝面试型"。其实这只是传奇名将马援的一则小掌故,根本没有同类民间故事,当然也就没有比较和参照项。这种案例多了,感觉作者的取材标准就是"拾进篮子就是菜"。这样的学术著作,当然也就只能当故事书读一读,谈不上什么学术价值。

二、课题边界的特异性原则

课题边界最重要的原则,就是确认研究对象的特异性,也即考虑研究素材本身"类"的特征是否明显,是否具有区别于其他事物,尤其是相近事物的清晰辨识度。比如,郑振铎、王文宝对于俗文学的界定,其"类"的特征就不够清晰,他们把"非正统文学"作为俗文学的"类"的标准,可是考虑到《诗经》《楚辞》也有民间文学的特征,于是又将二者放在俗文学史的开篇来加以讨论。《诗经》《楚辞》早已被古人奉为经典,将它们视作"非正统文学",显然是"正统文人"不能同意的。

一般来说,民俗学者都是根据民间文学的"四性特征",也即集体性、口头性、传承性、变异性来判断作品是否属于民间文学。但在实际操作中,并不是所有的故事都会自动呈现这些特征,因此就需要我们从有限的文献记载中,借助合情推理,还原一则故事是否符合民间文学的这些特征。

首先是口头性问题。民间文学常常被看作是口头文学的同义语，口头性是民间文学最重要的识别标志，可是，古代文献都是用文字记录的，绝大多数都是文言文，表面上看不出任何口语化特征。所以说，是否具有口头性，不能从是否口语化来判断，只能从作者的前言、自序和故事来源的介绍中，间接地了解作品属于个人创作还是从街谈巷议中听来的。比如《风俗通义》中的这段佚文："俗说天地开辟，未有人民，女娲抟黄土作人，务剧力不暇供，乃引絙于泥中，举以为人。"[1]文中明确提到"俗说"二字，我们正是据此判断为民间文学。

其次是传承性和变异性的问题。《中华民间文学史》的做法是，将内容的传承和变异转化成更为具象的形态学问题："本书主要是从叙事的类型、结构以及是否存在异文的角度来判断一则故事、短语是否属于民间文学作品。"[2]顾希佳将这一方法阐释得更加具体："我们可以在大量的典籍文本中发现某一类型的民间故事曾经被不同的作家反复记录过，因而出现了不少异文，倘若将这些异文放在一起比较，就可以大致看出该类型民间故事的流变轨迹。"[3]

至于集体性问题，因为在具体的甄别工作中无法操作，只能借助传承性和变异性来间接地加以说明。或者说，只要我们认可一则作品具备类型化的特征，且有一定量的异文可以证明其流传与变异，我们就默认其具备集体性特征。

对于故事史来说，在判定一篇作品属于民间文学之后，还

---

1 应劭撰，王利器校注：《风俗通义校注》，中华书局，1981年，第601页。
2 祁连休、程蔷主编：《中华民间文学史》，河北教育出版社，1999年，导言第20页。
3 顾希佳：《浙江民间故事史》，杭州出版社，2008年，第5页。

要判定它是不是一则故事。故事这个概念虽然在不同历史阶段有不同的涵义,但我们只能从现代民俗学的学科视角来考量,这样才有促进当代学术的意义。现代学术的民间故事有广义和狭义之分。广义民间故事涵盖了所有的口头散文叙事,包括神话、传说和狭义故事等,狭义故事主要是指幻想故事和生活故事,有时也包括笑话、寓言等。

在故事史的撰写中,考虑到故事与传说难以区分,祁连休和顾希佳都不约而同地采用了广义的故事概念。祁连休说:"在中国古代民间故事类型中,纯粹的民间故事类型和民间传说类型并不是没有,但数量不很多,而多数的民间故事类型兼有民间故事类型与民间传说类型的特征,实难截然分开。鉴于此种状况,本书在梳理和论析中国古代民间故事类型时,不但涉及兼有故事类型与传说类型特征的类型,而且也涉及传说类型,而不以狭义民间故事来界定中国古代民间故事类型。"[1]

万建中称赞祁连休打通传说与故事的做法"并非完全是由于分辨的困难,而是为了维护民间叙事以及表达这种叙事的连贯性,以免因体裁相异而受阻",同时他还批评传说与故事分类的不确定性给研究工作带来的困扰:"一直以来,为了保持民间故事学的纯粹性,故事研究者们总是要划清民间故事与民间传说之间的边界,将民间传说排斥在故事学之外。在中国民间文学界,建立了具有中国特色的故事学,并没有传说学,或者说传说学没有建立起来,何故?因为很难寻求和实施有别于

---

[1] 祁连休:《中国古代民间故事类型研究》,河北教育出版社,2007年,第16页。

故事学的民间传说研究的理论和方法。故事学剔除民间传说的直接后果，就是民间故事文本的研究正在走向死胡同，即民间故事文本研究成为故事类型的不断复制。"[1] 出于相似的考虑，刘守华也认为以广义的故事概念来建构故事史比较合理："主要理由是对老百姓来说，'讲故事'或'讲经''说古话'等等，本来就是不分神话、传说和故事，三者掺和在一起的；民间文艺学兴起之后，学人虽然把它们区分开来，创立了神话学、传说学和故事学，实际上它们还是紧密牵连在一起，三者界限难以截然区分。"[2]

民间文学没有固定文本，同一类型的故事，往往互为"异文"。接下来的问题是，异文如何识别？比如说，某部古籍记载了一起神异事件，或者记载了某一事件的隐约雏形，我们凭什么断定它是某一故事类型的源流呢？如果只是以它在古籍中反复出现就算，那么，大量的历史掌故、宗教文学都曾在不同的典籍中被反复转录，我们当然不能将这些转录文本断为故事异文。

具体操作中，故事史家往往是借助这些神异事件与当代故事类型的"关联性"来确定其是否可以断为故事异文。祁连休说："中国古代民间故事类型，两三千年间经历了逐渐形成、发展乃至变为历史陈迹的过程。其中除一小部分民间故事类型在现当代流传不广，甚至已不复流传，成为存留于古籍文献中

---

[1] 万建中：《体系的建构与理念的践行——读祁连休先生的〈中国民间故事史〉》，《西北民族研究》2016年第1期。
[2] 刘守华：《序》，顾希佳《浙江民间故事史》，杭州出版社，2008年，序第2页。

的书面形态的民间故事类型外,大部分民间故事类型仍在现当代广为流布。"[1]顾希佳的故事史研究也是借助了类似的判断,他说:"许多民间故事至今还活在人们的口耳之间,我们对这一类故事的'资格'自然是不必怀疑的。如果将那些相关的典籍文本与当代记录文本放在一起作比照,典籍文本中那些民间故事的'资格'岂不是也可以被确认或被否认了吗?"[2]

古代文献多不重视道听途说的"小说家言",许多时候只是片言只语偶尔提及,要将之判断为某类故事之源流,需要将之与后代的同类文献进行比照、勾连,才能拼出一个相对完整的故事轮廓。以刘三姐传说为例,南宋王象之《舆地纪胜》曾经提到广东阳春有三妹山:"刘三妹,春州人,坐于岩石之上,因名。"[3]这样短短的一句话,完全看不出任何故事特征。直到清代的《蕉轩随录》,才有了部分故事信息:"广东阳春县北八十里思良都铜石岩东之半峰,相传为李唐时刘三仙女祖父坟,今尚存,春夏不生草。刘三仙女者,刘三妹也。《寰宇记》《舆地纪胜》均载阳春有三妹山,以三妹坐岩上得名,今不知何在。"[4]但是这则记载依然没有完整的故事情节。我们只有将这些信息与《粤风续九》和《广东新语》等著联系起来,互相阐释,互为异文,才能对这则著名的刘三姐传说做出"早在南

---

[1] 祁连休:《中国古代民间故事类型研究》,河北教育出版社,2007年,第11—12页。
[2] 顾希佳:《浙江民间故事史》,杭州出版社,2008年,第5页。
[3] 王象之:《舆地纪胜》卷九十八"广南东路南恩州",赵一生点校,浙江古籍出版社,2013年,第2377页。
[4] 方濬师:《蕉轩随录》卷九,盛冬铃点校,中华书局,1995年,第356页。

宋时期就已流传"的判断。[1]

三、课题边界的排他性原则

课题边界应该具有排他性，既可以确定"什么是"，也可以确定"什么不是"。这是一种理想化的边界，一旦落实在具体课题上，就会遇到许多复杂的情况。比如丁乃通就说："我觉得扫除中国神话不难，但是区别中国的传说与故事却需要十分小心。在任何一门学问里，分类工作都不能绝对没有错误，甚至精密的自然科学分类也是如此。民间讲述里，变体不是例外而是经常的现象，我们对民间讲述的了解又是有那么多的不足，要求分类完美无瑕，在现阶段简直没有可能。何况中国的传说在数量上，远远超过民间故事，许多中国民间故事又是从传说，尤其是地方传说演变出来的。"[2]

狭义的民间故事往往用通称的人物和地点，不具体指实为某时某地某人的行为；而传说则往往将故事落实到具体的时间、地点和人物身上。如果将这种分类方法应用于古代文献，就会造成很大的混乱，刘守华对此深有体会："中国的史官文化极为发达，叙说历史人物、历史事件的口头与书面传说也十分繁盛。原来本无明确时空背景和固定人名的虚构性故事，在口头传承或书面记述时，往往被煞有其事地加上具体的时间、

---

[1] 参见施爱东：《发现刘三妹：乡绅曾光国的文化交游圈》，《民族艺术》2022年第3期。
[2] 丁乃通：《中国民间故事类型索引》，郑建威等译，华中师范大学出版社，2008年，导言第6页。

地点和人名,如果被这些外在的标志所迷惑,似乎中国古代就只有传说而无故事。"[1]以晋代陶潜《搜神后记》中的《白水素女》为例,这是典型的"田螺姑娘"类型的幻想故事,但是《白水素女》开篇就说这是晋安帝时期发生在福州人谢端身上的故事,结尾还说当时当地仍存有一座纪念螺女的素女祠。那么,对于这些既可以是传说,又可以是狭义故事的作品,该当如何处理呢?

可左可右、可是可非的事物,具体判归左还是右,是或者非,往往依据研究者所掌握素材的充裕程度、所设定的成果容量而定。如果研究者的时间比较紧张,或者设定的成果容量较小,而素材又比较充足,又或者是成果偏于理论性而非资料性,那么,他对资料素材的纯粹度要求就会更高一些,取材眼光也会变得更挑剔;相反,如果研究者的时间比较充裕,或者设定的成果体系比较庞大,而素材又相对缺乏,又或者是成果偏于资料性而非理论性,那么,他就会降低资料素材的纯粹度要求,取材眼光也会变得更宽松。

比较谭达先、刘守华、祁连休、顾希佳四人的故事史著就会发现,取材的松紧标准,与他们的写作时长、成果容量,以及理论性的强弱密切相关,我们据以列为表3。

---

1 刘守华:《中国民间故事史》,湖北教育出版社,1999年,第14页。

表 3　不同故事史著对狭义故事的纯粹度要求

作者	著作	写作时长	成果容量	理论性	课题边界	纯粹度
谭达先	中国二千年民间故事史	1 年	40 万字	弱	生活故事	最高
刘守华	中国民间故事史	6 年	67 万字	较强	狭义故事	较高
祁连休	中国古代民间故事类型研究	5 年	98 万字	弱	狭义故事加传说	弱
祁连休	中国民间故事史	10 年	102 万字	中等	狭义故事加传说	弱
顾希佳	中国古代民间故事长编	25 年	348 万字	弱	狭义故事加传说	弱

顾希佳的写作时间最长，收录的范围也最宽，既然分不开传说和狭义故事，他就干脆把两者全都收录了。而谭达先的写作时间最短，设定的取材范围也最窄，因此只收录狭义故事中的生活故事部分。

一般来说，学者们为了加大素材集合的容量，往往采取外迁式边界，以扩展取材范围；而为了节约时间精力，则往往采取内迁式边界，以收缩取材范围。边界外迁还是内迁，主要取决于课题容量和讨论主题的需要。

（一）外迁式边界：两可从是

我们以刘守华的故事史研究为例。他因为赶着"中华社科基金"的课题结项，设定的成果是一部专著，所以他选择了以狭义故事来建构其故事史。如果以纯粹狭义故事的眼光来取材，就必须考虑排他性，"力求避免对象的混淆"，可是，故事同传说的界限是很难分开的，纯粹的狭义故事素材根本不足以撑起一部故事史著。那怎么办呢？刘守华说："不仅故事可以转化成传说，一些地道的民间传说，也可以在口头传承中脱离具体的背景、人物，趋于泛化，转变成故事。作品体裁的划分常有交叉情况，所以对上述两种作品，可作为'两栖'类处理。即不论是传说转化为故事，还是故事转化为传说，都容许人们把它既作为故事，也作为传说来看待。"[1] 刘守华的意思是，所有介于传说与狭义故事之间的"两可"类故事，我们都可以悬置其传说特征，一律判为狭义故事，也即"两可从是"。

但是，接下来又出现另一个问题。正如刘守华在解释传说与狭义故事的区别时说："（狭义故事）指神话、传说以外的那部分口头叙事散文故事。"[2] 也就是说，我们在区分狭义故事与传说的时候，往往是以"非传说"来判断"是狭义故事"的。可是现在把"非传说"的界碑给抽掉了，那又如何判断一则故事"是狭义故事"呢？

比如《酉阳杂俎》中的《宁王》。故事讲述宁王李宪在鄠县打猎时，发现草丛中有个柜子，柜中锁着一位美少女，就把美少女带走，又把刚刚猎获的熊锁进柜中。两个贼僧不知柜中美人已经换成了熊，将柜子抬至一家食店，声称夜里要做法事。第二天店主打开门，只见一头熊冲了出去，两个贼僧已被咬死。这则故事时间、地点、人物俱全，故事也没有什么特别神异之处，完全可以视作一则纪实传闻，但是刘守华却果断

---

[1] 刘守华：《中国民间故事史》，湖北教育出版社，1999年，第14页。
[2] 刘守华：《刘守华故事学文集》第七卷，华中师范大学出版社，2022年，第14页。

地将它断为狭义故事，理由是："丁乃通的《中国民间故事类型索引》将它列入896型'好色的"圣人"和箱子里的女郎'，收录异文7篇。它在藏族民间故事里格外流行，如田海燕采录的《箱中黑熊》，肖崇素采录的《骗亲的货郎》，蒋亚雄采录的《沙坑里的"新娘"》。庄学本于20世纪40年代采录的《康藏民间故事》中也有这个故事。"[1] 也就是说，刘守华是根据既有的故事类型来判断《宁王》是"好色的'圣人'和箱子里的女郎型故事"的一则异文。

所谓故事类型，也即基本情节相对固定的某一类故事的模型。欧美故事学者早在19世纪就已经开始尝试对民间故事进行归纳分类，阿尔奈（Antti Aarne）1910年出版的《故事类型索引》将所有的狭义故事分成三大部分，即动物故事、普通民间故事、笑话。[2] 他在解释自己的工作目标时说："一个共同的故事分类系统应该尽可能适合于不同国家的需要，……它的意义主要在实践上。假如出版得这样多的民间故事集全都根据同一分类系统加以排列，那将给故事搜集者们的工作带来多大的便利啊！那样的话，学者将能够灵活机动地在任何故事集中录取他所需的资料，而现在如果他希望亲身习知这些内容，就不得不去查遍全部文献。"[3] 阿尔奈的意思是说，如果有了这样一个分类系统，其他学者就可以根据这个系统来对照自己手上的

1　刘守华：《中国民间故事史》，湖北教育出版社，1999年，第201页。
2　刘魁立：《刘魁立民俗学论集》，上海文艺出版社，1998年，第359页。
3　[美]斯蒂·汤普森：《世界民间故事分类学》，郑海等译，上海文艺出版社，1991年，第500页。

文献，很便利地找到所需要的故事资料。

刘守华很大程度上就是借用阿尔奈－汤普森的"AT分类"系统，对中国古典文献中的故事素材进行狭义故事的认证。也就是说，只要这个故事可以在"AT分类"系统中能找到它的原型，管它是不是传说，优先判为狭义故事。当然，操作这一方法的前提是，研究者自己必须对"AT分类"系统非常熟悉。

（二）内迁式边界：列项排除

所有的课题边界都是研究者人为制定的，目的是为了排除干扰项，方便就事论事地展开学术讨论，以免对象性质各异，话题弥漫无边。可是，客观事物本来并没有这样的边界，也不会照着学者制定的边界来生长，因此，在类别的边缘地带，总是有许多难以归类的混沌区。这时，就需要仰仗研究者个人的主观判断，对事物进行更加具体、细致的列项排除。

丁乃通在解释《中国民间故事类型索引》的类型边界时，就用逐项列举的方式，排除了一批"显然是传说"的故事：

1. 最初由迷信而生的故事，例如狐仙、鬼、龙、风水、占卜的故事。

2. 集中于历史人物的故事，不论是否真实历史人物。

3. 宗教宣传故事，例如轮回、报应、违背教规、神仙考验的故事。

4. 解释事物起源，说明本地风物来源的故事。

5. 解释动物行为的原因、解释行业习俗的故事。

6. 只有一个情节单元的神异故事。

7.语言类故事,如方言故事、诗词故事、趣联故事等。[1]

丁乃通和刘守华都研究狭义故事,但他们设定的课题边界却有很大差别,尤其在宗教类故事的取舍问题上。刘守华的故事史研究,列有专章讨论"佛教传播与中国民间故事"和"道教信仰与中国民间故事",后来还将这两个部分敷演成了两部专门著作。可是丁乃通却说:"我不收宗教文学,因为道教和佛教文学的长处是在传说,而传说不在我研究的范围内。即使不包括这么多的宗教作品,若要搜索查阅其他该看的书已不是一人所能胜任的了。"[2]顾希佳的《中国古代民间故事长编》是故事传说兼收的,但他也列出了自己的内迁边界:"要说明的是,《长编》只辑录用文言文写作的古代文本,对于用古代白话写作的小说文本,以及戏曲、曲艺、歌谣长诗等体裁的作品,则一概未收,或是只提到相关的篇名,而不辑录文本。一则是因为篇幅的限制,二则也考虑到通俗小说和戏曲一类作品的改编再创作程度往往较大,离民众口头讲述原貌可能更远些,所以没有收入。"[3]

综上可见,在具体的研究工作中,课题边界是相对设置的,可以根据研究者的个人判断进行宽窄调整,但是,无论宽还是窄,都应该对取材的范围界限做出合乎逻辑的说明,同时在研究工作中坚持执行标准的同一性,不能忽宽忽窄,忽紧忽

---

[1] 参见丁乃通:《中国民间故事类型索引》,郑建威等译,华中师范大学出版社,2008年,导言第6—7页。

[2] 丁乃通:《中国民间故事类型索引》,郑建威等译,华中师范大学出版社,2008年,导言第10页。

[3] 顾希佳:《中国古代民间故事类型》,浙江大学出版社,2014年,导论第10页。

松,如有特例,也应该加以说明。总之,课题边界的设定是可以调整的,但是对于排他性的执行必须是严格的。如此才能满足"自设条件下的逻辑一致性"。

四、课题边界的可操作性原则

课题边界必须有可操作性,我们可以分别从客体侧与主体侧两方面来说明。

(一)客体侧操作边界

从客体侧来说,我们一定要考虑到原始文献和素材本身的局限,不能一味按照我们的学术理想来制定课题边界。比如北京师范大学中文系学生编写的《中国民间文学史(初稿)》是这样限定其课题边界的:"我们说'民间文学'就是指劳动人民在生产斗争和阶级斗争的过程中所创造的口头文学。民间文学是劳动人民自己的制作,它直接表现劳动人民的思想感情、要求和愿望,在奴隶制社会里,民间文学主要是指奴隶的创作;在封建社会里民间文学主要是指农民和手工业者的创作。"[1] 这是典型的理想化课题边界,可是,我们到哪去找"奴隶的创作"呢?又如何去判定一则作品是"农民和手工业者的创作"呢?这样的限定显然是无法进入实际操作的,最后,也

---

[1] 北京师范大学中文系55级学生集体编写:《中国民间文学史(初稿)》上册,人民文学出版社,1958年,第9—10页。

只能借助课题组成员对于具体作品的主观判断，也即是否"直接表现劳动人民的思想、感情、要求和愿望"[1]来判断一则作品是否属于民间文学。也就是说，任何理想化的课题边界，最后都得落实为可以具体实施的操作边界。

中国古典文献浩瀚无边，就算对于民间故事的边界有了明确限定，如果没有操作边界，故事史研究的工作量也是大大超出个体能力的，正如顾希佳所说："古代民间故事的材料却不仅仅保存在古代作家的文学作品里，除此之外，在古代作家的哲学、史学、宗教学、科学、医学等门类的著作里，同样也有着生动的反映，分布极其广泛，因而给寻觅、识别和钩沉的工作增加了许多工作量，自然也带来了更多的困难。"[2]

课题边界是一种理想的学术边界，操作边界则是具体研究进程中的应用边界。当操作边界等于课题边界的时候，也即我们常说的"竭泽而渔"，意味着我们必须将课题边界内的所有样本一网打尽。这种操作方法是理想型的，实际上很难实施。一般情况下，操作边界会小于课题边界，也即在实际操作中，我们会在既定的课题边界之内，对素材取样进行二次限定。

顾希佳在提及《浙江民间故事史》的资料来源时，除了一般的传统文献之外，还常常用到其他许多媒介资料，比如他说："碑刻、民间抄本、谱牒，乃至于历史上遗存下来的许

---

1 北京师范大学中文系55级学生集体编写：《中国民间文学史（初稿）》上册，人民文学出版社，1958年，第10页。
2 顾希佳：《浙江民间故事史》，杭州出版社，2008年，第6页。

多造型艺术，也都有助于我们进行民间故事史的研究。"[1]可是，无论刘守华、祁连休还是谭达先，都没有提到使用碑刻、民间抄本、谱牒的问题。难道是他们不知道碑刻、抄本、谱牒中也蕴藏着大量的故事资源吗？当然不是。

顾希佳针对的是浙江一省的故事史研究，地域边界相对较小，因此他可以将操作边界划得略宽一些，虽然增加了许多工作量，但还在他的时间、精力、资源所允许的范围之内。而刘守华、祁连休、谭达先都是以中国作为地域边界的，其工作量理论上得是顾希佳的三十倍，他们如果照着顾希佳的操作边界，要在全国范围内网尽所有故事素材，显然是不现实的。

（二）主体侧操作边界

从主体侧来说，任何学术主体都有其自身的能力局限。丁乃通就曾解释说："关于中国古典文学方面，我也不过是适可而止，做到差不多就算了。我集中精力翻阅的是那些新近有重印本，容易找到的文集，以及对民间有影响，为民间熟知的文人名著。进一步在大海里捞，可能会捞到更多的针，但是时间和物力的限制，不允许我这样做。民间故事研究的主要范围是口头传统，一般刊载口述故事的中国现代书籍、期刊，甚至报纸，我都竭尽可能彻底搜集，在美国和欧洲藏有大量中国书籍的主要图书馆，我差不多都去过，并且蒙他们许可查阅他们的

---

[1] 顾希佳：《浙江民间故事史》，杭州出版社，2008年，第6页。

藏书。"[1]

主体的能力局限主要表现在四个方面：时间是否允许、所依仗的资料库是否允许、科研资金是否允许、理论积累是否允许。

同是做故事史的研究，刘守华、祁连休、顾希佳的条件就比谭达先好得多。谭达先1990年代从澳大利亚回国之后，长期居住在深圳，处于退休闲居的状态，没有可以倚靠的大学图书馆，也不像现在的学者可以依赖电子数据库，更没有政府资助的科研资金，全凭对于学术研究的无限热爱和执着，靠着儿女从澳大利亚寄回的赡养费和一点微薄的积蓄支撑着他的研究用度，甚至连出版经费都要自筹解决。如此艰苦的条件决定了谭达先不可能建构一部宏大的故事史，因此，他将《中国二千年民间故事史》定位为"生活故事史"，从内容和形式两方面对其范围界限做了一番限定："本书研究的民间故事，是狭义的，即限定在生活故事的范围为主，也可称之为世俗故事。它的主要特征，是在内容方面基本上是与现实生活有较多的直接的联系，即使有时采取历史人物或动植物乃至幻想性的神鬼等为角色，也是如此。在艺术方面则基本上采取写实主义的创作方法，即有时间或采取某些幻想性的情节或细节，亦复如此。"[2]

尽管谭达先极力收缩其课题边界，"中国故事史"这一选题仍然大大超出了他的学术条件和学术能力所能承受。我们只要看看全书的篇幅比例就很容易明白这一点，全书正文共收录

---

[1] 丁乃通：《中国民间故事类型索引》，郑建威等译，华中师范大学出版社，2008年，导言第11页。
[2] 谭达先：《中国二千年民间故事史》，甘肃人民出版社，2001年，第4—5页。

上至春秋战国，下至清末民初的故事425则，共450页，其中，先秦两汉收录75则故事占96页，可是，明代才收录30则故事占33页，清代也只收录40则故事占45页。为什么会出现这种时间越往后，文献资源越丰富，入选故事反而越少的倒挂现象？原因就在于谭达先的学术条件太差，不仅没有可以倚仗的大图书馆，而且70岁才开始正式启动该课题，只用一年时间完成初稿写作，时间精力的投入明显不足。先秦两汉的传世文献有限，家庭书架就能收齐相关书籍，可供作者细细梳理；而明、清两代，仅笔记小说一项就汗牛充栋，个体藏书远远满足不了写作需求。一个单打独斗的穷书生，偶尔去一趟图书馆，能查到资料也只是九牛一毛。手上只有几把青菜，却偏要做一桌满汉全席，谭达先从动念开始就已经注定了这只能是一项失败的课题。

学者从事学术研究，设计课题的时候，一定要考虑自身条件和能力，既要回避短板，也要充分利用既有的优势资源。我自己也曾在《中国龙的发明》初版后记中提到，我到东京大学访问研究的时候，最初提交的合作题目是故事学方面的，"到了东大之后，发现这方面的材料不足，但是，中国近现代史方面的资料他们搜罗得非常齐全，有关中国的西文资料也很丰富，我顺势将合作课题改成了'16—20世纪的龙与中国形象'"[1]。试想，如果我没有依据现实条件顺势调整选题，硬要坚

---

[1] 施爱东：《中国龙的发明：16—20世纪的龙政治与中国形象》，生活·读书·新知三联书店，2014年，第290页。

持原定的故事学研究，结局只会是一项烂尾工程。

五、如何设定操作边界

我们假定存在一个理想的"素材集合"，包含了这个世界上符合我们要求的全部素材，集合边界就是我们的课题边界。那么，当集合中的素材量趋于无穷大的时候，有没有一种事半功倍的方法，也即我们常说的窥一斑而见全豹的方法，通过对有限的、确定性素材的讨论就能够基本达到对于集合全体的认识呢？

从科学哲学的角度来说，这种方法是存在的，也即统计学上常用的"抽样方法"。所谓抽样，也即从所有的研究素材中抽取一部分代表性研究素材的方法。学术抽样的基本要求是，必须保证所抽取的研究素材在该集合内部具有充分的代表性。在科学研究中，抽样方法是一种经济、俭省、有效的研究方法。抽样方法也分很多种，针对不同的选题、不同的素材，可以采取不同的抽样方法。

（一）随机抽样法

所谓随机抽样法，也即从素材集合中随机抽选若干研究素材的方法。在人文科学研究中，最简单、最省事，效果也最差的抽样方法就是随机抽样。学者们一般根据手头资料，或者就近的资料库，不拘一格，不设目标，找到多少算多少，根据已有的素材直接展开讨论。随机抽样法往往用于学术小品的写作，作者对于成果的科学性和可信度不做太高要求，作品以阐明事理、通俗易懂为目标。

在人文科学研究中，随机抽样使用得非常普遍。但在严肃的学术研究中，一般不提倡使用随机抽样。在本书讨论的诸对象中，谭达先的故事史就是随机抽样的典型。据他自己介绍，书中的生活故事是他数十年断断续续搜集记录的，只是在此书即将完工的 1995 年 8 月，曾在香港大学冯平山图书馆补充了部分资料。[1] 相比丁乃通的工作，谭达先的工作实在是太草率了，这大概跟他的坎坷经历有一定关系，他曾经饱受学界同事的轻侮，乃发奋著书，过于追求著作数量，难免在严肃度上降低了自己的要求。

（二）典型抽样法

所谓典型抽样法，又称重点抽样法，是指从素材集合中选取少量有代表性的典型样本，通过对典型样本的研究，将结论推广到对于素材集合的整体判断。典型抽样的前提是，研究主体对于素材集合的典型性、代表性有一个先入为主的基本判断，否则他就无法决定到底应该选取哪些样本，所以说，典型抽样的主观性比较强，从一开始就带有较强的倾向性，比较适用于观点先行、结论先行的针对性、对策性研究。

北京师范大学中文 1955 级学生的《中国民间文学史（初稿）》就是采取了重点抽样的方式。由于他们将民间文学限定

---

[1] 谭达先：《中国二千年民间故事史》，甘肃人民出版社，2001 年，自序第 4 页。

为"劳动人民在生产斗争和阶级斗争的过程中所创造的口头文学",这一方面的材料在古代文献中不容易识别,也不容易断代,于是,他们想到了一个具有一定可操作性的重点抽样方案:"反映农民起义的民间文学是最值得我们珍惜的文化遗产。由于历代统治阶级的摧残,这些材料保留得不多,但是,我们还是尽力发掘这方面的珍贵宝藏。把现在所能搜集到的反映农民起义的民间文学作品都组织到民间文学史里去。……我们应当想尽办法继续发掘材料,建立以反映我国农民革命斗争为中心的中国民间文学史体系。"[1]

(三)整群抽样法

所谓整群抽样法,指的是局部性竭泽而渔的抽样方法。整群抽样的前提是,假定集合内部各素材的性质差别不大(比如都是幻想故事),可以用局部研究来代表整体研究。由于素材集合过于庞大,我们可以按某种规则将素材集合分成若干个子集,将其中的一个或若干子集作为整个素材集合的代表来看待,网罗该子集内的全部素材,对这些素材加以研究,然后将结论推广到对于素材集合的整体判断。

整群抽样与典型抽样最大的区别,在于集合内各子集的性质基本均等,而且一旦选择一个子集,就必须将该子集的全部样本纳入研究范围,不能因为其中个别样本不符合我们的研究

---

[1] 北京师范大学中文系55级学生集体编写:《中国民间文学史(初稿)》上册,人民文学出版社,1958年,第407页。

预设就将其剔出边界之外。比如,一旦我们选择用干宝的《搜神记》来讨论东晋的异类婚恋故事,就得把《搜神记》中所有人神、人鬼、人妖的异类婚恋故事都找出来,进行通盘分析,不能随便剔出那些不符合我们研究预设的故事。

我们以上一章分析过的刘魁立的《民间叙事的生命树》为例。刘魁立试图借助狗耕田故事探讨民间故事的形态,可是,各地搜集出版的狗耕田异文多得不可胜数,如何才能利用有限的样本展开有效的研究,得出可信的结论呢?刘魁立说:"为了要解决民间故事分类的实际问题,即要把现有的浩如烟海的民间故事文本材料按某种标志加以清理和归纳,我就不能不根据这一工作任务的需要,使自己的出发点和工作准则简单化和封闭化,选定一个单一而具体的标准。"[1] 在这里,刘魁立所谓"选定一个单一而具体的标准",其实就是制定一条切实可行的操作边界。

刘魁立采取了以地域为限的操作边界,他将素材来源限定为:"仅仅考察这一类型在一个具体省区(浙江)里的所有流传文本的形态结构。"[2] 这就是典型的整群抽样法:假设全中国的狗耕田故事是一个素材集合,各省的狗耕田故事是性质相近的子集,那么,刘魁立对浙江省"所有流传文本的形态结构"的考察,就是对浙江子集的整群抽样。选择对浙江省而不是对云南省、黑龙江省进行整群抽样,还有一个考虑是,刘魁立试

---

[1] 刘魁立:《〈民间叙事的生命树〉及有关学术通信》,《民俗研究》2001 年第 2 期。
[2] 刘魁立:《〈民间叙事的生命树〉及有关学术通信》,《民俗研究》2001 年第 2 期。

图将异文背景限定在相对同质的汉文化区域内，尽可能使讨论变得单纯，尽量不受到族群文化差异的干扰。

（四）类型抽样法

所谓类型抽样，也被称作分层抽样，就是按照不同的属性特征将素材集合分成若干类型或层级，然后在每一个类型或层级中抽取一定素材样本的方法。类型抽样适用于总体情况比较复杂的集合。我们按不同类型将素材集合分成若干子集，然后按照一定比例，分别从各类型（或层级）中独立抽取一定数量的样本，得到一个代表性的样本集合。比如说，我们要在全校做一项教学调查，针对不同的人群，我们可以将全校师生分成教学一线教师、教学行政人员、高中部学生、初中部学生等，然后分头从中抽取样本。类型抽样的代表性比较好，不会遗漏关键类型的样本，是严肃的科学研究中比较常用的一种方法。

刘守华的《中国民间故事史》就采取了类型抽样法选取故事素材，他说："本书主要从三个系列的古籍中来选取故事资料，这三个系列古籍就是历代文人撰写的小说故事类笔记（简称笔记小说），道教的经典总集《道藏》，佛教的经典总集《大藏经》。古代笔记小说的作者大都持儒家立场，有些兼有佛、道思想。中国思想文化运行的轨迹先是儒佛道三教鼎立，宋以后逐步走向三教合流。上述三类古籍不仅是中国传统思想文化，也是民间故事的宝藏。"[1]也就是说，刘守华将传世文献中

---

[1] 刘守华：《中国民间故事史》，湖北教育出版社，1999年，第13页。

故事含量最多的古籍文献，分成了儒、释、道三个文化类别，分头从三个类别中各抽取了故事含量最丰富、最具代表性的三类文献，以这三类文献作为古代民间故事的取样来源。

祁连休的边界意识就比刘守华淡一些，他将主要目标放在历代文言小说："涉及中国古代民间故事类型的古籍文献，首先值得关注的是录写民间故事最多的历代文言小说，包括志怪小说、逸事小说、传奇小说、笔记小说等。绝大多数与中国古代民间故事类型有关的作品，都出自历代的文言小说，其中有三分之二以上的中国古代民间故事类型，首先见于各种文言小说。"[1] 同时他又认为："除了文言小说外，与中国古代民间故事类型有关的古代典籍文献尚有诸子经籍、史书、文集、地理著作、地方志、宗教典籍以及变文、通俗小说、写卷等等。其中也保存了相当多的民间故事资料，在进行中国古代民间故事类型研究时，它们都各有其特殊的价值和作用，绝不可以忽视。"[2]

祁连休对于文言小说的取材，基本做到了目力所及，应收尽收，但是对于其他类别的古代文献，他只是认为"绝不可以忽视"，并没有制定严格的操作边界，也没有提出明确的取材目标。丁乃通在课题的操作过程中，也放弃了很多古代文献，但他对于放弃的原因，都做了细致的说明。比如他在陈述其对于俗曲唱本资料的使用情况时，甚至解释了他未能读遍哈佛燕京图书馆相应藏书的原因："在中国搜集俗曲唱本最多的是刘

---

[1] 祁连休：《中国古代民间故事类型研究》，河北教育出版社，2007年，第8—9页。
[2] 祁连休：《中国古代民间故事类型研究》，河北教育出版社，2007年，第9页。

半农。他的收藏现在台北'中央'研究院,已制成缩微胶卷。但在哈佛燕京图书馆的拷贝,质量太差,使我的眼睛发痛,结果我只读了一些从书名看来有可能是民间故事的本子。"[1]这就等于提示了后来的学者:俗曲唱本故事是本书的薄弱环节,如果你们还想进一步推进这项研究,可以考虑从这方面着手。

最后,呼应本章开头再做一点说明。操作边界只是服务于取材边界的操作方案,是素材搜集过程中的过渡性设置,本身不具有学术自足性。操作边界所得之素材,是用来代表整个素材集合的,因此,课题后期的学术讨论也应该着眼于整个课题边界,而不能局限于操作边界。比如刘魁立关于故事生命树的研究,虽说"仅仅考察这一类型在一个具体省区(浙江)里的所有流传文本的形态结构",但他所讨论的问题,却并不是针对浙江,甚至也不是针对狗耕田故事,而是对于整个狭义故事情节类型的结构分析。

---

[1] 丁乃通:《中国民间故事类型索引》,郑建威等译,华中师范大学出版社,2008年,导言第11页。

学术写作的故事学

民俗生活中一些隐含的规律，往往只在某些特定条件下才会有所显现，露出一些端倪，表现为"事件"。事件民俗学倡导通过具体事件中的"异常现象"进入民俗研究。

　　关注生活中的民俗事件，留心异常现象，是发现问题、寻求学术突破的重要策略。一个合格的民俗学者，除了敏锐的问题意识，还必须具备两项特殊的民俗学技能：一是人情练达的民俗感悟力，二是学术侦探般的勘案能力。学术研究就是一个不断捕捉事件、提出问题、解决问题的过程。

　　道光二十七年，兵部尚书何汝霖丁母忧，回到老家江宁。期间大嫂去世，何汝霖竟不敢前往吊唁，因为那里聚集着一批准备找他哭诉，要求解决各种困难的女眷。回乡的头两个月，求助者坌集何府，"各处帮项已付三四十处，约二百余，而来者仍众，奈何奈何。又知朱、况二生窘而未启齿，赠以十五金"[1]。这些求助者中，有的是仗着亲戚关系，理直气壮地索要钱财；有的是仗着乡邻关系或旧日情谊，厚颜哀求，欲壑难填；还有人热心为别人做捐客，慷他人之慨，专替朋友说项

---

[1] 张剑：《华裘之蚤：晚清高官的日常烦恼》，中华书局，2020年，第17页。

求助；甚至许多毫无瓜葛和交情的人也会来信告帮。何汝霖疲于应付，身心疲惫。更令他揪心的是，丁忧期间江宁水灾，两江总督李星沅前来与之商议捐赈之事，何汝霖由于帮衬多，花销太大，手头已不宽裕，正在为捐一千两还是二千两银子而踌躇，李星沅却明确要求他"捐二竿，方与现在地位相称"，令他苦不堪言。

这是张剑在《华裘之蚤：晚清高官的日常烦恼》中为我们讲述的故事，故事完全出自何汝霖的丁忧日记，"真实地展现出一位达官显贵的乡居生活"。故事讲完之后，张剑提出一个问题："欧阳修晚年退居于安徽颍州，苏洵的儿子苏辙晚年也退居于河南许州，他们为什么不回到各自的故乡居住？"张剑认为，恰恰是"敬宗收族"的观念束缚着他们："宋代官员一旦入仕，照顾族人似乎成为一种义务，有的甚至为之入不敷出，负担过重，故不得不有所逃避。清代于此，似过之而无不及。常见达官显宦，因食指浩繁，而负债累累者。对于他们，家乡既是乐土的象征，又是烦恼的渊薮；既是心灵中永远避风的港湾，又是现实中急欲挣脱的梦魇。"[1]

那么，在非宗族社会又是怎样一种情形呢？张剑又给我们讲了一个溥仪宫中总管内务府大臣绍英的故事。绍英的年收入高达二万多元，他行事慎廉，力求节俭，可晚年却一再向银行借款，那么，绍英的钱都去哪了？张剑通过对其日记的细致梳理，发现其最大开支在于"为维持自身社会身份所必需的

---

[1] 张剑：《华裘之蚤：晚清高官的日常烦恼》，中华书局，2020年，第57页。

排场而花的费用"。绍英平时进宫办事,都要给具体办事的太监、苏拉等不菲的小费,其他如抬夫、厨茶役之类,都得给赏钱,此外还有各种诸如车马费、置装费、医药费、保险费、宴请费、捐赠费、入股投资、婚丧嫁娶等花销,一遇年节,更是花费无度。张剑总结说:"中国基于长期农耕社会和儒家伦理思想形成的礼仪与风俗,是极端重视人际交往的等级性、长期性和连续性,不如此就无法保持人情社会的基本稳定。一般而言,在上位者必须使自己的恩情时常大于在下位者,才能让在下位者觉得永远还不清、还不起,从而心甘情愿地维持彼此尊卑关系。"[1]

这两则故事令我想起另外两则故事。一是我的同乡、前赣州市政协主席赖联明的故事,据说赖联明每次回乡过年,家里都门庭若市,四邻八舍都会来领压岁钱,嫌少的乡亲还会赖在家里不走,甚至有一位乡亲因借钱未果,居然扛着锄头坐到他家,暗示借不到钱就去挖他祖坟。赖联明每向人讲起这些事,就会感叹:"好像我前世欠了一村人的债。"另一则故事完全相反,阎云翔在《礼物的流动》中说,在黑龙江的下岬村,地位和声望的象征是收礼而不是送礼:"礼物甚至仅仅沿着社会地位等级序列向上流动,而受礼者在地位上总是优越于送礼者。进一步的分析揭示出,许多社会-文化机制支撑着这种单向馈赠并再生产着现行社会等级秩序。"[2]

---

[1] 张剑:《华裳之蛊:晚清高官的日常烦恼》,中华书局,2020年,第164页。
[2] 阎云翔:《礼物的流动:一个中国村庄中的互惠原则与社会网络》,李放春、刘瑜译,上海人民出版社,2000年,第21页。

那么，礼物到底是向上还是向下流动？或者说，哪种关系模式的礼物是向上流动？哪种关系模式的礼物是向下流动？对这些貌似异常的事件，一定都能找到正常的解释。而这，正是引导我们思考、调研的绝佳入口。作为一个民俗学者，阅读《华裘之蚤》的心情是愉快的，但也是失落的。这些日常生活中的民俗现象，不是被声称"最接地气"的民俗学者从生活实践中挖掘出来，而是被一位古典文学研究者从古人的日记中揭示出来。

《礼物的流动》我曾在课堂上给学生讲过多次，但当我听到赖联明的故事时，却只是当作谈资一笑而过，从来没有把它当成一个需要民俗学者去解析的"事件"，直到阅读《华裘之蚤》，我才意识到曾经有一个很好的选题摆在我面前，我没有抓住。

一、事项民俗学批评

许多民俗学者反复论证民俗学是关于"人"的学问，也有学者一再论证民俗学是关于"生活世界"的学问，这样的认识当然是对的，但是如果没有这些烦琐的论证，似乎也没什么损失，就是少了几篇民俗学核心期刊论文而已。

人文社会科学没有哪门学科是"非人"的学问，也没有哪门学科是"非生活世界"的学问，这就像论证"人要吃喝拉撒睡"一样，一点没有错。其区别只在于有些学科侧重通过文本来间接地研究人和生活，比如历史和文学；有些学科侧重通过社会调查来直接地研究人和生活，比如社会学、人类学和民俗学。

许多人不了解学术史，以为民俗学向生活世界的转向是1990年代的事，殊不知中国民俗学创建者顾颉刚早在1928年《民俗》周刊的《发刊辞》中就提出了面向民众生活的口号："我们要站在民众的立场上来认识民众！我们要探检各种民众的生活，民众的欲求，来认识整个的社会！我们自己就是民众，应该各各体验自己的生活！我们要把几千年埋没着的民众艺术、民众信仰、民众习惯，一层一层地发掘出来！"[1]

早期的民俗学倡导者，多数都是把民俗学视作历史研究向平民社会的延展，他们倡导"眼光向下的革命"[2]，希望从"民众文化"的角度，把平民阶级的生活文化一层一层地发掘出来。顾颉刚认为：人间社会大得很，尚有一大部分是农夫、工匠、商贩、兵卒、妇女、游侠、优伶、娼妓、仆婢、堕民、罪犯、小孩等，而我们的民俗学任务，就是要发掘和呈现他们无穷广大的生活、热烈的情感、爽直的性子，以及真诚的生活。[3]

但是，学术发展到一百年后的今天，如果还停留在"生活世界"的意义讨论，还在倡导"生活世界转向"，就真成聒噪复读机了。其实，人文社会科学研究能否取得进展的关键并不在于是否研究人、是否关注生活世界，而在于如何研究人的生

---

[1] 顾颉刚：《发刊辞》，《民俗》周刊第1期，1928年3月28日。
[2] 赵世瑜：《眼光向下的革命——中国现代民俗学思想史论（1918—1937）》，北京师范大学出版社，1999年。
[3] 顾颉刚：《发刊辞》，《民俗》周刊第1期，1928年3月28日。

活、研究生活中的哪些方面、有没有发明一些用以解剖生活的手术刀。"在学界对日常生活转向形成一定范围的共识后,摆在研究者面前的主要问题就需要从学理性思辨转向学术实践性运用,即从合理、合法性论证向可操作性、可使用性转向。"[1]

传统民俗研究,多为事项研究[2],也即将生活中的民俗现象做分门别类的研究,如民间文学、岁时节日、人生仪礼、民间游戏、民间信仰等,《新中国民俗学研究 70 年》[3]就是照着这个思路进行总结的。事项研究是一种归类研究,先将老百姓的整体生活形态按不同主题给切碎了,再将来源各异、同一主题的生活碎片装到同一个盘子里加以研究,然后得出一系列结论。比如什么是人生仪礼,不同的人生仪礼具有什么样的文化内涵,在不同的群体中可以呈现为怎样的表现形态。这一类的研究,对于我们从结构上和总体上认识民俗现象是有帮助的。

但是,事项研究的弊端也很明显,正如刘铁梁所批评的:"如果要检讨我们的春节研究还有什么不足的话,重要的一点就是缺乏与社会发展实践相关联的讨论,特别是没有对当下老百姓在节日中的亲身经历给予更多的关注。从如何尊重文化拥有者的态度上来说,目前的春节研究虽然在一定程度上承担起了文化人的责任,却还未能与广大民众丰富的春节生活实践及

---

[1] 李向振:《迈向日常生活的村落研究——当代民俗学贴近现实社会的一种路径》,《民俗研究》2017 年第 2 期。
[2] "民俗事项"又作"民俗事象",指特定主题的民俗活动或民俗行为,如成年礼、斗牛习俗、关公信仰,等等。
[3] 叶涛主编:《新中国民俗学研究 70 年》,中国社会科学出版社,2019 年。

其现实感受发生紧密的联系。"[1]

也就是说,事项民俗学尚未进入民众生活实践的层面加以讨论。比如,有上海民俗学者在讨论春节文化的时候说,上海仅大年初一就有27项民俗。但在实际生活中,不可能有人将这27项民俗都过一遍,有些是徐汇区的习俗,有些是浦东新区的习俗,有些是富人家的习俗,有些是穷人家的习俗,还有些是丐帮的习俗,但它们都被拣入"上海民俗"这个大盘子里,更像是一批零碎部件的综合展览,而不是一个可以正常运作的有机整体。当然,我们也不能说这些民俗事项就不是顾颉刚所说的民众生活,比如"元宵舞龙"这一民俗事项,它当然是民众生活,但它只是生活中碎片式的一节片段,并不是完整的生活事件。

许多批评者认为,既有的民俗研究,只见有俗而未见有民,它体现的只是一种脱离了具体"民"的、抽象的、平均值的"俗"。刘铁梁说:"生活的整体性,离不开生活中的人。应该说,只有通过人的行动,才能呈现出生活的整体性,而不是靠民俗事象的排列组合。"[2] 所以王加华提倡以个人生活史为中心的研究进路:"完全可以以一个人为中心与视角,'透视'出与其所交往的其他人,随之再以'其他人'透视出更多的人。而民俗学作为一门研究民众生活的学问,其最终落脚点在于'民'上,更具体一点来说在于'民'与'民'的相互关系上。

---

1 刘铁梁:《感受生活的民俗学》,《民俗研究》2011年第2期。
2 刘铁梁:《感受生活的民俗学》,《民俗研究》2011年第2期。

事实上，各种民俗事象之所以被'发明'与'创造'出来，即在于解决人与自然以及人与人之间的关系。"[1]

这些批评当然很有道理，但从学术发展史的角度来说，对平均值民俗的研究却是民俗学发展的必经范式，是不可逾越的。民俗是一种"社会事实"，是一种普遍性、习惯性、规约性的社会生活方式，是超越了个体鲜活生命史的平均值的"俗"。我们要认识个体的"俗民"，恰恰必须首先将这种平均值的社会事实用作个体行为的参照项，才能对个体行为的意义做出更加恰当的评判。正如我们拿到孩子的成绩单，必须将它放到全班同学的平均成绩中看、放到学校划定的合格分数线上看，才能看出他的成绩到底处于一个什么水平。

庆幸的是，民俗学经过了上百年的学术发展，各地民俗和非物质文化遗产项目的搜集、整理、研究都已经相当完备。不幸的是，这种资料性、结构性、事项化的民俗研究已经陷入了瓶颈，民俗研究日益内卷，学术成果的社会效应却日见疲软。学科危机促使一批精英民俗学者不断尝试新的突围之路，比如从民俗研究向俗民研究的转向、从传统生活方式研究向当代生活文化研究的转向、从认识论研究向实践论研究的转向、从历史诗学向口头诗学的转向，许多学者还在尝试一些全新的研究路径，比如礼俗互动与当代中国社会的研究、民俗主义的研究、个人生活史的研究，等等。而本章将要讨论的，则是受到《华裘之蚤》和微观史学刺激而产生的方法论的突围之路。

---

[1] 王加华：《个人生活史：一种民俗学研究路径的讨论与分析》，《民俗研究》2020 年第 2 期。

二、事件民俗学：讲故事的民俗研究

进入 21 世纪以来，受到非物质文化遗产保护热潮的影响，民俗学领域的横向、纵向课题越来越多。为了多快好省地完成课题任务，民俗研究已经形成了若干格式化的操作模式。研究生像填鸭似的帮助导师做课题，观点是导师的，思路是导师的，提纲也是导师的，研究生只是在田野和文献中不断地翻寻素材，为导师填空。这种机械化的研究生培养模式，在一定程度上抑制了学生的感悟力和创造力，导师的课题未必是学生所熟悉的生活世界，也未必是他们的兴趣所在，研究生成了导师的免费打工仔。

青年民俗学者中有许多令人遗憾的学术倾向。有些是因为理论自卑，比如跟在人类学屁股后面赛跑的民俗学者，特别热衷于堆砌各种理论术语，制作资料拼盘、术语沙拉，一个简单的意思非要表述得佶屈聱牙，似乎不如此就无法证明民俗学的存在价值。有些是因为理论失范，只能写一些流水账似的田野报告，既不能揭示民俗生活的特殊意义，又无法反映调查者的专业素质。

刘铁梁在比较了民俗学者的春节调研报告与《北京晚报》的春节特别报道之后，批评说："（民俗学）没有通过田野作业深入访谈的方法，去了解个人、家庭、群体的日常生活及其话语形式，只进行游离于生活的生活文化研究，其理解民众生活的程度还不如新闻记者，这样的研究倾向应该引起警觉。"[1]

---

[1] 刘铁梁：《身体民俗学视角下的个人叙事——以中国春节为例》，《民俗研究》2015 年第 2 期。

那么，我们应该如何通过田野调查，去探解个人、家庭、群体的日常生活及话语形式呢？

民俗学最擅长的就是讲故事。民俗学就是民间学、民众学，本该是最接地气、最生动、最有趣的一门学问。中国现代民俗学就是从讲故事起家的。顾颉刚的孟姜女故事研究，就是用讲故事的方式追踪了一个家喻户晓的戏曲故事的来龙去脉，奠定了中国现代民俗学的经典研究范式。

民俗学如何讲故事？答案是：关注事件。

一次事件，就是一个自成体系的故事系统。在常态的日常生活之外，还有许许多多"非常态"的民俗事件，每一次事件都是一则故事，无论是喜庆的、积极的，还是悲伤的、消极的。如果说虚构的文学作品可以反映一个时代人的思想、文化、生活，那么，基于田野调查基础上的，实实在在的民俗文化与生活方式，不是更可以反映这个时代民众的生存状态吗？民俗学本该比文学更有力量。

可以进入学术视野的事件是多样的，有典型事件，也有偶然事件，有历史事件，也有突发事件。任何事件都是对常态"平衡"的一次打破，都有它的"非常"之处。每一次非常的民俗事件，都是特定初始条件之下，不同主体之间反复博弈的结果。非常表象的背后，是正常民俗心理的一种合力。

所谓合力，指的是作用于同一物体上多种力量加在一起的矢量之和。表面上看，事件的结果只有一个，但在事件发生、发展的过程中，却曾经有过许多可能的方向，力量与力量相互牵制、抵消和叠加的背后，是人与人之间、社会势力与社会势力之间的复杂博弈，是各种社会力量的相互制衡。解析这种合力的形成，以及不同群体或个体间动态的博弈过程，找到左右合力方向的临界点，勾勒其变迁模式，指出其影响要素，这是自顾颉刚的孟姜女故事研究创下这一经典研究范式以来，中国民俗学者最拿手的研究范式。但是，这项本该是民俗学者看家的本领，如今却丧失殆尽。

一个优秀的民俗学者，不仅要懂得聆听故事，还要懂得讲述故事，要学会把来自田野的故事、生活的故事，加以组织和阐释，重新讲述给读者。但是，当代民俗学正在一步步丧失这种讲故事的能力，每年一度的"民间文化青年论坛"评出来的优秀论文，一年更比一年佶屈聱牙。

尽管民俗学者一直在呼吁回归生活世界、回归日常生活，但是，所有这些呼吁，似乎都只是停留在口号上，我们的思想、语言、叙事方式，离开生活世界越来越远。我们失去了属于自己的讲故事的能力，却在捡拾别人扔了一地的理论鸡毛，我们正在用脱离生活的方式呼吁回归生活，将学术研究玩成了自说自话的圈子游戏。

三、从非常事件切入民俗研究

民俗学和历史学有着不可分割的历史渊源，中国现代民俗学的先驱者，无一不把民俗学归在历史学或者文学门类之下。顾颉刚把民俗当作民众生活的历史来看待，创建民俗学的目的是："我们要打破以圣贤为中心的历史，建设全民众的历史！"[1]钟敬文也说："一切的科学都是历史的科学。一切事物都有其历史性，用历史的观点分析问题，是学术研究的一种角度。"[2]

可是，从顾颉刚吹响"民众生活"的研究号角至今已近百年，民俗学界还在反复讨论"生活世界"的意义，在研究实绩上却始终打不开局面，堪称范本的成果寥寥无几，为什么？因为民俗学界的战略指挥家多，战术示范者少，我们只是空谈向何处去，却不说明如何去。面对民众生活，我们既不知道从何入手，也不清楚怎么研究；指点江山的民俗学者越来越多，实证研究的民俗学者越来越少。

我们往往会告诉研究生，民俗不是孤立的存在，所有民俗都是特定语境中的民俗，民俗研究与语境研究密不可分。[3]可是，语境如果没有放在具体的事件中加以考虑，如果忽略了语境的现场功能，所谓的语境就是"无效语境"，它对于整个事件的发生发展没有任何实际意义。正如李向振所批评的："经过十多年的发展，在'语境'中理解和解读民俗事象业已成为学界共识，并逐渐成为理论常识。然而在具体学术表达中，'泛语境化'问题却日益凸显出来。所谓'泛语境化'，就是在学术文本中为'语境'而'语境'，将'语境'简约成为'志

---

[1] 顾颉刚：《发刊辞》，《民俗》周刊第1期，1928年3月28日。
[2] 钟敬文：《对待外来民俗学学说、理论的态度问题》，《民间文学论坛》1997年第3期。
[3] 尽管如此，忽视语境的问题在具体研究中依然普遍存在。如王宪昭指出："从以往中国神话研究的发展轨迹看，神话对象的认定方面还存在过于依赖文献神话、不注重民族民间口传神话、习惯于个案探究而忽视中国神话的大语境等偏颇。"参见王宪昭：《神话的虚构并非历史的虚无》，《民族文学研究》2021年第4期。

书式'介绍，或流于表面，或未能与研究事象进行有机结合，或干脆将其视为可有可无的学术装饰。更有甚者，部分研究者在生产民俗志或民族志文本时，形成了'八股文'式的写作框架。"[1] 也就是说，"语境"只是作为时尚的学术标签用以装点论文，事实上并没有成为研究工作逻辑链中的有机成分。

我们指导研究生要对民俗进行"整体性研究"或者"立体性研究"，但是，如果不能将民俗行为放在生活事件中进行功能分析，那也只是面面俱到的事项研究而已，本质上仍是一种平均着力的事项民俗学。即使整体性的村落民俗志研究，也只是全面铺开的事项研究而已，表面上似乎方方面面都提到了，但是并没有进入到具体、生动的生活场景，无法呈现民俗主体的行为目的和功能，更无从体现主体间的意志博弈。就像对一部机器的介绍，我们把机器的各个部件都拆出来介绍了一遍，却没有介绍整部机器是如何协同运作的。

我们常常说学术研究要进入历史深处。什么叫历史深处？就是历史的细节处，流淌在历史毛细血管中的细胞活动，覆盖在宏大叙事下面的个体的思想涌动，以及历史事件对不同人群所造成的生活影响，等等。无论历史深处还是民俗深处，都是复杂人性的深处，那里汹涌着各种矛盾、纠结和选择，演绎着行为的意义、目的和功能，充斥着各种激情、无奈和苦恼。正如户晓辉所说："学者常常只能在风俗中与民众相遇。只有沉

---

[1] 李向振：《迈向日常生活的村落研究——当代民俗学贴近现实社会的一种路径》，《民俗研究》2017年第2期。

入风俗、与民众一起卷入风俗，我们才能与民众相识、相知，才能不仅遭遇自己的命运，而且遭遇民众的命运，才能与民众一起共同遭遇民俗的命运和我们与民众共同的命运。只有在共同被卷入风俗的存在中，我们才能与民众同甘共苦、息息相通。"[1]

社会生活中某些隐含的规律，只有在特定的条件下才会偶尔露峥嵘，并不会在日常的民俗生活中时时显露。民俗功能往往在失控、失衡、狂欢的状态下，才会暴露出问题，表现为事件。这就像两个潜在的竞争对手，他们更多的时候表现为谦谦君子，互相恭维，只有在最关键的时刻，才会给对手奉上致命一击。我们需要特别关注的，不是他们日常的互相恭维，恰恰是电光火石的致命一击。

所谓民俗事件，也即日常生活中的非常事例，是平衡被打破之后的非常态关系。所谓讲故事的民俗研究，就是从具体事件入手的民俗学，只有抓住事件，才能进入具体的生活场景，把握动态的民俗生活，也只有抓住事件，才能勾连起生活主体的方方面面，呈现立体的民俗生活。

历史学家对拿破仑在滑铁卢战役当天每时每刻的所作所为、每一个小小的意外都有极为细致的研究，但他们未必想知道、也不可能知道拿破仑日常生活中的各种琐碎细节。拿破仑早餐爱吃甜面包还是烤面包，并不影响滑铁卢战局，也不是历

---

[1] 户晓辉：《日常生活的苦难与希望：实践民俗学田野笔记》，中国社会科学出版社，2017年，第350页。

史学家关心的问题。民俗研究也是这样，没有事件发生的日常生活，不仅很难受到关注，也很难提出有意思的问题。正因如此，一到逢年过节，民俗学者就会显得特别忙碌，因为这段时间他能够密集地观察到生活中的许多非常态民俗事件，最有可能从中发现有意思的、值得展开的民俗问题。

2013年春节，我和一些同行在江西某村调查元宵灯会。灯队在比较偏远的 A 家、B 家舞完，刚到 C 家，A 家长子突然跑来跟灯队炮手说，灯队在他们家少放了一个炮，要求回去补放，可是，灯队正热火朝天地向前推进，按照规矩是不能走回头路的。A 家长子锲而不舍地一直缠着灯队，说了许多狠话，必须讨个说法。我直觉这是一个"非常事件"，事件中蕴含着太多可以深究的社会文化内涵。追踪此事的前因后果及其背后的民俗心理，观察双方如何利用平衡智慧处理矛盾，或者矛盾是否升级为更大事件，事件后续对双方的心理影响，非当事村民对于事件的民俗评议，等等，这些都是民俗学者应该关注的内容。当时由于我必须跟随调查组赶往另一个灯会，于是特意交代驻村调查的一位同行继续关注这一事件，并将结果告诉我。其实我是希望他能从这一事件入手做一次事件民俗学研究，可惜他的兴趣点并不在这，或者根本就没再跟进这件事，事后也就一两句回复把我给打发了。关于"非常事件"对于科学研究的重要意义，或者我们可以借助动物病理学家贝弗里奇（William Ian Beardmore Beveridge）的这段话来加以强调："'留心意外之事'是研究工作者的座右铭。……没有发现才能的科学家往往不去注意或考虑那些意外之事，因而在不知不觉中放过了偶然的机会。"[1]

关于民俗事件对于民俗文化的意义,张士闪有一个补充说明:"很多民俗传统一开始都是作为事件应激之文化调适而出现的,如村落形成之初的生存所需、灾乱年头的秩序维持、太平时期对发展机遇的捕捉等。这种因事件应激而形成的文化调适,不会随事件的结束而彻底消失,而是逐渐沉淀、扩散于村落日常生活中,作为社会经验而有所传递,并有可能在后发事件中被选择性、创造性地保留和运用,由此磨合为一种惯性的社区行为模式。此后,当又有相应事件发生,需要动员村落社区力量的时候,社区行为模式就会首先被触动,进而在新的文化调适中,形成对于当下事件的应激反应。在事件应激、文化调适与社区行为模式之间的循环互动过程中,离不开少数文化精英的引领与运作,并最终沉淀为民俗传统。"[2]

提倡事件研究,并不是要否定传统的事项研究。事项研究不仅在过去是必须的,将来也有其继续存在的价值,正如后现代是以现代性为前提,事件研究也是以事项研究为前提的研究。正是因为有了事项研究,以及我们对于事项的普遍性认识,才有正常生活图式的建立;有了既定的观念图式,才会有发现异常的眼光。正如我们司空见惯的文化现象,只有在异文化的他者眼中才会呈现出异常图景,可以激发他们上穷碧落下黄泉地一再追问。所以说,土生土长的日本人是永远写不出《菊与刀》的。

---

[1] [澳]W. I. B. 贝弗里奇:《科学研究的艺术》,陈捷译,北岳文艺出版社,2015 年,第 36 页。
[2] 引文为张士闪教授在阅读本章初稿时所写的批注。批注时间:2021 年 3 月 6 日。

四、微民俗、低微理论与日常生活

理论的贫弱，以及对于宏大理论的孜孜以求，是民俗学学科自信心问题的正反两面。2004 年，邓迪斯（Alan Dundes）的《21 世纪的民俗学》在美国民俗学界引起巨大争议，其核心的观点是："在我看来，大学中民俗学科衰落的第一个也是最主要的原因是我们可称为'宏大理论'的创新持续缺乏。"[1] 第二年，美国民俗学会专门组织论坛讨论这个问题。讨论中，更多的民俗学者认为民俗学更适合于"低微理论"[2] 或者"弱理论"的建构。

诺伊斯（Dorothy Noyes）对于低微理论的论述主要是基于民俗学者的中层位置和功能："民俗学者具有典型的地方知识分子特性，虽然这个位置没什么魅力，但它比我们想象得更重要。民族国家通过地方知识分子努力将他们的地方现实和总体秩序整合，成为一个有活力整体而变得稳固。"[3] 也就是说，民俗学适合在全球化与地方性、宏大理论与生活实践之间寻求局部适应性的理论突破。

低微理论的定位为民俗学走出理论自卑打开了一扇门。

---

1 ［美］阿兰·邓迪斯：《21 世纪的民俗学》，李·哈林编《民俗学的宏大理论》，程鹏等译，上海社会科学院出版社，2018 年，第 8 页。
2 英语 humble theory，原意为 not proud and near the ground（不张扬、接地气），巴莫曲布嫫认为译作"谦逊理论"更贴切，本书暂时借用程鹏译《民俗学的宏大理论》的既有译法。
3 ［美］多萝西·诺伊斯：《低微理论》，李·哈林编《民俗学的宏大理论》，程鹏等译，上海社会科学院出版社，2018 年，第 95—96 页。

宏大理论是可遇不可求的，试想，人世间哪有那么多宏大理论？千千万万的人文社会科学工作者，如果人人都想追求宏大理论，也就意味着可能生产出千千万万的宏大理论，可是，千千万万的宏大理论还能够宏大吗？空想和口号是没有意义的，对于民俗学来说，或许只有踏踏实实地立足于微民俗和低微理论才能有所作为，成长为实实在在的一门学科。

以低微理论的姿态观察世界，民俗学就应该深入到社会的毛细血管，研究那些尚未被关注，但是作为社会有机构成的小人物、小事件。低微理论可以用来夯实宏大理论的理论硬核、修订其保护带、纠正以往研究中的误判误读。低微理论的研究一旦邂逅异向机遇，也即遭遇田野信息偏离研究初衷的情况，一些非常态、颠覆性的民俗事件，或许蕴含着过去未曾受到关注的思想或行为模式，这正是我们小规模理论创新的机会所在。打个比方，低微理论也许不能在安邦治国的大舞台上大展宏图，却可以在乡村或社区的小舞台上施展拳脚。

假设把民俗学的历史学定位与低微理论追求相结合，那就正合了20世纪70年代兴起的"微观史学"所做的努力："从事这种研究的史学家，不把注意力集中在涵盖辽阔地域、长时段和大量民众的宏观过程，而是注意个别的、具体的事实，一个或几个事实，或地方性事件。这种研究取得的结果往往是局部的，不可能推广到围绕某个被研究的事实的各种历史现象的所有层面。但它却有可能对整个背景提供某种补充的说明。也就是说，微观史学家的结论记录的或确定的虽只是一个局部现象，但这个看似孤立的现象却可以为深入研究整体结构提供帮助。"[1]

微观史学关注地方社会、下层阶级、日常生活、边缘个案、小规模事件，这正是人类学和民俗学的视角。其代表人物金兹伯格（Carlo Ginzburg）、勒华拉杜里（Emmanuel Le Roy Ladurie）、戴维斯（Natalie Zemon Davis）等，都在介绍其研究工作时反复提到他们曾经深刻地受到了人类学、民俗学的影响。"微观史学所试图建立起的就是一种微观化的历史人类学研究，其对象是过去历史中的那些小的群体或个人，以及他们的思想、信仰、意识、习俗、仪式等文化因素，他们相互之间的社会、经济关系和宏观的政治、环境等因素仅仅被作为整个讨论的某种背景介绍，其实质是一种对文化的'解释性'研究。"[2]

以勒华拉杜里的《蒙塔尤》为例，我们完全可以将它视作一部民俗学论著，如果由民俗学者来为它取一个书名，可以题为《蒙塔尤村的中世纪民俗志》。1320年，蒙塔尤这个法国小村因为宗教异端问题，受到天主教宗教裁判所的无情审判，富尼埃主教审理此案时留下了大量文件。勒华拉杜里借助这些文件，"试图把构成和表现14世纪初蒙塔尤社区生活的各种参数一一揭示出来"[3]，这些"参数"包括社区环境、社会结构、家庭组织、行为方式、婚姻规则、妇女地位、性爱观、文化网络、时空观、巫术观、宗教观、生死观，等等。如果借用民俗

---

[1] 陈启能：《略论微观史学》，《史学理论研究》2002年第1期。
[2] 周兵：《微观史学与新文化史》，《学术研究》2006年第6期。
[3] ［法］埃马纽埃尔·勒华拉杜里：《蒙塔尤：1294—1324年奥克西坦尼的一个山村》，许明龙、马胜利译，商务印书馆，1997年，中文版前言第2页。

学的行话,这就是民俗事项,只不过这些民俗事项是附着在蒙塔尤村民琐琐碎碎的生活故事中被讲述的。虽然我们不能从目录中一眼找到某项民俗在第几页,但是,生动的故事吸引着我们读完全书,让我们对蒙塔尤这滩"臭气扑鼻的污水",以及污水中"许许多多的微生物"有着全面的了解和充分的理解,上述所有的参数(民俗事项),都被作者融入宗教故事的讲解之中。

通过故事呈现日常生活,通过日常生活辐射至所有的社会活动,从而解析民俗生活的意义和功能,是《蒙塔尤》成功的关键要素。法国马克思主义思想家列斐伏尔(Henri Lefebvre)认为,日常生活是我们的内心世界与社会世界最深刻、最直接的汇聚地,也是人类本能欲望的所在地,他在1946年出版的《日常生活批判》中说:"日常生活从根本上是与所有活动相关的,包含所有活动以及它们的差异和它们的冲突;日常生活是所有活动交汇的地方,日常生活是所有活动在那里衔接起来,日常生活是所有活动的基础。"[1]

无论微观史、微民俗、低微理论,还是日常生活史、个人生活史,其意义正如勒华拉杜里引《奥义书》所说:"孩子,通过一团泥便可以了解所有泥制品,其变化只是名称而已,只有人们所称的'泥'是真实的;孩子,通过一块铜可以了解所有的铜器,其变化只是名称而已,只有人们所称的'铜'是真

---

[1] [法]亨利·列斐伏尔:《日常生活批判》第一卷,叶齐茂、倪晓晖译,社会科学文献出版社,2018年,第90页。

实的……"[1]我们可以将这段话做一个延伸:"通过一个人可以了解所有的人,其变化只是名称而已,只有我们所称的'人'是真实的。"也就是说,所谓微观史、低微理论的背后,还是有着普遍性和深层结构的追求。一叶落而知天下秋,小规模、微民俗的研究,其方法论目的乃在于以小见大,以精细化的操作建构宏大理论与宏大叙事的微缩景观。

人文社会科学的理论往往来自对经验事实的归纳总结,在此基础上进行模式化建构,并升华为一种规律性的理论认识。不断积累的低微理论逐渐被发表,相关的信息逐渐体系化,自然会被后来的理论家归并到一个涵盖面更广、概括性更强的理论体系当中。所以说,低微理论所积累的经验事实和理论方向,有可能为宏大理论的提出夯实基础、做好铺垫。

当然,低微理论并非宏大理论的马前卒,也可能是马后炮,它对学术发展的意义并不完全是基础性、铺垫性的,也可以是修补性、侵蚀性,甚至解构性的。

科学哲学告诉我们,在既有学科格局基础上,学术发展是以截然不同的两种方式向前推进的:一种是不断积累和完善的方向,一种是不断否定和革命的方向。无论哪个方向,都离不开低微理论的作用,前者体现为充实和修正,后者体现为质疑和解构。就前者来说,低微理论可以通过具体的事实归纳,补充或细化宏大理论所未能涵盖的生活层面;就后者来说,来自

---

[1] [法]埃马纽埃尔·勒华拉杜里:《蒙塔尤:1294—1324年奥克西坦尼的一个山村》,许明龙、马胜利译,商务印书馆,1997年,献词页。

田野调查或经验事实的低微理论有可能提出与宏大理论完全不同的新思想，这些新思想的累积和冲击，可能会逐渐瓦解宏大理论的立论基础，稀释宏大理论的解释力。也就是说，无论在宏大理论成型之前，还是之后，低微理论都一直在发挥正反两方面的作用。

五、关注异常现象

所谓"异常现象"，是相对于我们所认识、所理解的正常现象来说的，是一些偏离了民俗学既定认知图式的脱轨现象。异常现象与非常事件是这样一种关系：异常现象未必足以构成非常事件，但它是非常事件的重要表现形式。打个不太恰当的比喻，如果说非常事件是一种动物疾病，那么，异常现象就是该疾病的一些症状。

如果没有民俗学的知识武装，没有对于常态的事项民俗学的认知图式，也就无所谓正常或异常。所谓异常现象，指的是既有民俗范畴尚未含括、既有民俗学理论尚未关注，或者无法用既有理论模式加以解释的民俗现象或意外事故。留心异常现象，是发现问题、理解非常事件，寻求理论突破的重要策略。我们一定要意识到：存在就是合理，任何异常现象，都有它背后的正常逻辑。世上没有无缘无故的爱，也没有无缘无故的恨，事物出现异常，一定还有未被我们发现的隐蔽力量的存在，还有一些特殊的、尚未被既有民俗学理论涵盖的社会规律潜藏在现象背后。

人文社会科学最基本的两种方法，一是"找相同，建模型"，二是"找不同，做解释"。关注异常，就是找不同，本质上也是找问题。

普通的社会现象被我们关注、认识之后，形成一些系统性、模式化的理解方式，我们称之为理论，这些理论成为经验图式充实到我们的认知体系当中。但是总会有一些特殊现象只有在特殊的条件下才会显现出来，它们无法在既有理论框架中得到合理解释，这就告诉我们，现象背后还有一些尚未被我们意识到的扰动因子。找出这些隐蔽的扰动因子，探讨导致事态失衡的原因与过程，从而得到一些规律性、模式化的新认识，正是新发现、低微理论的生成机制。在医学史上，以前我们只知道视觉和听觉与平衡感有关系，后来正是因为观察到小脑受损的患者会失去平衡感这一异常现象，才发现小脑才是人类运动协调中枢这一事实。

常态的民俗生活中，扰动发生之后，旧的行为规则被打乱，结构的稳定性遭到破坏，人们会依据新的权力结构重建新的关系，并由此制定新的规则、维持新的平衡。由旧结构到新结构，旧平衡到新平衡，各方博弈，每一方势力都会试图利用连横合纵促使规则朝着有利于自己的一方发展，这是一个复杂的动态过程。民俗学的田野优势有利于我们在现实生活中细致地观察这一过程，这是民俗学相对于微观史学的便利所在。

异常现象意味着我们必须悬置既有的理论模型和常识性判断，深入到当事人的生活实践当中，去观察、体验他们的生活和诉求，梳理他们的关系，权衡他们的力量，探讨其思维和行动的功能，追踪事态变化的过程，从而揭示其生活实践的逻辑，勾勒新的结构模型，对非常事件做出符合生活实际的正常解析。

新发现往往隐藏在一些异常的细节之中。我们试想，那些最显著、最突出的民俗现象，早就被我们的学术前辈蒸煮炖炒无数遍了，很难再炒出新的花样，除非我们有新的烹饪技法，否则只能从前人忽视的细节和线索中去寻找新的素材。所谓异常现象，其实就是民俗生活给予民俗学者的新素材、新机遇。"认识了机遇在作出新发现中的重要作用，就应当正视它，辩证地看待它和常规性地研究机遇和发现之间的关系。"[1]

民俗生活是一个复杂的系统，而所有的民俗学理论都只是片面视角的认识论，当生活向我们展示出既有理论所忽视的那部分功能项的时候，也就是给予我们机遇，让我们重新思考新的功能项的时候。所以说，关注事件，发现异常，是我们深入民俗纵深秘境的一把钥匙。正如当我们把新冠肺炎当成普通肺炎处理的时候，我们无法理解事态发展的性质，只有当我们意识到新冠肺炎是一种"新型的""异常的"冠状病毒肺炎的时候，人类的抗疫之旅才算真正开启。

从异常现象出发，我们更容易提出新问题，也更容易求得新发现，不会被熟视无睹的平常景象所遮蔽。科学发现告诉我们："新发现常常是通过对细小线索的注意而取得的。要有敏锐的观察能力，在注意预期事物的同时，要保持对意外事物的

---

[1] 刘大椿：《科学活动论》，中国人民大学出版社，2010年，第180页。

警觉。从事科学发现，切忌把全副心思都放在自己的预想上，以致忽略或错过了与之无直接联系的别的东西。没有发现才能的人，往往不去注意或考虑那些意外之事，因而在不知不觉中放过了可能导致重大成果的偶然'事故'——他们很少有机遇，只会遇到莫名其妙的怪事。反之，对机遇所提供的线索十分敏感、非常注意，并对那些看来有希望的线索深入研究，这才是富有创造力的表现。"[1]

达尔文的儿子曾经专门论及达尔文对异常现象的敏锐触觉："当一种例外情况非常引人注目并屡次出现时，人人都会注意到它。但是，他却具有一种捕捉例外情况的特殊天性。很多人在遇到表面上微不足道又与当前的研究没有关系的事情时，几乎不自觉地，以一种未经认真考虑的解释将它忽略过去，这种解释其实算不上什么解释。正是这些情况，他抓住了，并以此作为起点。"[2]

陈启能在论述微观史的研究方法时，也谈到金兹伯格研究中常用的两种方法，一是关注民俗，二是关注民俗现象中的异常细节："第一是他特别努力收集欧洲及世界其他地方的民俗资料，特别是他认为存在于欧洲的绵延长久的广大通俗文化底层的资料。第二是他总是从这些民俗资料中或从其他史料中去发现若干有意义的小点，或某种异常的、蹊跷的细节，通常总

---

[1] 刘大椿：《科学活动论》，中国人民大学出版社，2010年，第180页。
[2] ［澳］W. I. B. 贝弗里奇：《科学研究的艺术》，陈捷译，北岳文艺出版社，2015年，第37页。

是用这些民俗资料来说明这些小点,并阐发其意义。"[1]

在科学史上,从意外发现的异常现象入手,从而打开科技新局面的案例不胜枚举。著名的伦琴射线的发现、望远镜的诞生、射电天文学的创立、莱顿瓶的发明,无一不是从关注异常现象开始的。在弗莱明(Alexander Fleming)发现青霉素之前,许多科学家都曾在实验中注意到青霉菌抑制葡萄球菌菌落的现象,但他们都只是把这当作实验失败的现象来处理,并没有深入思考"失败"的原因是什么,因而错过了青霉素的发现。

微观史研究中也有许多因关注异常现象而导出规律性认识的故事:"例如,在1519年的一件宗教裁判所的审讯案中,一位被审讯的乡村妇女在口供中,数次把魔鬼的名字与圣母马利亚相混淆。金兹伯格把这些混淆之处加以排列对比之后,认为这一混淆具有重要意义,并不是偶然的。它说明在当时基督教世界的民俗中,正宗宗教信仰与魔鬼信仰之间的界限十分淡薄。对普通信众来说,只要能解救人们摆脱困难,是圣母还是魔鬼就无所谓了。"[2]

同样的文化现象,在 A 眼里未必是事件,在 B 眼里却可能是事件。我在给中山大学中文系学生讲授史诗结构的时候,产生了"叠加单元模型"的想法,我曾经跟我的老师叶春生教授说起,可他只是淡淡说了一句:"这种现象很常见。"既然很

---

[1] 陈启能:《略论微观史学》,《史学理论研究》2002 年第 1 期。
[2] 陈启能:《略论微观史学》,《史学理论研究》2002 年第 1 期。

常见，我也就不再细想，黯然熄灭了这点学术火花。2002年我到了北京，为了参加陈岗龙的史诗研讨会，一时想不到更好的选题，就想重燃这点小火花，凑篇小文章参会，征求刘魁立老师的意见，刘魁立兴奋地说："这个问题太重要了。很多人也许意识到了，但没有谁认真思考过，你必须写成一篇大文章。"于是我振奋精神，利用2003年的"非典"封闭时段，写出了《史诗叠加单元的结构及其功能》。[1]

针对异常现象，是在分析现象总结规律的基础上提出新的理论方案，还是通过分层、分类来对既有理论进行补充、调整或精细化操作，既取决于既有理论是否尚有阐释空间，也取决于研究者的学术判断和阐释方案。而一旦有了新的理论工具、新的研究视角，原本异常的事件突然就会变得可以理解、不再异常——这就是所谓"非常事件的正常解析"。比如，站在牛顿力学的角度来看，微观世界中粒子相互作用的关系全都是异常现象，可是，自从量子力学产生之后，所有这些异常现象都得到了完美的解释。也就是说，旧理论（牛顿力学）中的异常现象在新理论（量子力学）中都得到正常解析。

理论上说，所有的异常现象（偶然性）都可以找到它的正常解析（必然性），之所以我们觉得异常，是因为我们只看到了异常的表象，还没有找到它必然的本质。"科学艺术创造的目标是迈向必然性，为什么客观上经常是由偶然性起作用呢？

---

[1] 施爱东：《史诗叠加单元的结构及其功能——以〈罗摩衍那·战斗篇〉（季羡林译本）为中心的虚拟模型》，《民族文学研究》2003年第4期。

客观事物发展的必然性是通过偶然性来实现的。必然性通过偶然性为自己开辟道路，偶然性是必然性的表现形式，一旦条件具备，偶然的东西必然要转化为必然的东西了。其实，机遇就是蕴含着转化为必然条件的偶然和意外。"[1]

理论需要不断地响应解释现象的需要，异常现象总是不断地暗示我们旧理论的粗疏缺失，提示我们在前人研究基础上向前一步。"1611年，开普勒出版了一部关于望远镜的著作，但是他的著作受制于他当时不知道光的折射定律，所以只是一个复杂的近似值。1637年，笛卡儿出版了一部关于反射和望远镜的著作，他知道光的折射定律，但是不知道色散理论，……所以望远镜的使用在早期并无有效的理论支撑。关于望远镜的理论是随着望远镜的发明而发展的。"[2] 新的理论会促进新的观察，新的观察会发现新的异常，新的异常会触动更新理论的发明，这是一种螺旋式上升的曲线。理论不断精进的同时，异常现象也会不断出现，科学研究永无止境，学者则如逐日之夸父。

在顾颉刚之前，故事传说是荒诞不经的；在罗香林之前，客家民俗是难以理解的；在罗永麟之前，四大传说的概念是不存在的。客观对象一直就在那里，能不能用理性之光去点亮它，让沉默的信息活起来，让难以理喻的行为变得可以为我们所理解和包容，考验的是我们的学术敏感、理论眼光、想象力和思想力。

---

[1] 林公翔：《科学艺术创造心理学》，福建人民出版社，1990年，第304—305页。
[2] ［澳］约翰·A. 舒特斯：《科学史与科学哲学导论》，安维复主译，上海科技教育出版社，2013年，第273—274页。

六、基于良好知识储备的问题意识

许多民俗学者的论文，光从标题就可以看出，只有对象和范畴，没有问题和观点。我们常常说"学术研究要有问题意识"，但我们很少追问"问题意识从何而来"。

问题的产生源于观察到的现象与我们头脑中既有观念图式的不吻合，以至于我们对于这种现象不能理解、无法解释。这有两种可能原因：一种是个人原因，因为我们掌握的知识不够，比如说，我刚上大学的1985年，广州街头还有帮顾客"打小人"的习俗，当时我特别不能理解这种古怪行为，但在我学习了民俗学，读过《金枝》之后，再遇见类似现象时，就再没觉得这是一个问题。另一种是学科原因，因为民俗学还没有产生能够解释这类现象的理论，或者说，现有的民俗学研究范式没有把这类现象当作一个问题来对待。

所以说，问题源于解释现象的需求与知识供给之间的落差，当我们的认知图式不足以帮助理解或解释现实中的某类现象的时候，问题就产生了。这就提醒我们，问题的产生同时取决于"解释需求"和"知识供给"两方面的因素。

（一）解释需求

解释需求可以区分为两种，一种是理解和解释现象的愿望，一种是对既有释读方案的不满足。我们把前一种叫作"求知欲"，后一种叫作"批判精神"。前一种主要在儿童期起作用，后一种主要在研究工作中起作用，这里只讨论后一种。

大多数民俗学博士生开题报告最大的问题是没有问题。他们往往以"社区""专题"作为论文边界,比如一个村庄的整体性调查、一个民俗事项的历史梳理、一本名著中的民俗描写、一种社会现象等,唯独没有说明想解决一个什么问题。当然,一个民俗学博士生,如果他只想写一篇平庸的、用来向老师汇报的学习成果,的确可以选择一个自己熟悉、方便的田野点,照着师兄师姐的葫芦画个瓢,循规蹈矩地写一篇足以拿到学位的毕业论文,毕竟不可能每个人都必须有理论上的发明发现。

但是如果想在学术领域有所贡献和发明,就必须有质疑、追问和批判的精神,敢于提出有意义的问题。科学史一再告诉我们,理论的发明发现是科学革命的结果,批判精神是科学革命的基本素质:"没有批判性的革命精神而被强大的传统所束缚,即使出现了意外,也会熟视无睹,坚持成见地继续走自己的路。"[1] 绝大多数博士生即使努力地掌握了扎实的专业知识,也很难有理论上的突破,一个很重要的原因是批判精神的缺乏,他们过于相信老师、崇拜权威,不敢质疑,尚处在需要借助各种花哨术语和权威引文来装点论文的阶段。

当一种异常现象摆在我们面前的时候,我们很可能束手无策。异常现象的解析比常规研究困难得多,因为在我们前面没有现成的、可以用来直接套用的理论,也没有示范性的写作文本,甚至连一些用以装点门面的漂亮术语和引证文献都很缺

---

[1] 李鹏飞等主编:《科学技术哲学概论》,大连理工大学出版社,1994年,第196页。

乏。我们自己提出的问题，需要用自己的知识储备和聪明才智去回答，我们会遇到很多瓶颈、很多棘手的新问题，甚至可能是一种摸黑前行的体验。

对于那些富于批判精神的研究者来说，"明知山有虎，偏向虎山行"却是一种学术激励机制。贝弗里奇说："我们已经看到，认识到困难或难题的存在，可能就是认识到知识上令人不满意的现状，它能够激励设想的产生。不具好奇心的人很少受到这种激励，因为人们通常是通过询问其过程为什么作用，如何作用，某物体为什么采取现在的形式，如何采取，从而发觉难题的存在。"[1] 而学术研究的任务，就在于为各自研究领域中的难题找到一个最合理的解释。确立一个目标，通过寻找线索和材料，借助逻辑推论，充分运用我们的学术智慧，生产一种新知识。

（二）知识供给

知识供给指的是学者可以调取用以解释各种民俗现象的知识储备。没有知识储备无从联想，一个没见过狮子、豹子和老虎的人，他眼里的猫只是猫，他不可能产生"猫科动物"的联想。那些具有丰富知识储备的人，不仅比简单知识储备的人更容易产生有意义的联想，而且更有可能提出真正独到的见解。所谓创造性思想，是基于你知道这种思想在整个知识网络中处

---

[1] ［澳］W. I. B. 贝弗里奇：《科学研究的艺术》，陈捷译，北岳文艺出版社，2015年，第72页。

于什么位置、具有什么意义。因此，你首先需要了解学术史，知道哪些话题已经被研究过，哪些观点已经被提出，哪些问题已经被解决，你的思想的出发点和落脚点在什么地方。

知识积累和学术史梳理，不仅能帮助我们判断什么问题值得研究，也能帮助我们舍弃那些没有讨论价值或没有研究条件的问题。我刚读硕士的时候，曾经很有兴趣地搜集了大量龙凤文化的资料，天真地计划写一部"龙凤考"，可是，资料看得越多却越沮丧，因为我发现自己能够想到的观点，别人都已经说过了，只是以前不知道。所以说，"只有知识背景丰富，才能知道什么是意外。意外是以'意内'即人的头脑中的认识为前提的，没有丰富知识准备的人，把一切都当作意外，是根本谈不上捕捉机遇的"[1]。

机遇不是来自守株待兔，而是来自十年磨剑的准备。近代微生物学奠基人巴斯德（Louis Pasteur）有一句特别有名的名言："在观察的领域里，机遇只偏爱那些有准备的头脑。"[2] 机遇往往转眼即逝，错过了就永远错过了，没有捡起来的珍珠无异于鱼目。学术敏感不是天生的，是在现有学术格局中滋长出来的。知识储备越丰富，学术触角也越多。越是初入门径的青年学者，越是迷惘找不到好选题，相反，越是学富五车的成名学者，越是觉得学术选题多得做不完。

每个人的知识储备、学术条件和兴趣点是不一样的，不同的学者面对同样的事件，提出的问题也不一样，哪些问题值得

---

[1] 李鹏飞等主编：《科学技术哲学概论》，大连理工大学出版社，1994年，第196页。
[2] ［澳］W. I. B. 贝弗里奇：《科学研究的艺术》，陈捷译，北岳文艺出版社，2015年，第184页。

追根究底，哪些问题只能悬置勿论，哪些问题有可能找到答案，哪些问题超出学科界限，这些都需要根据自己的条件进行综合判断。踌躇不前固然不可取，急功冒进也可能徒劳无功。

对于一项有意义的科学研究来说，知识储备和批判精神是一个硬币的两面，善于提出问题就是学术批判的开始。科学的民俗研究应该建立在"常规—事件—问题—假设—调研—解析—新模式（新常规）—新事件—新问题……"这样一个螺旋上升的学术轨道上。可是，我们许多博士生的选题却并不从问题出发，他们认为某一风俗事项或某类社区风俗目前尚未受到足够关注，认为这是一个空白，于是着手调查、精细描述，最后，既未提出问题，也未解决问题，只是做一个民俗志式的综合整理。

批判理性主义创始人波普尔（Karl Popper）说："科学只能从问题开始。问题会突然发生，当我们的预期落空或我们的理论陷入困难、矛盾之中时，尤其是这样。这些问题可能发生于一种理论内部，也可能发生于两种不同的理论之间，还可能作为理论同观察冲突的结果而发生。而且，只有通过问题我们才会有意识地坚持一种理论。正是问题才激励我们去学习，去发展我们的知识，去实验，去观察。……科学和知识的增长永远始于问题，终于问题——愈来愈深化的问题，愈来愈能启发新问题的问题。"[1]

---

1 ［英］卡尔·波普尔：《猜想与反驳》，沈恩明缩编，浙江人民出版社，1989年，第83、84页。

至于学术研究的成败标准，我们可以通俗地表述为：有没有遵照现行的游戏规则，把认识自然、认识社会、解决问题的能力发挥到最好。学术研究的尊严，本不在于新增长的知识是否"正确"，是否为"真"，而在于研究方法是否合乎时代规范、研究过程是否体现了人类思考问题和解决问题的实践能力、研究成果是否闪烁着人类认识世界的智慧光芒。

七、人情练达的民俗感悟力

生活中每天都在发生各种各样的故事，也许每一则故事、每一种现象都会呈现出一些我们尚未觉察到的意义，但并不是说，这些故事和现象都具有充分的学术价值。"任何思想敏锐的人，在研究的过程中都会遇到无数有趣的枝节问题，可以进一步研究下去。对所有这些问题加以研究，在体力上是办不到的。大部分不值得研究下去，少部分会出成效，偶尔会出现一次百年难逢的良机。如何辨别有希望的线索，是研究艺术的精华所在。"[1]

1834年某天，英国物理学家约翰·斯科特·罗素（John Scott Russell）在河边散步的时候，看见一只航行的小船船头卷起一个水包，不断向前滚动，只有波峰，没有波谷，觉得非常奇怪，他立即对此展开研究，不久就提出了"孤立波"理

---

[1] ［澳］W. I. B. 贝弗里奇：《科学研究的艺术》，陈捷译，北岳文艺出版社，2015年，第40页。

论。试想，类似的这种现象，即使出现在我们民俗学者面前，我们也不可能觉察出异常；即使觉察出异常，也不可能有解析的能力。也就是说，科学研究是有目的、有选择的专业行为，并不是我们在生活中遇到的所有异常现象都值得我们去关注、去研究。我们只能在自己的专业领域内，关注业内的、有讨论价值的、我们有可能解释得了的异常现象。

每一个专业都有自己的专业特质，对从业者的要求也不一样。一个合格的民俗学者，他自己就是深谙人情世故的俗世中人，必须具备人情练达的民俗感悟力。姚明适合打篮球，聂卫平适合下围棋，郭德纲适合说相声，张剑虽然是个古典文学研究者，但是非常适合做民俗研究。那么，相对于其他学科，民俗学专业特质的基本要求是什么呢？精通人情世故，就是一个民俗学者能够深入民间、洞悉民俗本质的基本要求。人是一切社会关系的总和，民俗事件是各种社会力量合力推动的结果，民俗研究的本质就是特定社会条件下人与人的关系研究。所以说，民俗学的本质就是"关系学"。

貌似平平淡淡的日常生活之中，总是有一些非常的事件。事件背后种种关系的纠缠和变化，就是促成事件发生的原因；众声喧哗的传闻，就是民众对于这些关系的解释和隐喻。一个敏锐的民俗学者，不仅应该具备从日常生活中发现非常事件的能力，还应具备从事件中挖掘关系的能力、从口头传闻中领悟隐喻的能力、将各种关系贯穿思考的学术想象力，而这些能力，恰恰来自对世道人心细致入微的理解，以及在日常生活中察得见异常、看得懂眼色的民俗感悟力。"几乎所有那些由于机遇而导致创造性发现的人,都深具问题意识。因为对于创造主体来说,头脑中积累着各种材料,经常想着悬而未决的问题,使他们保持着高度警觉,留心意外之事,一旦受到某个意外事件的触发,就很容易得到启发,产生新的思想。"[1]

围绕着每一个人都有一张关系网,个人就像一只蜘蛛,处在关系网的中心,网与网交织在一起,当它们处于静止状态的时候,岁月静好,我们看不见力的作用。一旦受到外力的作用(意外事件),比如有一只飞蛾落入网中,平衡被打破了,各方的角力就开始了,网与网互相牵扯、互相作用,最终达到新的平衡。原有的结构或许变了,或许没变,研究者所要做的,就是勾勒其结构,叙述新旧平衡的破与立,解析力的作用,指出关键性的功能要素,从不同的角度去认识人类社会发展的动力和规律。

人情是人性的世俗应用,识人性者未必通人情,通人情者必然识人性。鲁迅就是个识人性者,但在现实生活中,他横眉冷对千夫指,未必是个通人情者。曹雪芹说的"世事洞明皆学问,人情练达即文章"(《红楼梦》第五回),前半句是识人性,后半句即通人情,将之用于民俗学者的从业要求,真是再恰当不过了。张剑就是这样一个人情练达的古典文学学者,可惜他没有从事民俗学。

在所有的学问中,民俗学是可以将"做人"和"做学问"技巧结合得最好的一门学问。练达的人情眼光能够帮助他判断

---

[1] 林公翔:《科学艺术创造心理学》,福建人民出版社,1990年,第309页。

哪处秘境是他能够到达的，哪处秘境是他暂时无法到达的，他可以从哪里入手，应该放弃哪些问题。相反，一个不通人情世故的学者，无论他可以写出多么深奥而漂亮的论文，都只能是闭门造车、纸上谈兵，不可能成长为一名优秀的民俗学者。正如我们很难设想一个陈景润式的优秀数学家能够做好民俗学。

八、学术侦探一样的勘案能力

陈尚君教授有一次在中山大学演讲，说他为《全唐诗补编》爬梳文献时，常常觉得自己在"抓特务"，每当发现一条新线索，都会特别兴奋，兴奋之余，不得不仔细考辨一番，既怕遗漏了一个特务，又怕制造了一出冤案。每天都在这样的兴奋与紧张之中，他一点也不觉得学术研究是一种苦累，反而乐在其中。

从"破案"这个角度看，学者与侦探没什么本质区别。只不过，侦探面对的是违法犯罪性质的安全事故，而我们面对的是具有一定学术意义的民俗事件；侦探是在案发现场和人群里找证据，而我们是在田野中访谈、在书堆里找线索。

民俗学如何进入案发现场？日本著名民俗学者福田亚细男提出，应该注重对于具体"个人"而不是抽象"人"的把握，他说："在实际的行为当中，或者说是故事当中也是，行为也好，故事也好，将它们表现出来的是个人。"他甚至指出了注重"个人"的具体方法——研究成果中出现了具体的人名："一直以来那种面目模糊的，没有具体人名的访谈记录或者观察之类是不行的。……具体人名的意思是，必须有个人的存在，研究才会得以丰富。"[1]

微观史学将这一循着人名寻找故事线索的方法称为"提名法"，认为人名是引导研究者走进故事迷宫的"阿里阿德涅线团"。事件民俗学关注民俗事件，提倡从事件当事人出发，利用关联性寻找关系人，一个当事人一定会牵出一个又一个的其他关系人。每一个关系人都应该被视为主动而活跃的能动者，他是事件中的一个利益诉求者，也是事件发展中的一种制约力量，也许事态发展并没有沿着他努力的方向前进，但是，他一定牵制或平衡了其他力量，成为历史合力中的一分子，也正是在这个意义上，每一个关系人都发挥了他的整体性功能。

事件民俗学应该从关系人动态的功能性行为（功能项）入手进行追踪调查，渐次铺开，而不是从静态的"整体性民俗志"调查入手，进行程式性的介绍。张剑即是从何汝霖入手，通过何汝霖的日记，带出了夏家镐，带出了何承祜，带出了一大批乡邻乡亲、塾师仆人等，并且将何汝霖的社会关系划为三个圈层加以理解："仆人与塾师是最近身的一个圈层，居于小家庭之外的亲朋则是次近身的圈层，而自然生态（如水灾）和政治生态（如官场吏治）则构成了何汝霖居住和活动的更远但也更大的圈层，每个圈层都会对处于中心点的何汝霖产生反射影响。"张剑通过何汝霖与亲友之间的互动关系，"让我们看到官员乡居生活的另外一面，看到一个陌生又熟悉的社会"。[2]

---

[1] ［日］福田亚细男、菅丰、塚原伸治：《传承母体论的问题》，彭伟文译，《民间文化论坛》2017年第6期。
[2] 张剑：《华裳之蚤：晚清高官的日常烦恼》，中华书局，2020年，第58、59页。

几乎所有的微观史学家在描述自己的工作时，都谈到自己像侦探一样的工作方式："纳塔莉·戴维斯在回顾她从收集资料到写作《马丁·盖尔的归来》一书的经过时，就有过类似的说法，'自始至终，我都像一个侦探一样在工作，确定我的原始资料和它们的构成原则，把从许多地方得来的线索整合在一起，确立一个能对16世纪的证据最合理的、最可能的推测性论点'。"[1] 微观史学理论家金兹伯格将之定名为"推定性范式"，他以艺术品鉴定中的"莫莱里方法"（Morellian Analysis）为例，详细论证了该范式的合理性和重要性，并且认为，莫莱里辨伪、福尔摩斯探案、弗洛伊德精神分析、微观史学的推定性范式，本质上都是相通的，类似于猎人追踪猎物："在数千年的时间里，人类都曾是猎人。在数不尽的追猎过程中，他学会了如何借助泥地上的足印、折断的树枝、粪便、毛发、缠结的羽毛、残留的气味，重现不见踪影的猎物的形象与动作。他学会了如何嗅闻、记录、解读像是涎沫那样极细微的痕迹，并将它们分门别类。……猎人或许是第一个'说故事的人'，因为只有他能够从猎物所遗留的沉默的痕迹中，解读出一系列连贯的事件。"[2] 正是从这个意义上说，一个好的学者，就是一个会讲故事的猎人。

2019年中央扫黑除恶督导组进驻云南期间，昆明市打掉一个以孙小果为首的涉黑团伙。消息公布之后，大家意外地发

1　周兵：《微观史学与新文化史》，《学术研究》2006年第6期。
2　［意］卡罗·金兹堡：《线索：一种推定性范式的根源》，陈恒、王刘纯主编《新史学》第18辑，大象出版社，2017年，第13、14页。

现，这个孙小果早在 1998 年就因为强奸罪被判处死刑，一个死刑犯居然没在狱中，却在社会上横行霸道。"网友们都在问：孙小果家究竟有多大的权力，能办成这么多事情？调查人员起初其实也有同样的疑惑，当一路查下来，发现孙家最大的官员只是继父这个区城管局长，却成功打通了层层关节，堪称拍案惊奇。而且，虽然不少人收受了孙家的钱物，但他们都表示其实主要不是图财，更多的是因为'朋友圈''战友圈'的熟人请托，看的是人情和面子。看似匪夷所思的背后，其实深刻地反映了那个时代社会风气的积弊。"[1]

在这里，中央电视台的新闻调查只是用一句"深刻地反映了那个时代社会风气的积弊"简单带过，可是作为民俗学者我们应该意识到，"那个时代社会风气"的背后，还有深刻的民俗文化传统：朋友之间"有情有义"的另外一面，可能就是对其他人的"无情无义"；每一个人都无大恶的叠加，可能就是一场滔天大恶；"法不责众"的传统观念与"法网恢恢"的现代观念之间，可能只是差着一个赌徒心理。其他诸如父母溺爱、显摆能耐、哥们义气、权力运作、职场潜规则、制度漏洞、关节疏通，等等，无论是从管理学、社会学、心理学还是民俗学的角度，都能从这起案件中找到调查和言说的空间。关键是，我们有没有把它当作一个值得研究的事件，通过这样一个典型案例，勾勒"层累作恶"的结构关系，找出其运作机

---

[1] 中央电视台综合频道：《正风反腐就在身边》第二集"守护民生"第 36 分钟，CCTV 节目官网，https://tv.cctv.com，2021 年 1 月 22 日。

制，对此类异常现象做出精细解剖，为更好的社会治理提供民俗学智慧。

九、让民俗学以讲故事的方式讲"故事"

民俗学不断学院化、精致化的后果是，民俗学越来越枯燥，越来越无趣，说得严重一点，高呼生活世界转向的民俗学，抛弃了实证研究，恰恰远离了生活世界。民俗学是从文学、从历史学起家的，立足于文学和历史学的民俗研究才是民俗学的本位。

民俗学向其他人文社会科学借鉴、学习当然是应该的，但不能是邯郸学步地学，全盘转向地学，而应该是民俗学为"体"，他学为"用"的关系。任何舍本就末的学科策略，都是学科自杀的策略。正如福田亚细男对于日本现代民俗学的批评："如果要舍弃历史而向新的民俗学转变，也就是说如果要发起革命，那就不必拘泥于'民俗学'，你们完全可以独立创造另一门学问。"[1] 立足学科传统，在传承中创新发展，才是民俗学的未来，而不是改换门庭、过继到别人名下。正是基于以上学科危机，有感于张剑的《华裘之蚤》，本书的具体建议聚焦在三个方面：关注民俗事件、开放素材边界、讲好学术故事。

---

1 施爱东：《民俗学的未来与出路》，《民间文化论坛》2019年第2期。

（一）提倡"事件民俗学"的研究

事项民俗学是抽象了具体个人的，采用族群性、习惯性、长时段等"均质化"概念来描述的民俗学。日本学者中村贵批评说："日本民俗学一直以来面对人进行研究，却'只见俗不见人'。民俗学者在讨论研究对象时，虽然曾经涉及'人'的问题，也有些学者提出'传承主体''Homo Folkloricus'等概念，但他们把'人'视为了'民俗'的载体，似乎没有关注'人'的个体性、日常实践等层面。"[1]

事件民俗学是对传统事项民俗学抽象性、概括性、类别化、碎片化的纠偏，是事项研究的升级版。事件民俗学倡导通过事件进入民俗、通过当事人的行为进入民俗，让静态的、事项的民俗动起来、活起来。

所有的事件最终都会体现为人与人、人与自然的关系，人与人的博弈决定了民俗事件的最终解决方案。事件中的每一个普通个体都是一个能动者，他的诉求和行为以及他所代表的力量，正是民俗学者所应该关注的。他的行为功能，更是我们把握民俗结构的关键所在。事件的展开，能让我们更加亲切地走近民众的生活，也更加清晰地理解民俗的真谛。

从事件出发，有利于民俗学走近读者，为读者展示多样化的人类生活图景，促进读者更好地理解他人的思想和行为，理解文化多样性以及多样性文化对于人类生存、发展的重要意义。

---

[1] ［日］中村贵：《面向"人"及其日常生活的学问——现代日本民俗学的新动向》，《文化遗产》2020 年第 3 期。

（二）解放学术研究的取材眼光

民俗生活无限多样，呈现方式更是丰富多彩，民俗学也可因事为制、不拘一格，完全不必拘泥于所谓的"二重证据法""三重证据法""四重证据法"，只要是现实中存在的社会文化现象，都可以作为研究对象、论证依据。

传统民俗学一直以田野调查、口头访谈作为主要方法，以口述资料、地方史志、族谱碑记、仪式手册等作为研究素材，而张剑的研究实践告诉我们，日记作为一种"无所顾忌"的个人书写，从真实、可靠的角度上说，远比口述史更适用。史学领域已经有许多学者就《顾颉刚日记》展开了精细的现代学术史研究。在德国和日本等国，也有一些民俗学者将日记当作"大家的历史"，做了富有成效的研究。日本学者门田岳久认为："个人的生活体验并不一定完全通过口述展示。比如日记，虽然是一种文字形式的记录，但也可以算是展示作者思想与感受的自媒体。日记中关于日常生活的记录，也可以视为把握当时社会状况的社会史资料。在这个意义上，日记与口述研究同样都是通过个体观察社会的研究工具。"[1]

门田甚至认为，网络社交媒体比如博客、脸书等，也是一种生活日志，但由于这类生活日志并没有归档保存，经常被用户删除，因此并没有成为民俗学的研究对象。但事实上，类似这样的素材，包括求职信、个人简历、自我介绍等，都可以作

---

[1] ［日］门田岳久：《叙述自我——关于民俗学的"自反性"》，中村贵、程亮译，《文化遗产》2017年第5期。

为我们的研究对象,比如他认为:"我们通过叙述自我,理解'自己是怎样的人'。我们通过回顾自己的生活史,思考接下来要做什么,并调整自己的位置与生存方式。可以说,自我叙述与自我表象涉及的是一个现代性的问题。因为,现代社会就是一个迫使每个个体明确'自我认同'的社会。"[1]

顾颉刚有一句名言:"遍地都是黄金,只怕你不去捡;随处都是学问,只怕你不去想。"[2] 民俗学取材路径的不断拓展一再提醒我们,世上没有无用的材料,只有一叶障目的肉眼凡胎,以及面对异常而熟视无睹的平常眼、平常心。

换一种方法,换一个角度,原本无用的材料,或许就有了金子般的光芒,所以顾颉刚说:"民俗可以成为一种学问,以前的人决不会梦想到。"[3]

(三)呈现解题步骤,用讲故事的方式解剖事件

学术研究就是一个不断捕捉事件、提出问题、解决问题的过程。一个学者对于事件的陈述与解析是否成功,不仅取决于他占有的资料,还取决于他所使用的理论和方法,以及他的评判眼光、叙述技巧。一个好的学者,不仅要有侦探洞悉世务的机敏,还要有法官明察秋毫的评判能力,以及律师口若悬河的

---

[1] [日]门田岳久:《叙述自我——关于民俗学的"自反性"》,中村贵、程亮译,《文化遗产》2017年第5期。
[2] 顾潮:《慈父·良师·益友》,收入周海婴等《慈父·良师·益友》,中国少年儿童出版社,1986年,第109页。
[3] 顾颉刚:《〈民俗学会小丛书〉弁言》,杨成志、钟敬文译《印欧民间故事型式表》,中山大学民俗学会小丛书,1928年3月。

叙事才华。一个学者具备的能力越齐全，他的著作也就越有说服力、越好看。

我们以格尔茨（Clifford Geertz）的"斗鸡调查"为例。在巴厘岛的一个偏远村庄，格尔茨夫妇一直苦于无法融入当地社会，但是，在偶然卷入一场斗鸡事件之后，全村人得知他们也像当地人一样狼狈地逃跑和躲避警察，非常兴奋，"在巴厘岛，被取笑就意味着被接受"，格尔茨夫妇用行动证明了他们与村民是同一类人。这给予格尔茨一种直接理解"农民心智"的内在视角："它使我很快地注意到一种情感爆发、地位之争和对社会具有核心意义的哲理性戏剧的综合体，其内在本质正是我渴望理解的。"格尔茨借此深入当地社会，发现斗鸡对于巴厘人具有深刻的民俗内涵："巴厘人从搏斗的公鸡身上不仅看到了他们自身，看到他们的社会秩序、抽象的憎恶、男子气概和恶魔般的力量，他们也看到地位力量的原型。"[1]

格尔茨以讲故事的形式娓娓道来，从雄鸡与男子气概的对应关系、斗鸡规则与博弈、社会关系与赌博赢利、地位赌博与金钱赌博等诸多方面逐一展开，最终归结为"斗鸡尤其是深层的斗鸡根本上是一种地位关系的戏剧化过程"[2]，并由此写成了他的文化解释学名篇《深层游戏：关于巴厘岛斗鸡的记述》。

我们设想一下，如果一个民俗学者来写这篇论文，他会怎么写？论文结构很可能是这样的：一是学术史回顾；二是介绍

---

[1] ［美］克利福德·格尔茨：《文化的解释》，韩莉译，译林出版社，1999年，第489、520页。
[2] ［美］克利福德·格尔茨：《文化的解释》，韩莉译，译林出版社，1999年，第514页。

巴厘岛的地理位置及气候特征、人口构成等；三是介绍巴厘岛斗鸡民俗及其游戏规则；四是梳理巴厘岛斗鸡的历史与传说；五是分析斗鸡民俗与男性气质的关系；六是分析斗鸡民俗与社会阶层的关系；七是斗鸡民俗的弊端与斗鸡赌博的危害；八是分析斗鸡民俗与社区文化建设的关系；最后阐述如何正确引导斗鸡民俗以及斗鸡民俗在当代社会的文化意义。如此结构的学术八股文，只要资料翔实、观点新颖、论证可靠，当然也能发表，但绝没有可能成为文化解释学的学术名篇。

求解一个新问题，就像求解一道数学题，是有一定步骤的："为了求得关键性的未知数 a，可能得先解开通向 a 的未知数 b、c、d……。只有解开了这些低层级的、简单的关系因子，才能更好地解析那些高层级的、复杂的核心关系。每篇民俗学论文都是一次关于'关系'的解题。"[1] 将这些解题步骤呈现出来，就有了学术探案的趣味。庖丁解牛，与其把解开的牛器官摊在桌上供人参观，不如把解牛的步骤演示给人看，这样才能让人看清器官之间是如何结构、如何联络，你是如何下刀、如何分解，解剖是否妥当，有无错失。令人信服的学术研究，就应该把自己的解题思路和解题步骤演示给人看。

最后顺便提一句，经历了 2020—2023 年的新冠疫情，谁都不会否认，灾难改变了我们的生活。新冠疫情作为一种不可抗拒的灾害事件，具有客观上的偶然性、主观上的不可预见性。类似的灾害性事件，在人类历史上曾不断出现，将来也一

---

[1] 施爱东：《民俗学就是关系学》，《民俗研究》2020 年第 6 期。

定还会再现，那么，处身灾害性事件中的公众舆论会做出哪些自然反应、滋生哪类灾难谣言、产生怎样的社会问题？作为地方社会的民俗精英，他们又将做出怎样的社会响应、进行怎样的生活调节？这些都是需要我们去观察、思考和总结的，只有在充分了解和理解的基础上，才能更好地应对。作为民俗学者，直面灾害现实、挖掘民俗传统，从抗疫的民众反应中寻找规律、总结经验，是我们的学术优势所在，也是学术服务社会、促进社会进步的题中应有之义。

学科建设的自由路径及其限度

所谓"学科建设",大体上包含硬件建设和软件建设两个方面。硬件建设,指的是那些看得见、摸得着,可以用量化指标来衡量的方面,包括学术梯队的建设、人才培养、教材编写、机构设置,等等。软件建设,指的是那些看不见,摸不着,只可意会不可言传的方面,比如学科发展潜力、学术影响力、行业凝聚力,等等。

硬件建设属于政府主导的、由政府与学界合力共谋的学术行为。民间文学或者民俗学是不是一门学科,要不要建设,主要由教育行政管理部门参照专家团队的意见做出裁决。我们的前辈学者如钟敬文等,正是因为清醒地认识到这一点,所以他们的学科建设思路主要集中在"意义阐释"方面,一方面以各种论证方式来说服各级教育行政管理部门,一方面在学界精英阶层连横合纵,努力让学界同人认同民俗学是一门对于社会文化建设具有重要意义的学科,确实有建设的必要。

其实这种学科建设思路到现在也没有什么太大的变化,对于许多高校来说,"一谈到学科建设,好像就是为了争博士、硕士点和重点学科;一谈到学科建设,似乎只是研究生教育的事,甚至认为会冲击本科教学"[1]。有些高等教育研究者甚至归纳出八个不同视角的学科建设观。[2]但是,这些学科建设思路基本都围绕制度层面,而不是学术本位的。

本书将要讨论的,主要是学科建设的软件方面,也即学术意义上的学科建设问题。本章首先悬置了教育系统管理层面的学科建设问题,只讨论以学术发展为目的的民间文学学科建设。[3]也即民间文学从业者如何通过自我强化、内功修炼,从提高整体学术水平和扩大学科影响力等方面来加强学科建设。这是教育行政管理部门所帮不了我们的,只能通过我们自己的努力才能实现。

许多人可能会认为,学科建设只对高等院校的集团竞争和学术史书写有意义,也只有学科负责人才需要考虑这项工作,对于具体的个体研究者而言,学科建设似乎并非学术工作中的必要项。可是,事实并非如此,任何学科都是由学者网络组成的,每一个学科中人的科研成果、学科认知及其行为方式,都牵动着网络的形变,影响到学科的形象,尤其对于民间文学这样的小学科来说,个人在学科形象中的占比,远远大于成熟的大学科。

---

[1] 谢桂华:《关于学科建设的若干问题》,《高等教育研究》2002 年第 5 期。

[2] 这八个角度分别指系统角度、效益角度、发展角度、变革角度、内容角度、交叉角度、结构角度、目的角度等。参见王梅、陈士俊、王怡然:《我国高校学科建设研究述评》,《中国地质大学学报》2006 年第 1 期。

[3] 由于在 1997 年国务院学位委员会公布的学科目录中,民俗学(含民间文学)被调整在社会学一级学科之下,民间文学被"含"到民俗学之中,本文部分讨论将借用民俗学发展状况来论说民间文学学科建设问题,文中的民间文学与民俗学不做严格区分。

一、基于认知目的和圈地发展的学科建设

关于什么是学科,《辞海》解释为:"学术的分类。指一定科学领域或一门科学的分支。"《现代汉语词典》解释为:"按照学问的性质而划分的门类。"这些笼统的界定很难经得起学理追问。又如什么是"学问的性质",《现代汉语词典》解释"性质"即"一种事物区别于其他事物的根本属性",接着我们还可以追问什么是"根本属性"……。这种追问可以一直进行下去,越追问就会越想不明白。

其实,学科就是对于特定研究领域及学术取向的大致划分,实际工作中并不需要上述精细的追问,也不需要特别精准的定位。许多时候,明确一个基本领域和大致方向就可以推进我们的工作。类别划分本没有先验标准,标准是依据工作需要而设定的,是动态的、协商的。比如说,民俗学到底是人文科学还是社会科学?这是教育体系的归口管理问题,对于具体研究工作的开展其实并不重要。凡是文学院或历史系的学者,基本倾向于民俗学是人文科学;凡是民族院校或社会学院的学者,基本倾向于民俗学是社会科学。有些老师以前在文学院,倾向于民俗学是人文科学,后来调整到社会学院,转而主张民俗学是社会科学。可见民俗学学科属性并没有先验的判定标准,标准是由从业者屁股的位置所决定的。

长期以来,民间文学的学科体系都是由研究对象搭建的结构体系,主要分设为神话学、史诗学、传说学、故事学、歌谣学,规模稍小的,则称作曲艺研究、小戏研究、谚语研究、语

言民俗研究，等等。这种结构体系与钟敬文主编的大学中文系本科教材《民间文学概论》的结构体系完全重合，也就是说，现行的民间文学学科体系既是基于本科入门教育为指归的认知性概论体系，也是基于对象领域的圈地耕作体系。

认知体系适用于本科教学和民间文化的普及教育，这些初级知识可以用于文化批评，甚至用以推进非物质文化遗产保护工作，但是，不适用于研究生培养，也难以有效地促进学术研究的发展。

学科建设的圈地思维不仅存在于民间文学界，也存在于其他许多有强烈危机感的弱势学科。总有一些学者期望通过划定明确的学科界限来固守学科地位，从而达到圈地自保的目的。比如俗文学研究界的谭帆就认为，束缚俗文学学科发展的一个重要瓶颈，就在于其与民间文学两个学科之间的对象界限不够清晰，"故俗文学研究要求得自身之发展，与民间文学研究之'分途'是一个亟须考虑的问题"，因此他还提出一个雅文学、俗文学与民间文学的"三分法"来确认三者不同的研究范围，"使俗文学研究有一个自身相对稳定的研究对象"，并且认为"这是俗文学研究作为一个独立学科的基本前提"。[1] 周忠元也认为："我们之所以要对俗文学与民间文学做出理论上区分，是因为这将更有利于两个学科的建设，它对俗文学厘清学科界限，确定研究对象赋予了理论上更大可能的可操作性，对民间文学限定自己的研究范围和对象也会提供更合理的理论

---

[1] 谭帆：《"俗文学"辨》，《文学评论》2007年第1期。

依据。而这恰恰是我们希望看到的，也是对各自的学科发展有利的。"[1]

祝鹏程将这种划界圈地的学科策略称作切蛋糕："我们的学科是通过'切蛋糕'建立起来的知识生产格局，你做神话，我做故事，他做歌谣……。可蛋糕是很容易被切走的，历史学、社会学、人类学手一伸就切走了。但是，只要面粉和刀在我们手上，我们就可以不断做出新的蛋糕，当然，我们也可以用我们的刀去人家地盘上切蛋糕。所以说，研究对象并不是最重要的，学科共同体的方法和视角才是最重要的。"他还以自己的研究为例："比如，我做曲艺研究，但我和同做曲艺研究的吴文科老师并不能对话，却和做学术史研究的毛巧晖老师能对话。因为我不是做曲艺本体研究，而是通过曲艺发展讨论现代民族国家的建构和民间文化的转型，这和毛老师的研究有共同的追求。"[2]

体裁作为一种分类法，可以让我们更有条理、更清晰地了解民间文学的整体面貌，但是，体裁划分不仅不是研究目的，甚至不是研究手段。神话、传说、故事能不能被精确辨析、分离，对于民间文学的编目、检索是有意义的，但对于研究工作的意义并不大。相反，清晰的体裁划分有时还会限制我们的研究进路。一个意义单元可以以故事或传说的形态出现，也可以以戏剧或曲艺的形态出现，甚至可以以最俭省的方式出现在谚

---

[1] 周忠元：《20世纪中国俗文学学科建设的反思》，《文艺理论研究》2009年第3期。
[2] 祝鹏程：复旦大学"高校民俗学、民间文学骨干教师高级研修班"上的发言提要，2021年7月19日。

语和俗语之中[1]，或者反过来，俗语与民间故事相结合，也可以形成新的组合模式，使得故事的结构和语言变得更加稳定[2]。故事不仅在时间和空间中流动，也在不同的文体之间流动，体裁无法框定故事的讲述，也无法框定情感的表达，所以说，基于对象范畴的学科建构是僵化的、脆弱的。

我们在课题、项目乃至学科的论证中，常常以研究对象的价值来论证研究工作的价值。20世纪80年代，我们以劳动人民的伟大来论证民间文学的伟大，再以民间文学的伟大来论证民间文学研究的价值；进入21世纪之后，我们又以非物质文化遗产的价值来论证"非遗学"的价值。这多少有点移花接木的嫌疑。正因如此，吕微批评说："在当前中国民间文学界，还少有人从理论上阐述研究主体问题意识介入研究过程的问题性，而仍将关注的焦点集中于对研究对象性质的讨论，认为在研究对象中隐藏着学科发展的必然前途，以及挽救学科于狂澜既倒的必要途径。"[3]

拓展学科领域、填补研究空白绝不是学科建设的有效选项。以民俗学为例，试想，如果民俗学可以拓展为旅游民俗学、饮食民俗学，那就一定还可以拓展出居住民俗学、服饰民俗学；如果民俗学可以拓展为农业民俗学、游牧民俗学，那就一定还可以拓展出工业民俗学、渔业民俗学、商业民俗学、教育民俗学、军旅民俗学。刘魁立曾在不同场合多次提到："当

---

[1] 参见施爱东：《北京"八臂哪吒城"传说演进考》，《民族艺术》2020年第3期。
[2] 参见丁晓辉：《俗语故事化与故事俗语化》，《民族艺术》2021年第1期。
[3] 吕微：《"内在的"和"外在的"民间文学》，《文学评论》2003年第3期。

民俗学什么都是的时候,它就什么都不是了。"所以说,学科领域的拓展,只能基于既有成果的"已经有",而不是理论想象的"应该有"。

二、基于计划体制的学科蓝图

目前的民间文学学科体系,依然是钟敬文时期的学科体系,这个学科体系的前期基础是比较薄弱的。1980年,钟敬文在《民间文学概论》前言中说道:

> 在我们国家的学术界里,民间文学这门学科,基础本来就比较薄弱。新中国成立后,这门学科在各方面都取得了相当成绩。可是,20世纪60年代这门课程一度停开以后,原来那些逐渐成长起来的教师,被转业去搞别的学科,有的甚至转移到学校以外的岗位上去了。因此,拨乱反正以后,民间文学学科面临的严重情况,首先是教师的极端缺乏,同时没有可以应用的教材,甚至连必需的参考资料也很难到手。[1]

20世纪80年代的民间文学学科基础极为薄弱,教材和学科体系明显架子大、内容少,钟敬文以体裁分类为框架,搭建起一个完整的知识体系。这就像我们装修住房,家具太少,只

---

[1] 钟敬文主编:《民间文学概论(第二版)》,高等教育出版社,2010年,前言第2页。

能基于想象将来"应该有"的格局来设计空间,这当然是一种权宜之计。

到了20世纪90年代,"民间文学概论""民间文学作品选读""民间文学史""神话学""歌谣学"等课程相继在各大高等院校中文系开设起来,钟敬文对于民间文学的学科体系有了更新一层的想法,他在《谈谈民间文学在大学中文系课程中的位置》中提出:

> 民间文学作为一种学术体系和学科体系,它应该包含如下几个方面:1.民间文学理论(包括民间文学概论、民间文艺学等);2.民间文学史(包括神话史、歌谣史、谚语史、民间小戏史等分支学科);3.民间文学研究史(包括民间文学各种体裁的研究史的分支学科);4.民间文学作品选读;5.民间文学方法论及资料学。[1]

这与他对民俗学的学科规划是同一思路。他在《建立中国民俗学派》中提出的"中国民俗学结构体系"也包括六个方面:1.理论民俗学;2.记录民俗学;3.历史民俗学;4.立场、观点论;5.方法论;6.资料学。[2]

这一设想依然是基于"应该有"的蓝图设计。我们过于相信计划经济、计划学术,将学科规划当作指引学术行为的方向

1　钟敬文:《钟敬文文集·民间文艺学卷》,安徽教育出版社,2002年,第174—175页。
2　钟敬文:《建立中国民俗学派》,黑龙江教育出版社,1999年,第44—58页。

指南。我们只是设立目标和前进方向，却并不考虑如何站在既有成果基础之上向前发展。这就像摘桃子，我们总是从不同方向冲着树上的桃子起跳，而不是从已有枝杈向上攀爬。学科建设如果不是基于既有范式的不断积累和革命式突破，就只能是不断重复着低水平的地面起跳。

科学进步是基于传统的创造性改良。科学是在既有科学的基础上，在各种假说的竞争、新实验的设计中不断发展起来的，而不是一味地基于自然现象的观测，更不是借助科学先贤的学科规划发展出来的。牛顿再伟大，也绝不会做出相对论的学术规划，更不会确立量子力学的学术目标。库恩借用达尔文的无目标进化学说指出，科学发展"这一进化过程不朝向任何目标"[1]。也就是说，科学发展同样遵循进化规律，是在现有基础上不断变异、竞争和选择的结果，而不是朝向预设目标的单向进程。所以说，20世纪的钟敬文无论如何英明，他都不可能为中国民俗学规划出一个"非物质文化遗产保护"的发展目标，也不会预知一个"网络谣言"的研究方向。

钟敬文的学科体系只是一种学科规划，或者说学科主张。可是，由于盲目的权威崇拜，我们一直把钟敬文的学术主张当作正当性的学科建设理论，于是出现了各种模仿性、微缩版的学科建设方案，一大批"地域民俗学"或"行业民俗学"的学科主张纷纷出台。"众多的分支学科脱颖而出，如经济民俗学、文艺民俗学、民俗社会学、群众文化民俗学、旅游民俗

---

1 [美]托马斯·库恩：《科学革命的结构》，金吾伦、胡新和译，北京大学出版社，2003年，第153页。

学、语言民俗学、地理民俗学、饮食民俗学等,一时令人目不暇接。"[1] 但是,学科发展现实却不以学者主观意志为转移,正如乌丙安说:"在我国现行体制中,任何一个学术单位的学科带头人,甚至是最有权威性的或最有个人魅力的学术领导人,都难以直接推动或左右全国性学科建设的进程,因为任何学科的发展都必须经受我国科学体制的制约和行政管理的支配,民俗学科也并不例外。"[2]

但我们总是容易迷信目标管理、路径设计。比如有学者认为:"'学科建设'的意涵包括两个要点,一是明白学科所处的现状(现实的位置),二是为学科设置一个理想的位置,然后设计一条可行的路径去达到这个理想。"[3]要知道,钟敬文毕生都在为我们设置理想位置、指定可行路径,钟敬文之后试图担当这一重任的学者就更多了,但是很遗憾,从来没有出现过一位成功者,因为学科建设本来就不是向着"理想位置"的阔步前行,也没有可以预先指定的"可行路径"。

我们说学科无法统一规划,还与各教研机构的从属关系,以及师资、生源等情况的校际差异相关。以南京农业大学为例,据张兴宇介绍:"我们的师资背景多元,可以说是民俗文化各种研究的'大杂烩'。九位教师的研究方向大致有三个领域,一个是民族文化与乡村文化,一个是民俗艺术,还有节日民俗。目前我们主要发展方向是聚焦传统的民俗与现代社会生

---

[1] 叶涛:《重视基础理论 加快学科建设》,《民俗研究》1989年第2期。
[2] 乌丙安:《当前中国民俗学会的学科建设任务》,《神州民俗》2010年第2期。
[3] 高丙中:《民俗学的学科定位与学术对象》,《温州大学学报》2011年第6期。

活关系的研究。"又比如北京师范大学社会学院,据贺少雅介绍:"我们这几年论文选题,越来越偏向社会学和管理学。因为确定选题是双向的,学生和老师协商确定。学生来源不同,选题偏向也不同,比方说他们是来自艺术学或者社会工作或者行政管理,就会选他们比较做得来的,比如有的学生做养老方面,有的做艺术镶嵌,有的想做旗袍服饰研究,也有做'非遗'的。总之选题越来越分散了。"华东师范大学社会发展学院的情况又不一样,据王均霞介绍:"我大致统计了近10年硕博论文选题方向,只见到一篇跟民间文学相关的,其他的都是如'非遗'、手工艺、养老、灾害等这样的主题。"[1]

学科规划可以用来应付学术行政管理的报表和要求,但在科学发展史上却没什么实际意义。科学发展是在传统基础上的工作推进,科学发展的每一个阶段,既是上一个阶段的延续或改良,也是下个一阶段的基础和改革对象。与其规划空中楼阁,不如脚踏实地,做出示范性成果。只有实际范例可以引领后来者不断跟进、改良、丰富、完善,然后,通过学术革命,进入下一个进步冲程。

三、学科体系是动态的不是静态的

现代意义上的学科起源于古代的知识分类。中国早期的知识分类起于周王朝,他们将贵族教育的知识体系分为礼、乐、

---

[1] 以上分别见张兴宇、贺少雅、王均霞在云南大学主办"面向未来的学术共同体——云南大学民间文学学科建设座谈会"上的发言提要,2021年1月3日。

射、御、书、数，史称六艺。在西方，亚里士多德曾经把人类知识分为制造性知识（行业知识）、实践性知识（社会知识）、理论性知识（人类认识自然的知识）三个部分。文艺复兴时期，培根依据主体的认识特点，将知识重新分为历史、诗歌、哲学三大类，其中哲学包括人的哲学和自然哲学。自然哲学相当于今天的自然科学，比重只占人类知识总量的大约1/6。进入19世纪之后，自然科学迅猛发展，孔德按照复杂性递增、普遍性递减的原则，将科学分为数学、天文学、物理学、化学、生理学、社会学六大类。进入20世纪之后，学科分类更是日见分歧和精细，各个国家和地区的学科类目和数量都不一样，这是个一直在调整的动态体系。

学科界限是学术共同体的自我设限，一切限定都是人为制定的，分类和限定只是为了集合、描述的方便，并没有什么先验的标准和深刻的学术内涵。比如说，我们现在都认为民间叙事诗研究是民间文学学科体系中的重要一支，但是，"国际（主要是欧美）学界研究叙事诗基本上以史诗为对象"[1]，并没有把民间叙事诗单独列为一种文学体裁。钟敬文早年的学科体系构想中，也没有这个部分。新中国成立后，随着民族地区文化调研工作的深入，一些新的民间文艺形式被研究者提出来。1980年，钟敬文主编的《民间文学概论》开始将民间叙事诗与史诗进行分类处理，但是并没有分开定义，而是统一定义为"史诗和民间叙事诗都是民间诗歌中的叙事体长诗"[2]。此后的十

---

1 贺学君：《中国民间叙事诗史》，河北教育出版社，2016年，第1页。
2 钟敬文：《民间文学概论》，高等教育出版社，2010年，第204页。

几年间，学者们对于民间叙事诗到底该如何定义进行了广泛的讨论，但宗旨似乎都是围绕着"如何与史诗相区分"来展开讨论，也就是说，分类讨论只是为了分类而讨论，分类背后并没有什么深刻的研究目的。

人为设置的界限，必然会因为认识的深化或者研究目的的变化而变化。只要这条界限困扰了我们的具体工作，研究者就会选择突破界限，或者重置分类标准。以俗文学为例，早期的"中国俗文学学会"与"中国民俗学会"的会员重合度达到70%以上，俗文学几乎就是民间文学的另一个别称，彼此很难分得清楚。到了潘建国执掌中国俗文学学会的2021年，学会理事中的民俗学会会员已经不到20%，潘建国明确提出俗文学的主要学术领域就是古代小说、戏曲和说唱三大领域，得到会众一致认可。这三大领域显然是在不断吐故纳新的筛认过程中逐渐明确的。

所以说，学科界限是动态的、模糊的、与时俱进的，而不是静止的、天然的："人类在理论和实践上把握自然界和社会的程度决定了学科分类的状况和水平。……当对于物质结构的研究尚未深入到原子及亚原子层次的阶段，也不可能产生按物质结构层次进行分类的思想。当人类的科学思维从自然哲学转向社会哲学，当人类开始对社会现象进行深入的科学研究并取得相当成果时，才有可能出现自然科学和社会科学两大部类的划分。"[1]

---

[1] 丁雅娴主编：《学科分类研究与应用》，中国标准出版社，1994年，第3页。

民间文学为什么能够成为一门学科，不是因为有了讲故事、唱情歌这种社会行为，而是因为有了"五四"新文化运动先驱者的觉悟和探索。顾颉刚说："民俗可以成为一种学问，以前人决不会梦想到。他们固然从初民以来早有许多生活的法则，许多想象的天地，可怜他们只能作非意识的创造和身不由主的随从，从来不会指出这些事实的型式和因果。"[1] 吕微解释说："在生活世界中，学术研究的对象无处不在且混沌未分，而学科对象被划归各个学科的研究范围有赖于研究主体的辨认和分解。是研究主体的问题意识照亮了被研究的对象，使研究对象从混沌的黑暗中显现出来。就连坚持经典认识论的索绪尔也早就意识到：不是对象在观点之前，是观点创造了对象。"[2]

这也就是说，研究对象有没有意义不在于研究对象本身，而在于研究者有没有发明一套赋予其意义的理论话语。理解了这一点我们就明白，一旦研究主体发生变化（比如代际更替），生产了新的理论话语，我们对于事物的认识角度、价值判断、类别划分，也一定会相应地发生变化。学科体系作为一种人文建构，当然也须如此理解。

任何科学都是由概念、判断、推理、论证和命题构成的知识体系。民间文学学科是由民间文学研究者共同完成、认可、推进的知识体系。一门学科可以分出许多方向，有的方向逐渐萎缩，渐成冷门，甚至成为个别学者的学术自留地。有的方向

---

[1] 顾颉刚：《民俗学会小丛书弁言》，杨成志、钟敬文译《印欧民间故事型式表》，国立中山大学语言历史学研究所印，1928 年，第 1 页。
[2] 吕微：《"内在的"和"外在的"民间文学》，《文学评论》2003 年第 3 期。

逐渐扩张，不断壮大，甚至成长为一门新的学科。每一个时代学科体系的制定，都反映了这一时代的学术发展水平和社会需求状况。学科体系类似于我们的学术地图，如果我们把传统的学科体系看作静态的辖区图，那么，积极的学科体系就如动态的作战图。

钟敬文清醒地认识到学科体系建构的历史作用在于它的相对意义，他说："一定的科学结构体系的建立，在一定时期内有它的稳定性。但是从科学史发展的长远过程看，它又是处在不断调整和完善中的。我们今天所认识的结构体系，昨天未必产生，明天则可能要变成另外一副样子。所以，在我们的头脑里，应随时随事，都具有唯物辩证法的观点。僵化的观点是不能真正认识和有效处理现实事物的。"[1]如果说钟敬文时代的学科体系规划是在研究成绩尚不充分、学术流派尚未形成之时的一种权宜之策，那么，今天再以对象范围和目标管理来实施学科建设，就很难成为正当性理由了。

学术研究是典型的知识生产活动。如果某一领域的研究很难产生新的话题、翻出新的意义，那么，这一领域所生产的论文就很难被学术期刊所采纳，也很难得到同行的尊重，学者的努力既得不到物质奖赏，也得不到精神奖赏，多数学者就会放弃在该领域的耕耘。如此一来，该领域即便是"应该有"的学术方向，在现实中也无法维持可持续发展。

相反，如果有新的理论、新的阐释方法的进入，那些已经

---

[1] 钟敬文：《钟敬文文集·民俗学卷》，安徽教育出版社，2002年，第47页。

沉寂的、甚至从未被人关注的领域，也会突然焕发出勃勃生机。以"非遗保护"为例，在2003年联合国教科文组织通过《保护非物质文化遗产公约》之前，谁也没有想到过居然会有一门"非物质文化遗产保护"的新专业名称出现在教育部《列入普通高等学校本科专业目录的新专业名单（2021年）》中。事实上，在这份名单中，非物质文化遗产保护专业与艺术学一级学科名下的其他专业类别并不构成逻辑上的并列关系，也不是教育部按照"物质"和"非物质"的互补关系自然分列出来的，更不是前辈学者未雨绸缪规划出来的，而是以此前17年间数量众多的"非遗学"研究成果为后盾，由冯骥才等一批文化名人努力争取来的。

此外，随着社会发展，各种各样的新文化现象也会刺激新范式的产生。比如网络文学，原本只是个别学者的兴趣，随着网络文化的迅速发展而渐成显学，甚至有望成为文学类的二级学科，虽然网络文学研究目前还没有形成公认有效的研究范式，但这似乎也只是时间问题而已。

四、民间文学研究什么

什么是民间文学？钟敬文定义为："广大劳动人民的语言艺术——人民的口头创作。"[1]民间文学研究什么？他在《民间文艺学的建设》（1935年）中说："这种科学的内容，就是

---

1 钟敬文：《钟敬文文集·民间文艺学卷》，安徽教育出版社，2002年，第15页。

关于民间文学一般的特点、起源、发展以及功能等重要方面的叙述和说明。"[1] 在《加强民间文艺学的研究工作》(1981年)中,他又用列举式做了进一步说明:"它的主要任务是研究广大人民过去和现在所创作、享用和传承的各种样式的文学作品——神话、传说、民间故事、歌谣、叙事诗、小戏、谚语及谜语等。"[2]

吕微批评说,将民间文学的性质定义为"劳动人民的口头创作",以及将民间文学的基本特征概括为集体性、口头性、传承性、变异性,都是从"外在的"政治、民族、历史、地理等意识形态角度对民间文学做出的界定,没有触及民间文学的内在本质属性。他甚至认为:"中国现代民间文学理论经常遭受'浅薄'之讥,其对民间文学内在规则之重要性的忽略,从而导致学术概念体系难以建立,理论、方法的思考难以深入,不能不说是首要原因。"[3]

吕微以自己正在主编的《中华民间文学史》[4]为例,开出一剂药方:"作者们把民间文学分成八种体裁:神话、传说、故事、歌谣、史诗、叙事诗、民间小戏和谚语、谜语。民间文学体裁(文体)以及'叙事模式'等形式范畴的切入角度体现了该书作者们企图从内在的无活动主体的立场进入历史叙事的初衷,也就是说,作者们实际上做的是在把民间文学的活动主体

---

1 钟敬文:《钟敬文文集·民间文艺学卷》,安徽教育出版社,2002年,第8页。
2 钟敬文:《钟敬文文集·民间文艺学卷》,安徽教育出版社,2002年,第63页。
3 吕微:《"内在的"和"外在的"民间文学》,《文学评论》2003年第3期。
4 该书正式出版时,更名为《中国民间文学史》。参见祁连休、程蔷、吕微主编:《中国民间文学史》,河北教育出版社,2008年。

排除出历史叙事的同时又把民间文学的文体看作是自我生长、自我发展的有机体。"[1]但是，且不说《中华民间文学史》中的"中华"二字本身也是一种意识形态的限定，全书基于体裁的结构与钟敬文民间文学体系并没有差别。退一步说，就算《中华民间文学史》做到了基于"内在性"而建构学科体系，这种学科体系依然基于认知目的，而不是基于研究目的，对于推进学术研究同样没多大实际意义。

什么是民间文学，或许并不需要有一个清晰的界定。比如现在广泛流传的网络段子、网络谣言等，算不算民间文学？尽管它不符合民间文学"口头性"的限定，但依然有许多学者拿它们当民间文学研究，为什么？因为我们可以用民间文学传播变异的研究范式对它们进行解剖和分析，也就是祝鹏程说的，我们手中握着做蛋糕的面粉和切蛋糕的刀，我们能够做得了这块蛋糕。

有些概念需要精细辨析，尤其是涉及实际操作的法律、政策概念，但是，人文学科的许多概念并不需要精细辨析，有些甚至只要大致意会，不至于张冠李戴就可以据以进入讨论。以神话、传说和故事的研究为例，当我们讨论"神圣性"问题的时候，即使不做概念辨析，大部分传说和几乎所有故事都可以自然被排斥在外；当我们使用"故事性"的时候，就暗含了传奇、幻想、误会、巧合、非现实的逻辑，即使不做精确定义，也不会妨碍受众理解。

---

[1] 吕微：《"内在的"和"外在的"民间文学》，《文学评论》2003年第3期。

民间文学是一种客观实在的文学形态,对于客观事物的研究必然是一种实证研究。实证研究大致可以分为知性认识和理性认识两个阶段。知性认识阶段主要是对现象进行分类、排列、秩序化,以便于统计、比较、分析、印证和归纳、概括。理性认识阶段,是在归纳概括的基础上,借助概念体系和形式逻辑,导出更多的规律性认识,提出新理论,确立新的研究范式。

以民间文学的体裁研究为例,这只是知性研究中的分类阶段。止步于此的学术研究是低层次的、自我封闭的,很难加入大文学研究的对话平台,因为这类研究对于其他学科来说实在是一些无足轻重、不必关心的话题。

只有理性认识阶段的成果,才能超越具体对象、超越就事论事,在更高的理论层面上与兄弟学科展开有效对话,从而服务于社会文化建设。新认识、新理论未必需要长篇大论,有些伟大理论的提出,最初可能只是一个精辟而简单的命题,比如顾颉刚"层累地造成的中国古史"学说的提出,全文也就是短短的一篇书信体《与钱玄同先生论古史书》而已。当然,类似于顾颉刚这种见微知著、举一反三的理论成果是极其罕见的,大多数学者都只能止步于知性认识阶段、止步于常规研究。

在中国现代学术版图中,民间文学和民俗学一直处于交叉和边缘的位置,"为了建设民俗学学科的合法性,诸多学者进行了理论反思和转型尝试"[1]。20世纪80年代以来,我们在学

---

[1] 萧放、贾琛:《70年中国民俗学学科建设历程、经验与反思》,《华中师范大学学报》2019年第6期。

科合法性论证方面投入了大量人力，产出了数以千计的论文。但是，学科确认的关键也许并不是合法性论证，而是实质性推进。

哲学领域有一个"人不能证明自己"的命题，强调任何工作的价值"都不能由事件承担者自己来证明"。[1] 所以，无论我们生产多少自证民俗学价值的论文，都难以唤起兄弟学科的尊重，唯有良好口碑的优秀"出圈成果"，才是民间文学立足学林的有效证明。钟敬文就特别注重与其他学科的对话，一再强调民间文学和民俗学要为人类社会的文化发展提供智力支持。无论是强调民间文学服务于政治，还是服务于社会，钟敬文总是希望民间文学在社会文化建设中具有实际的"功能"，能够为更深刻地认识个人、社会与自然提供更多的规律性认识或理论。

"实际上，目前中国民俗学者广泛参与国家政治、经济、文化发展进程，在提供咨询建议、参与非物质文化遗产工作、助力村落治理与乡村振兴、发展民俗文化产业、促进民俗教育等方面做了大量积极的工作。"[2] 可是，我们参与了这么多工作，为什么学科合法性依然存在问题？答案是，我们虽然以民俗学者身份参与这些工作，实际上并没有用到多少源自民俗学的专业知识，在这些工作中，民俗学者完全可以由文化人类学、艺术学、文化产业管理等专业的学者替换。也就是说，参与者个

---

[1] 谭学纯：《人不能证明自己》，《光明日报》2003年2月27日。
[2] 萧放、贾琛：《70年中国民俗学学科建设历程、经验与反思》，《华中师范大学学报》2019年第6期。

人在工作中获得了良好的社会声誉，但民俗学或民间文学并没有因此而获得更好的学术声誉。

民俗学理论不是佶屈聱牙的概念游戏，而是"有条有理地组建而成的知识体系，用以按照某种规则统一解释民俗事象或发展人类的认知"[1]。多数民俗学者怀有深深的理论自卑，这导致许多不清楚何为"理论"的学者误以为只有形而上学的思辨性议论才是理论研究。由中国民间文艺家协会编辑出版的《中国民间文学大系》理论卷[2]就是这种思路，该书包括"综论""基本理念：对象与学科"两大部分，具体分为"时代与国情""学科史启示""非遗语境""对象界定：主体、事象与日常生活""特性与价值""学科定位"等六个章节，几乎全是形而上学的论述，没有一章是针对具体民间文学现象的理论探讨。看完全书，我们只知道民间文学"应该有"什么，根本看不出民间文学"已经有"什么，对于一个想从中学习民间文学既有理论知识的外行来说，可能什么也得不到。

我们当然不能认为这些形而上学的思考不是理论研究，但如果认为只有这样才是理论研究，那就大错而特错。民间文学需要思辨哲学，但思辨哲学本身不是民间文学。正如农民需要锄头锄地，但打锄头并不是农民的本职工作。将民间文学引向形而上学的努力，正如劝导农民都去打锄头。个别农民擅长打

---

[1] 菅丰：《民俗学的喜剧——"低微/谦恭（humble）之学"和"接地气的民俗学者"的可能性》，东南大学外国语学院中日民俗学前沿论坛"21世纪中日民俗学展望"，2021年9月25日。

[2] 中国文学艺术界联合会、中国民间文艺家协会总编纂：《中国民间文学大系·理论（2000—2018）》第一卷·总论，中国文联出版社，2019年。

铁那是好事，但并不意味着农民都得会打铁，相反，锄地、栽种、施肥、浇灌，这些才是农民的本职工作。

"任何一门现代科学和技术的发展及其应用，都不仅取决于学科本身的需要和内在发展逻辑，而且是相应于社会需求和社会价值而取得发展和应用的。"[1] 民间文学研究的价值，就在于通过实证研究，发现民间文学在不同条件下编创、传播、变异、流动的种种规律，抉发其与传承主体、存续社区之间的相生关系，进而为大文学研究提供新的理论支持，促进和优化民族国家乃至全人类的文化建设。

每一门学科都有它自给自足的学科边界，有自己的提问方式和解题方式。当形而上学的思辨脱离了民间文学本体、超越了民间文学边界、抛弃了民间文学提问方式和解题方式的时候，民间文学的旗帜举得再高，它也只是形而上学本身，而不是民间文学。正如游戏设计师借用神话、传说设计了一款电子游戏，你不能说这款游戏使用了民间文学元素，它就属于民间文学学科范畴。

五、实证研究是民间文学的立足之本

一个合格的学术工作者必须同时具备专业的眼光和通观的视野。专业的眼光意味着你对本专业的学术史和学科格局有深刻的理解，能够熟练操作本专业的学术研究范式，对自己的工

---

[1] 丁雅娴主编：《学科分类研究与应用》，中国标准出版社，1994年，第7页。

作以及在专业领域中的位置有清晰定位,知道自己能做什么、要做什么;通观的视野意味着你对普适的科学研究方法、科学进步方向、社会文化思潮等学术大趋势有相对完整的大致了解,知道哪些是学术前沿、哪些是无效劳动、什么样的研究能有效地促进学科发展。但是,大部分的专业研究工作者很难做到后一点。

人文社会学科是不是科学?联合国教科文组织编写的"社会科学和人文科学研究的主要趋势"报告书中,由皮亚杰(Jean Piaget)撰写的《引言》中说:"自然科学和社会科学间对立的主要原因在于'主体'的作用和性质,因此,因人文科学在其中发展的文化环境而异的这种对立对形而上学相当敏感,对于那些视'人文科学'为独一无二的顽固的信奉者来说,'主体'不属于自然,而是自然的观众,甚至是作者。然而,对于连续性的信奉者来说,人即主体这个事实,是又一种自然现象,而这并不妨碍主体主宰或改变自然,也不阻止它代表被传统哲学归诸'主体'的一切活动。这就是问题的关键所在。"皮亚杰通过不同国家、地区和历史阶段对于人文科学的定位,以及不断新生的交叉学科同时兼有自然科学与人文科学双重特质等一系列科学史事实,论证了这样一个观点:"人文科学不是孤立的,而是科学总体系中的一个组成部分。"[1]

人文社会科学的科学化,是当代学术的大趋势。"(2011

---

[1] 联合国教科文组织编:《当代学术通观·社会科学卷:社会科学和人文科学研究的主要趋势》,周昌忠等译,上海人民出版社,2004年,第61、66页。

年)国际哲学与人文科学理事会(International Council for Philosophy and Human Sciences)的英文名称,就将原用名称人文科学 Humanistic Studies 改成 Human Sciences,含义偏向'人的科学'。这一改动,不仅是为了与法语名称中的 Sciences Humaines 趋同,也是因为在当下的学术语境中,人文与社会科学和自然科学的结合,是空前地紧密了,跨学科的探索是空前地繁荣了。……年前(注:2018 年)国际科学理事会(ICSU)和国际社会科学理事会(ISSC)正式宣布合并,更从学科机制和未来发展两个方面揭示出文理结合的广阔前景。"[1]

在所有的学科专业中,除了数学和哲学,其他所有的专业知识都是基于实证的知识。实证研究的基本主张是:"一切有效的知识必须以经验事实为基础,必须能够得到经验的证实。"[2]有效的专业知识一定是科学认识,是可验证的、得到学界同人普遍认可的知识。民间文学研究的价值就在于从各种民间文学现象中归纳出规律性的认识,通过反复的对话和验证,将民间文学领域的独有知识转化为文学研究和文化研究领域的共有知识,为社会文化发展贡献知识力量,同时也为民间文学赢得荣誉,从而获得学科合法性地位。

之所以要强调科学方法、强调实证研究的意义,是因为实证研究在民间文学、民俗学界正在遭受责难,逐渐受到冷落。米面蔬果作为人类主食本来是不需要论证和强调的,可是当许

---

[1] 朝戈金:《〈西北民族研究〉与民俗学学科建设》,《西北民族研究》2019 年第 2 期。
[2] 张庆熊:《社会科学的哲学——实证主义、诠释学和维特根斯坦的转型》,复旦大学出版社,2010 年,第 11 页。

多人都在反复宣称米面蔬果营养不足，肉类才是人类主食的时候，重新强调米面蔬果的重要性，也就成为一种必要。

只要我们承认民间文学是一门具有科学性质的现代学科，无论将它划在社会科学还是人文科学，都是一门基于实证的学科，是建立在经验事实（民间文学现象）基础上的学科。否认了实证研究，也就否认了学术活动对于经验知识的依赖，进一步也就否认了田野作业，否认了文献资料。当民间文学既没有了田野，也没有了文献的时候，它就成了空中楼阁、海市蜃楼，它就什么也不是了。

学科是有边界的，坚持民间文学的实证合法性，并不是否认形而上学的存在价值。我们要强调的是，作为个体的学者，他有选择任何一种学科方向和研究范式的自由，但是，作为一门特定的学科，它有一个大致的职责范围和界限，否则也就没必要划分什么一级学科二级学科甚至研究方向，干脆统一叫作"学术研究"好了。

现代学术的分工越来越明确，民间文学作为文学大类下的二级学科（甚至连二级学科的地位都不稳固），不应该也没必要去超越文学，不切实际地朝着纯粹形而上学的方向努力，我们应该回到民间文学本位，将其定位为一门以实证研究、以认识论为基础的人文科学。

我们以中国现代民俗学两位主要倡立者的观点为例。顾颉刚曾说："科学的哲学现在正在发端，也无从预测它的结果。我们要有真实的哲学，只有先从科学做起，大家择取了一小部分的学问而努力；等到各科平均发展之后，自然会有人出来从事于会通的工作而建设新的哲学的。所以我们在现在时候，再不当宣传玄学的哲学，以致阻碍了纯正科学的发展。"[1] 钟敬文也在他本人认为最重要的学科建设纲领性论述《民间文艺学的建设》(1935年)中说道："由对象本身和社会的条件看来，要求民间文艺研究向着系统的科学之路迈进，并不是笔者个人的大胆或好事，而是一种客观的必然需求。"如何向着系统科学之路迈进呢？钟敬文明确指出："实证主义的开山祖师孔德，便倡导在文化科学中运用自然科学的方法。"那么，自然科学的方法又该怎样运用呢？他进一步引用法国社会学家莫尼埃（René Maunier）的话说，所有研究社会和人的科学都应该遵循这样的道路："像这样地观察、比较、解释，别言之，调查、对照、说明，实在是一切科学研究的三阶段的目的。一切科学的任务，在于做出关于各种事实及其原因的概括。"[2] 综上，我们可以归纳两位学科倡立者的两个核心观点：一是立足实证研究，二是倡导科学方法。

实证研究有三个要点："(1)确定经验事实；(2)发现现象间的齐一性，建立有关现象相继发生的规律性的理论；(3)从理论中推导出那些能够对未来发生的现象加以预言的经验命题，并通过经验事实验证该理论是否正确。"[3] 其中最关键是第二步，也即找出各种现象之间的隐秘关系并解释这些关系，而这些关

---

[1] 顾颉刚：《自序》，顾颉刚编著《古史辨》第一册，上海古籍出版社，1982年，第34页。
[2] 钟敬文：《钟敬文文集·民间文艺学卷》，安徽教育出版社，2002年，第8、11、13页。
[3] 张庆熊：《社会科学的哲学——实证主义、诠释学和维特根斯坦的转型》，复旦大学出版社，2010年，第12页。

系只有依靠直接或间接的生活经验和田野观察才有可能捕捉到。实证研究所揭示的这些关系，经过归纳和演绎，上升为一般性的认识，就是我们通常所说的"规律"，具体到民间文学，我们称之为"模式"。

科学的关系只有"因果关系"和"结构关系"两种。前者是历时关系，表现为前后相继的若干现象之间的必然联系；后者是共时关系，表现为特定系统中相互配合或制约的价值关系。但是，在我们的人文社会科学学术成果中，还普遍存在一种"相关关系"，这是一种说不清、道不明的关系，只要有一点人缘、地缘、主题、形态，哪怕是语音、语义上的弱相关关系，就可以借助天马行空的无限联想，建构一种假想的相关关系。这种关系集中体现在各种各样的"比较研究"当中。通过比较研究，我们生产了大量的"猫狗论成果"：因为我们知道所有的狗不仅有毛，有四条腿而且长有犬齿，而猫也有毛，有四条腿且有犬齿，所以猫就是狗。这种简捷的研究进路甚至成为一种"理所当然"的论文生产模式，相关论文数量庞大。但是，再多的豆腐渣论文也不能成为学科合法性的依据。学术研究需要想象力，但学术想象是需要经由推理加以论证的，而论证是受到逻辑制约的。

对于一个学者来说，实证主义与形而上学的哲学理念是难以兼容的，但是对于一个学科来说，两者都是学术发展的驱动装置。所以说当我们主张实证研究主体地位的时候，并没有排斥形而上学的研究，正如我们强调米面蔬果的主食地位时，并没有否定肉类食品的营养价值。同理，我们说研究范式是一套相对稳定的、专业化的研究模式,但并不排斥研究范式的多样性共存,即使同一个研究方向也必然会有不同的研究范式。比如,在故事学领域,刘魁立的故事形态学与刘守华的故事诗学就是截然不同的两种研究范式;在神话学领域,叶舒宪的新神话主义、杨利慧的神话主义、刘宗迪基于天文地理的神话研究,都是截然不同的研究取向。学术研究多样性恰恰是学科兴旺发达的表现形式,但无论是哪种研究,都必须受到形式逻辑的制约,都是戴着镣铐的舞蹈。

六、外部刺激：时势和利益驱动的学科发展

我们知道,发现事物"内在本质"的企图是徒劳无益的。什么是民间文学的"本质",有人说是人民性,有人说是口头性,有人说是生活本身。什么是"内在",什么是"外在",基于不同的立场,也有截然不同的观点。比如,吕微基于索绪尔的理论,认为"趋向于模式化"才是民间文学最本质的属性,体现了"从民间文学研究对象的属性中排除活动主体而趋向于系统规则的内在性意识"[1],但是,在通行的文学理论看来,"趋向于模式化"恰恰是形式主义的,是外在的、非本质的属性。

那么,在我们无法确定什么是"本质"的时候,我们的学术研究还能继续向前推进吗? 答案是肯定的。正如我们想不清楚"人为什么活着"却可以继续活着一样,许多"本质"问题

---

1 吕微:《"内在的"和"外在的"民间文学》,《文学评论》2003 年第 3 期。

其实都是可以悬置的，因为关于"本质"的问题本来就不是人生必须回答的问题。

失去了"本质"追求的民间文学研究向何处去？

每个学科都由一个个具体的学科从业者所组成的，一方面，学科意志就像一个无形的紧箍咒，套在我们每个从业者的头上；另一方面，所谓学科意志，其实就是我们每一个从业者的意志合力，是由我们自己的"学科共识"所组成的。时代在变，从业者在变，"学科共识"当然也在变。所以说，任何学科界限，都是学术共同体的自我设限；任何学科体系，都是与时俱进的动态体系。

所谓学科建设，归根结底是该学科所有从业者学术成就的总和，其他各项指标都是为这项指标服务的。所以说，学科建设的根本出路，就是我们每一个从业者都做出好的成绩。无论我们用圈地的方式来进行学科建设，还是以宏伟蓝图来进行学科建设，抑或其他方案，关键问题在于能不能有效地刺激学术生产。

真正能够有效刺激学术生产的途径无非两种：外部刺激和内部刺激。

所谓外部刺激，主要是指利益驱动，以及社会变迁的催化作用。学者的研究方向和选题，多数受到工具理性的主导，他们会根据各自的学术条件和现实处境，选择最有利于个人学术利益的角度来考虑研究课题。一个学者是否愿意将时间精力投入某一研究方向，往往会考虑该方向是否有利于申报国家社会科学研究基金，是否有利于在权威学术期刊发表论文，是否有利于获得教育部优秀科研成果奖项，等等，而这些指标，最终又会反映在职称评定、荣誉称号的获得、学术地位的提升等方面。所以说，每年的"国家社科基金课题指南"，其实就是无形的学术指挥棒、强效的外部刺激素，指引大批学者奔赴既定的研究方向。

另一个重要的外部刺激是社会变化的刺激。任何时代，任何一个想多快好省地开展学术生产的青年学者，都会毫不犹豫地选择那些更具时代特征、更容易获取素材、更容易发现问题、更容易找出规律、更容易写出论文、更容易使成果得到发表的学术选题，而且，这样的选题之间往往还存在着深切的相关性，越是时势性的、社会普遍存在的现象，材料越丰富，相应的问题越突出，社会关注度越高，产出的成果也越容易得到发表，学者本人的获得感也会越强。

"朝向当下"的学术进路无疑会将自己置身于一个更加良性的学术循环系统，正如安德明所说："民间文化研究是一门具有很强现实属性的学问，是现代学，这一点，已日益成为中国民间文化研究工作者的共识。近年来，越来越多的研究者，都开始把关注的重点，从过去的、偏远地区的'古老'传统，转向了现在的、日常生活中的文化。这在一定程度上体现了民俗学、民间文学研究摆脱以往'向后看'的局限、并把眼光投向更广阔的社会生活的努力，也可以看作是使民间文化研究在新的社会历史条件下获得更大发展的重要途径。"[1]

---

[1] 安德明：《民间文化研究："朝向当下"的学问》，《民间文化论坛》2015年第4期。

在任何一个社会，凡是适应社会发展需求的学问，总是能够得到优先生长。近现代的中国社会，各种新生事物和新兴文化现象层出不穷，很多都是我们的前人所无法预料的。且不说"非物质文化遗产学"的兴起，即便是现在的网络民间文学、网络谣言研究，也是钟敬文时代所难以想象的，更不可能预先把地圈上，再把蓝图画好。新领域只能水到渠成地由身处这种文化事项中的青年学者自己去观察、体验、思考，用实在的学术成果去占领。这也就是我们常说的"一代有一代之学术"。

任何圈地意识、蓝图规划，都是前辈学者对后辈学者的粗暴干涉。打个不太恰当的比喻，这就像父母替子女规划人生道路，你都不知道子女一辈将会面临什么样的新世界，却要用你那套老眼光、老路子为子女的人生旅途指引航程。子女不按你的导航走也就罢了，若是真按了你的导航，很有可能把自己导进阴沟里去。

七、内部刺激：以学术自由促进学科发展

所谓内部刺激，主要指学术工作者自身的学术激情和创造力驱动。大凡在学术行业奋斗的青年学者，多数都是从小刻苦学习、努力奋斗、志存高远、怀抱济世梦想的有为青年，否则也不会一路过五关斩六将读到博士毕业。对于那些创造力旺盛的青年学者来说，其实不需要太多的外部刺激，他们自己的理想、信念，以及思考和写作的冲动，就足以成为他们学术再生产的强大动力。

学科是由相近学术背景的学界同人组成的，学科划分最重要的标志是人而不是研究对象，是主体而不是客体。学科建设的关键在于是否能够有效地刺激共同体的学术生产。对于每一个学者来说，无论外部刺激还是内部刺激，都是一种客观存在，既不需要唤醒，也不需要规划。

讨论学科建设和学科发展的，多数都是作为学科中坚的成名学者，但实际上真正能够从实践上促进学术发展和学术进步的，总是青年学者。青年学者虽然在思维缜密和写作经验等方面不如前辈学者，但他们精力更充沛，视野更开阔，思维更活跃，创造力更加旺盛。所以说，学科发展的希望在于创造力旺盛的青年学者，以及厚积多发的中年学者，学科建设最应该做的就是尽力为本学科的中、青年学者提供更好的学术平台，包括为青年学者提供更多的学术调研平台、学术交流平台、学术发表平台，为中年学者提供有力的学术宣传平台，等等。不重视、不扶持青年学者的学科，就是固步自封的油腻学科。对于那些地位稳固的老牌学科来说，自足自大的油腻是它的本色，但是对于尚处于上升期的新兴学科、边缘学科和交叉学科来说，油腻就等于自宫。

学术研究贵在平台和自由，对于许多青年学者来说，只要给他一个能够自由挥洒的学术平台、生长空间，他自然就会茁壮成长。许多博士生都会在博士论文的后记中，用各种感人肺腑的语言感谢导师手把手将自己带上了学术之路，其实这些话多半是程式性套语，真正优秀的博士论文都是自己写出来的，跟导师的关系只是一个平台关系。导师把你招入门下，给了你一个"在这里"撰写博士论文的学术平台，你在这个平台得到许多学术资源，得到学习和交流的机会，从导师这里汲取了一些写作经验，这是普遍的师生关系。说句不客气的话，对于那些优秀的博士生来说，跟着导师甲或者导师乙，对他的专业方向和选题也许会有影响，但是，对他的研究能力并不会产生太大的影响。青年学者需要的只是一个资源丰富的学术平台，而不是导师甲、导师乙或导师丙。

多数青年学者在他博士毕业后的几年内，理论、方法和知识结构就会大致成型，他们已经学有所成，急于在学术界崭露头角，即使没有任何外力作用，他们也会充分发挥主观能动性，努力从事有意义的学术生产。靠山吃山，靠水吃水，这种浅显的道理没有人不懂，只要享有充分的学术自由，每一个学者都会从既有的学术资源和现实需要出发，提出有意义的问题，自由发挥，自由生长，尽力将问题解决得漂亮。

对于理工科的学者来说，能不能做出好的成绩，研究水平和学术声望在学界大致处于哪个层级，四十岁就基本定型了；对于文科学者来说，这个时间会略微推迟一些，但是到了五十岁，也都基本定型了。所以说，许多学者一旦评上教授，或者到了五十岁之后，因为身体和心态等原因，就会放慢甚至停下学术进取的步伐，学术生产力急剧下降。

这种现象是普遍性的，在任何一所高校，副教授的学术生产力都是大于教授的。对于学科也一样，一个学科的学术生产力主要体现为中青年学者的学术生产力，对于那些精力充沛、以学术为志业的中青年学者来说，只要给他一个能够自由挥洒的学术平台、生长空间，他自然就会茁壮成长。但是，青年学者在学术影响力和写作技巧上，与成名学者还有一定距离，因此在课题申报和论文发表上均处于劣势，这正是制约学术发展的一个重要问题。所以说，学科建设的焦点不在于圈了多少地、蓝图多美丽，而在于是否能够从最现实的发展需求出发，为中青年学者提供一个自由发挥的学术平台。

但如果说有了自由的学术空间就能够向上生长，那么，学科还有什么意义？大家为什么还要受到学科的束缚和制约？

首先，学术研究需要范式的指导，特定的学科能够为我们提供特定的研究范式，提供我们需要的理论操作工具。所有的自由，都是有限自由，是戴着镣铐的舞蹈。所谓学术自由，是特定专业方向、研究范式规范下的自由，而不是天马行空，向壁虚造的自由。

其次，学术研究的价值需要在学科共同体内得到承认。只有相同研究范式的学者才能充分理解、接受、传播你的学术思想。也只有相同研究范式的学者才会与你展开对话，共同提高，促进学科发展。

从软件建设的角度来看，学术自由是学科建设最可贵的刺激方案，在自由的基础上展开对话，在对话的基础上形成共识，在共识的基础上促进学术发展和学科建设。学科建设既有赖于研究范式，也有赖于共同体的建设。学科建设需要对话平台，需要会议，需要我们互相引用、互相批评，共同推高学科的影响力。

学术对话的功能与路径

所有社会共同体的建设都需要通过内部的交流与对话,以形成共同的信念和意志,因此,共同的言语方式和话语体系在共同体建设中起着至关重要的作用。学术共同体建设当然也不例外,学术交流与对话,以及共同的学术用语和学术观念的形成,就成为学术共同体建设不可缺少的环节。

关于学术对话的重要性,我们引用最多的是文学家萧伯纳(George Bernard Shaw)的这段话:"倘若你有一个苹果,我也有一个苹果,而我们彼此交换这些苹果,那么,你和我仍然是各有一个苹果,但是,倘若你有一种思想,我也有一种思想,而我们彼此交流这些思想,那么,我们每个人将各有两种思想。"[1] 科学社会学奠基人默顿(Robert King Merton)则从正反两方面就学术对话的意义进行了更为严谨的表述:"思想与思想的接触往往明显地刺激了观察与首创性。没有相互接触,观念和经验将仍然保留为严格地属于个人。可是,通过互动的媒介,观念和经验就可以变成创新和发现的要素。一个科学家可

---

[1] [苏]А.И.米哈依洛夫等:《科学交流与情报学》,徐新民等译,科学技术文献出版社,1980年,第47页。

以作出一些观察，但他没有作出解释。如果这些观察不交流给其他研究者，那么它们对科学发展就没有意义。"[1]

学术对话的形式是多样的，既有正式场合的会议交流和正式发表的论文商榷，也有非正式的学术沙龙、成果分享和意见征询。美国科学社会学家的调查发现，大约50%的科学家认为，非正式渠道的学术交往和对话，对于他们的研究工作非常重要："在电话采访中，有几个数学家做出相似的评论：'你单独一人进行研究，但是，如果你从来不与其他人交谈，你就会处在一个很糟糕的状态之中。你一定要知道你的研究在这个领域中产生了什么影响。'"[2] 而那些游离于学术共同体之外、很少与其他学者展开学术对话、对学科传统知之甚少的科学家，基本都是成果很少、影响力微弱的科学家。

那么，学术对话与学科建设到底表现为一种什么样的关系？本书主要以"中国民俗学会"和"民间文化青年论坛"这两个学术共同体为例，讨论学术对话的功能、意义，及其对于学科建设的意义。[3]

---

[1] ［美］R.K.默顿：《十七世纪英国的科学、技术与社会》，范岱年、吴忠、蒋效东译，四川人民出版社，1986年，第330页。
[2] ［美］戴安娜·克兰：《无形学院——知识在科学共同体的扩散》，刘珺珺、顾昕、王德禄译，华夏出版社，1988年，第43页。
[3] 依照现行学科体制，民间文学部分从属于民俗学，从业者高度重合，由于两者的学科差别和从业者学科归属问题无关本章宏旨，这里不做辨析和严格区分。

一、学术对话的形式与特征

学术对话是个比较宽泛的学术概念，既包括学术会议面对面的学术交流，也包括各种非正式的学术讨论，比如小型聚会、电话、微信、电子邮件方式的往复讨论，当然也包括通过引证、呼应、批评、商榷、验证等方式形成的学术写作。就单篇论文来看，学术写作上的书面意见似乎是单向的，但是，不同学者共同参与的互动式论文商榷，依然可以视为一种多维多向的书面对话。学术对话让彼此加深了解，有可能产生两种极化的后果，一种是令别人更加重视你，一种是令别人更加轻视你，但是，如果不参与学术对话，则是让人彻底忽视你。

学术对话的形式是多样的，从不同角度可以分出不同类别，呈现出不同的问题。

（一）学科内对话与学科间对话

我们可以把学术对话分为学科内对话和学科间对话。所谓学科内对话，一般指的是学科内部学派与学派之间的对话，以及学者与学者之间的对话。事实上，学派与学派之间很少发生集体对话，对话主要发生在学者与学者之间。学科间对话虽然多样，但是具体也得落在学者与学者之间，其中最重要的是无形学院的对话，这一点我们放到后面详说。

当专业性学术成果难以得到社会认可的时候，许多学者会举着"隔行如隔山""外行不懂内行"的挡箭牌来为自己辩护。但事实上，一门学科能否取得较高的学术地位，恰恰不是自己学科的"内行"说了算，而是相邻学科的"外行"说了算。

那么，行内的成果如何才能得到行外专家学者的认可？只有通过共同话题的学术对话。一个外行可能不了解你的研究，但他一定能看出你的学术能力，以及成果的价值，因为专业知识之外的形式逻辑是共通的。一篇论文是逻辑严密还是主观臆断，是资料丰富还是挂一漏万，不必内行就能做出判断；一项成果对社会文化建设有没有价值，多数情况下，一位没有学派偏见的外行也能做出大致判断。所以说，提高每一位共同体成员的科研能力和水平，是提升学科地位最关键的步骤。

（二）上行对话与平行对话

学术引证是最重要的正式对话形式。可惜的是，我们的学术引证往往表现为"上行对话"，也即应对师长的致敬式对话。那些成名学者尤其是资深博士生导师，即使一篇炒冷饭的平庸论文也很容易得到一些青年学者尤其是门下博士的反复征引，相反，青年学者的论文就算观点新颖、论证严密，也难以引起学界重视，很难得到其他学者的引证和讨论。像顾颉刚那样三十岁提出"层累造史"理论，旋即得到学界大讨论的现象，似乎已成学界绝响。现在的学术期刊评价机制多以转载量、引证率作为评刊指标，这也导致了学术期刊更愿意发表成名学者的平庸论文，而不是青年学者有创造力的论文。

以引证率作为评刊指标，还会间接导致两种非正常的学术对话。

一是"致敬引证"，主要指部分青年学者出于向学术大佬致敬、献礼的目的，生硬插入自己导师或学界名流的语录，为扩大对方著述影响力做贡献的学术引证。这种对话形式主要表现在学科内的正式对话中。许多青年学者都将学术引证当作向导师或学界名流致敬的手法来使用。

二是"装饰引证"，主要指那些用来装点论文形态，没有实在思想的学术引证。一般来说，越是针对具体问题的、专业性的、精深的研究成果，引证率越低，因为这类著作的适用面窄，吸引对话的学者少；相反，那些普通的概念、说明、放之四海而皆准的通用套话，只要出自明星学者之手，很容易就会得到较高的引证率。这种对话形式主要表现在学科间的正式对话之中。由于我们对其他领域的前沿学术了解不足，为了引入其他领域的理论或观点，我们总是要找几句权威人士的原话引证一下。在人文社会科学界，许多青年学者尤其是博士生特别热衷于将这些权威人士的漂亮句式摘引到自己论文中，既能充字数，又能装门面。所以，明星学者大凡掌握了这套轻松获引的行文法则，擅长驾驭漂亮的学术语言，归纳总结一下本学科的传统知识，一般都会得到较高的引证率。这也就是概述性文章和理论译介类文章之所以能够得到较高引证率的主要原因。

真正有效的学术对话，只能是平行对话，也即包含建设性、批评性意见的商榷类对话，这种对话形式一般只发生在平辈，或者相近学术地位的学者之间，因为唯有平等，才能无所顾忌、畅所欲言。所以，青年学者必须强化平行对话的意识，通过加强相互之间的有效对话来提升学术影响力，进行自我拯救，而不是寄希望于为前辈学者抬轿子，从而获得扶持、提携。

"社会学和创造心理学的研究表明,科学家有个创造力最旺盛的年龄限,大致在35—40岁之间。在这个年龄,科学创造力达到抛物线的顶点。"[1]随着年龄的增长,知识积累和写作经验可能会更丰富,但学术创造力是逐年减弱的。所以说,青年学者一定要珍惜大好年华,别以为谁都像姜子牙一样72岁还能有所作为,那时你早已退休,连中国民俗学会都不收你会员费,不欢迎你参加学术年会了。2002年成立的"民间文化青年论坛"就是一个青年学者自我拯救的典型案例。当时的中国民俗学会正处在一个群雄割据的"后钟敬文时代",一群学术老人牢牢地把持着民俗学的学术话语权。青年学者为了突围,只好自发组织论坛,借助网络频繁互动,反复就一些学科基本问题进行批评性对话,并且将这些颠覆性的意见体现于学术写作之中,迅速引起学界广泛关注,趁热打铁完成了中国民俗学的代际更替、凤凰涅槃。

作为反例,如果一个青年学者来来去去只是引证自己导师的成果,也就意味着他只是单向地跟自己导师对话,而导师一般不会反过来与之平等对话。这是一种无效的上行对话,青年学者将自己定位为一种"抬轿者",将自己局限在师门的天地里,熄灭了加入学术共同体的通道。如此培养出来的学术梯队,注定一代不如一代。所以说,学术对话必须基于学术民主、平等互惠。青年学者千万不要奢望上一辈学者跟你平等对

---

[1] 刘大椿:《科学活动论》,中国人民大学出版社,2010年,第266页。

话，多数情况下，他们只想等着你给他们抬轿。我们看看微信朋友圈就知道，青年学者都在转发前辈学者的论文，前辈学者却多在转发自己的论文。

（三）主动对话和被动对话

学科间的学术对话也是以个体为单位展开的，几乎不可能出现两个学术共同体组团对话"打群架"的场面。对话总是表现为学者以个人身份参与他学科的会议，或者在学术写作中，就某个共同关心的话题与他学科学者展开个体间的对话。

由于民俗学过于自尊，过于强调自己的学科独特性，无意中堵塞了与他学科的对话通道，这就造成了民俗学者喜欢关起门来自问自答，自己论证自己的意义和价值，久而久之，很容易自我孤立于学术界。从学科建设的角度来说，民俗学与兄弟学科的对话显得尤其重要。我们一直在呼吁提升民俗学的学科地位，可是，喊口号喊不出学科地位，关起门来自说自话别人也听不见。就共同关心的问题积极展开学科间平等对话，是提升民俗学学科影响力的重要途径。

对话形式可以分为主动对话与被动对话。主动对话要求学者拓宽学术视野，关注学界动态，留心与研究课题相关的他学科成果，积极主动地就共同关心的话题与他学科展开对话。由于数字时代的学术成果都具备检索功能，我们的主动对话很容易被他学科被引学者注意到，并因此阅读、扩散我们的成果。例如，我在《英雄杀嫂》和《理想故事的游戏规则》中分别引用了日本学者上田望和澎湃新闻编辑有鬼君的成果，这两篇论文很快就被他注意到，在他们的后续工作中又与我形成了返引对话，如此就完成了一次小规模的学科间对话。而我们所希望的学科间对话，正是由无数类似的小规模对话形成的。

被动对话意味着我们的成果必须具有公共性，我们为公众关心的话题提供了民俗学的批评视角，或者民俗学的理论、观点对他学科具有借鉴意义。口头诗学之所以能成为一个学派，主要取决于帕里－洛德理论的公共性。弗里作为口头诗学的第二代旗手，"他广泛搜求世界各地直接或间接运用'口头程式理论'的学术成果，为学界提供了详备、扎实的文献索引。在此基础上，他撰写了该理论的学术史，接着围绕史诗研究专题完成了几本分量很重的著作，将前辈的学术创见发扬光大"[1]。弗里编纂的文献索引，就是一份被动对话的总目录。借助索引，弗里将口头诗学的成果与学科内外的其他引证成果做了点对点的具体连线，为口头诗学编织了一张对话网络的学术地图。

学科间的对话有时别开生面，可以帮助我们跳出狭隘的局内人困境，得到更广泛的学术支持。"科学家"一词的首倡者、英国哲学家惠威尔（William Whewell）在科学名词命名方面极具天赋，在电极的命名问题上，法拉第（Michael Faraday）曾有"伏打极""伽瓦尼极""右极""投射极""锌极""铂极"等多个方案，惠威尔虽然是个外行，但在详细了解电极原理之

---

[1] 朝戈金：《约翰·弗里与晚近国际口头传统研究的走势》，《西北民族研究》2013年第2期。

后，给法拉第的信中说："亲爱的先生，我倾向于将其命名为阳极和阴极。"[1]这对概念因此迅速得到公众接受，获得广泛应用，成为现代生活中最常用的通用概念。

当然，无论主动对话还是被动对话，都要求我们首先提高自身的学术水平。俗话说"不怕不识货，就怕货比货"，学术对话既是展示自我的学术舞台，也是评判对手的学术擂台。对话一旦展开，我们的知识水平和解题能力就会在这个舞台上得到淋漓尽致的展现。如果我们的成果不能在材料、问题、观点上与对方达到同等高度，既不能为对方提供有价值的参考，又不能给对方构成知识压力，那么，对方凭什么要跟我们对话？

二、学术对话的意义和功能

学术共同体成立的标志主要有二：作为充分条件的学术组织，以及作为必要条件的对话机制。比利时科学家阿玻斯特尔（Leo Apostel）是如此强调学术共同体和学术对话的重要性，甚至认为学术活动（学术交流）和学术传承是学科成立最重要的两个标志："一门科学是一群人的产物，只要这些人从事某些活动（观测、实验、思考），这些活动又导致某些相互作用，而这些相互作用又只有通过交流（文章、口头交流、书籍）才能实现。这些交流主要是在本学科的实践者内部，也在外部进

---

1 ［英］P. B. 梅多沃：《对年轻科学家的忠告》，蒋效东译，南开大学出版社，1986年，第46页。

行。这种活动只有在具有通过教育手段从一代传到下一代的特点时，才能被称为一门学科。"[1]

一方面，学术对话是共识形成的社会机制，另一方面，共同的知识结构又是可持续，以及有效、深入对话的思想基础。如果没有共同的基本理念、学术概念和理论知识，大家都执着于自己知见的零碎素材，对话是很难有效展开的。两个陌生人凑在一起，开篇总是先问对方"你是哪里人""你多大年纪""你在哪个城市上学"，目的就是求得共同知识，找出共同话题，使对话得以展开。所以说，共同体成员的知识重合度越高，学术对话就越有效果。

学术对话的主要功能体现在以下五个方面：

（一）学术对话是实现"实证研究可检验性"的主要检验方式

实证方法是科学研究的灵魂，具有具体性、经验性、可检验性的特征。如果我们将民俗学、民间文学看成一门实证的学科，那么，我们研究得出的所有规律、模式都应该具备可检验性。科学活动往往借助实验手段实施检验，但是，人文社会科学学术成果的价值确认一般由同行评议来执行。

学术成果一经正式发布，就等于交由学术共同体审读和评议。共同体成员的知识结构、专业素养和理解能力，理论上与作者处于同一层次，他们绝不是作为粉丝，而是作为挑剔的审

---

[1] 转引自刘仲林：《现代交叉科学》，浙江教育出版社，1998年，第24页。

读者来阅读我们的论文。每一次审读都是一次检验，审读者会借助"虚拟检验"，自动地调取相关经验材料和知识储备，检验我们的结论或观点是否符合他们的经验认知。他们会将成果中的细节、观点与自己头脑中虚拟的经验场景进行对照、印证，然后加以补充、强化或者反驳，以此得到对论文及作者的价值评判。

学术对话平台就是个遛马场，是骡子是马，拉到同行眼皮底下遛一遛就知道了。在这个知识爆炸、论文满天飞的时代，阅读我们的论文，某种程度上是给我们一个自我展示和答辩的机会，但是，如果读者对论文不满意，他不会反复给我们同样的机会。每一次阅读，读者都会对作者进行一次归类处理，将作者归入到值得或不值得再阅读的类别当中。那些总是能够提供新鲜信息，逻辑论证严密，论证结果具有可检验性的作者，显然更容易得到同行的认可和尊重。相反，我们的每一次低级错误、每一篇粗制滥造的论文，都会使我们失去一部分信任，导致被读者打入另册。所以说，论著贵精不贵多，如果我们总是提供劣质产品，著作等身说不定就是个贬义词。

谨慎的作者为了规避检验范围的无限扩大，会在论述中限定边界条件。这等于告诉同行，我的讨论只限定在设定的对象范围之内，以便排除读者任意调取各自知识储备对成果进行责难的可能性。比如刘魁立的《民间叙事的生命树》，目的是为了讨论普遍的故事分类问题，但是为了防止同行的挑剔批评，他特地将取材范围限定在浙江一个省，而且只以狗耕田故事为例展开讨论。[1]本文的论述策略也是如此,将学科建设问题限定在民俗学的界限范围之内,也是为了"窥一斑而知全豹,处一隅而观全局"。

(二)学术对话有助于新理论的传播,促进科学共识的形成

话语体系是中国特色哲学社会科学三大体系(学科体系、学术体系、话语体系)建设中的重要一环。话语体系建设的前提是形成科学共识。如果没有科学共识,你说你的专业话语,我说我的专业话语,彼此不在同一个频道,只烘托了一个众声喧哗的气氛,根本不可能形成有序的话语体系。并不是说我们写出了一篇好文章,提出了一个好概念,就能自然得到其他学者的理解和认可。如果没有同行之间的对话、讨论和强化,任何概念都会被淹没在浩瀚的话语海洋之中,很难形成共识。即便是诺贝尔奖获得者,也不是成果一经问世就能响者如云:"获奖科学家从做出重大发现到获奖的平均时间间隔,物理学是13.1年,化学是14.3年,生理学和医学是14.2年,总的需要等待13—15年时间。……它表明,科学中的重大发现,从做出到公认,需要经历一段相当长的时间。"[2]

默顿认为,科学是公共事业而不是个人事业,研究成果必须得到公众认可才能实现其价值:"为了促进科学的进步,仅提出丰富的思想、开发新的实验、阐述新的问题或创立新的方

---

[1] 刘魁立:《民间叙事的生命树——浙江当代"狗耕田"故事情节类型的形态结构分析》,《民族艺术》2001年第1期。

[2] 刘大椿:《科学哲学》,人民出版社,1998年,第289页。

法是不够的。必须有效地把创新与他人交流。……科学是一种由社会共享并在社会中被证实的知识体系。为了科学的发展，只有那些能及时被其他科学家有效认同和利用的研究成果才是有意义的。"[1]

学术思想的传播，本质上是一个"说服"的过程，说服需要通过对话来实现。所以说，学术认同源于学术对话，对话是思想和理论传播的唯一学术手段。参与对话的科学家越多，新思想的扩散速度就越快，科学增长的效果也越加明显。美国科学社会学家黛安娜·克兰（Diana Crane）提出一个业已得到公认的著名假说：科学增长与学术交流的频密度成正比。她说："当一个研究领域的成员是和其他科学家处于互动状态中的时候，就会有一个指数增长的时期，因为以前在这个领域没有发表作品的科学家接受一个新思想的概率，是与已经接受这个思想的人数成正比例地增长（如果这些人彼此进行交流）。……如果一个研究领域的成员彼此之间并不互相作用，也不与那些在领域中还没有发表作品的科学家发生互动，那么，这个领域的增长率就应该是线性的。"[2]

思想扩散需要借助社会互动来实现。每个学科的成果都浩如烟海，但每个人的时间都很有限，我们不可能强迫同行阅读我们的著作、接收我们的概念，"已经发表的论著，被人们注

---

[1] ［美］R. K. 默顿：《科学社会学：理论与经验研究》下册，鲁旭东、林聚任译，商务印书馆，2017年，第651—652页。
[2] ［美］戴安娜·克兰：《无形学院——知识在科学共同体的扩散》，刘珺珺、顾昕、王德禄译，华夏出版社，1988年，第22页。

意的平均可能性是很小的,在科学著作总量迅速膨胀的今天,情况尤其如此。调查表明,一个化学家只读大约 0.5% 的化学杂志的文章"[1]。酒香不怕巷子深的时代早已成为过去,如果要让我们的学术成果为更多的同行所理解,就只能主动参与或发起学术对话。学术对话犹如相互观摩的知识展演,一项好的学术成果最适宜在同行的充分讨论中得到推广。即便是姜太公钓鱼,他也得选择在周文王必经的渭水边垂钓,否则不被文王识见,他也只能独坐水边空自许。

(三)学术对话可以促进学术研究精细化,避免重复研究

俗话说"三个臭皮匠,赛过一个诸葛亮"。每个人的思维都受到个人见识局限,而学术对话则有利于通过大脑风暴,将不同个体的知识和智慧有效地调动和利用起来,为研究工作注入新的思想。批评性、建设性的意见不仅会降低错误路线的可能性,还有助于拓宽研究视野,提供更好的路径设计,令研究工作更精细、更严密。被誉为"器官移植之父"的梅多沃(Peter Brian Medawar)就说:"一种创见(一种脑电波)只能发生在一个人身上,但我们可以创造一种气氛,在这种环境下研究集体中一个成员的思想可以激发其他成员的思想,因此他们的思想都互为基础共同发展。结果,谁也不能肯定某个思想属于谁。但重要的是,大家共同想出了一个办法。"[2]

---

[1] 刘大椿:《科学活动论》,中国人民大学出版社,2010 年,第 156 页。
[2] [美] P. B. 梅多沃:《对年轻科学家的忠告》,蒋效东译,南开大学出版社,1986 年,第 35 页。

"科学变成一种专门的职业是和科学家角色的逐渐形成和高等教育的发展、工业的发展以及政府和国家事业的发展分不开的。"[1]19世纪之前,无论是历史上最早的科学共同体英国皇家学会,还是后来更具科学特征的法国科学院,一直是少数精英分子的共同体。直到19世纪,大量的职业科学家才开始登上历史舞台,科学不再是少数精英分子的闭门游戏,而是作为一种国家行为、开放性的事业,在全社会得到普及,任何一个科学家的工作都只是庞大科学事业的一部分。科学不仅需要合作,而且,科学比任何职业都更需要专业训练和民主意识,需要共同体成员跨越时空的商榷、质疑、修正、检验、补充,使之成为日益精细化的公共事业,而这一切都必须经由共同体内部的"平等对话"才能实现。

我们甚至可以说,学术共同体就是为了对话的需求而存在的。那些没有受过专业训练的外行虽然可以对大部分的科研成果做出大致的价值评判,但他们无法检验专业研究的精致程度,更加提不出针对性的意见,只有学术共同体的内部对话,才能对你的成果做出最恰当的业务评判,提出建设性意见。

通过学术对话,我们不仅可以了解到同行业的前沿学术成果,还可以了解与自己同类研究的成功信息或失败信息,既避免重蹈同行覆辙,也避免重复别人的研究。朝戈金曾经批评那些闭门造车的学者说:"我们有些社会科学的学者不能很好地参考同行的成果,只是关起门来做自己的学问,如此一来,就

---

[1] 王珺珺:《科学社会学》,上海科技教育出版社,2009年,第90页。

出现了一些问题：一是大量重复前人的成果，缺少创新性问题意识，缺少对自己学术的精准定位，二是自己的研究长期处于停滞状态。"[1]

（四）学术对话有利于增强优秀青年学者的学术自信

优秀的青年学者也可能会在对话中获得更大的自信。通过与成名学者或平辈学者的对话，青年学者逐渐了解到自己在专业领域内的能力层级和学术位置，揭开一些成名学者"色厉内荏"的学术底细，从而坚定自己从事某项志业的信心和意志。同样，一些学术领袖或学刊编辑也会从学术对话中发现青年人才，掌握学术格局，从而在人才选拔和稿件使用上形成倾向性意见。所以说，学术对话中"锋芒毕露"的做法对于一个青年学者来说，未必是一件坏事，正如梅多沃所说："辨别并批评愚蠢可能会使他失去朋友，但却可能为其赢得一定的声誉。"[2] 良好的学术声誉无疑会有助于加大青年学者在项目申请、论文发表等方面的命中率。

相对于常规的公开发表，公众总是更喜欢争议性话题和看热闹，在你来我往的对话中做出思考、选择，所以说，学术对话尤其是正常的学术批评和反批评，有助于通过摆事实、讲道理的辩护性解释，削弱共同体内部对于新理论、新思想的反对

---

1 姚慧：《面向人类口头表达文化的跨学科思维与实践——朝戈金研究员专访》，《社会科学家》2018 年第 1 期。
2 ［英］P. B. 梅多沃：《对年轻科学家的忠告》，蒋效东译，南开大学出版社，1986 年，第 51 页。

力量。

2005年,北京大学2004级民间文学硕士生仲林在"民间文化青年论坛"与当时的一位成名学者就某个具体问题展开了激烈的辩论,这场学生与师长的辩论获得了超高的网络点击量。虽然辩论没有仲裁结果,但是,几乎所有的围观研究生都认为仲林取得了压倒性胜利。这场辩论大大提升了仲林的学术自信,极大地鼓舞了围观研究生的学术热情,也让许多老师对仲林刮目相看,随后,仲林信心满满地写出了《图腾的发明:民族主义视域下的〈伏羲考〉》,以初生牛犊之势,与闻一多的《伏羲考》展开了强势对话。[1]

(五)非正式学术对话有利于更为坦诚、更有针对性的意见

非正式对话主要是指那些小范围、不公开、非官方性质、拒绝公开传播的对话形式。正式会议中的批评意见,以及正式发表的批评文章往往被认为是对被批评者的公开否定,因此,为了避免得罪同僚,大多数学者都不会选择以正式会议或正式论文的形式对共同体成员进行批评,而是选择在一个小范围的学术交流中提出意见、建议,或者采用私下、背后议论的方式,臧否学界同人及其成果。

许多研究生正是在导师的这种私相授受的小环境,以及其他一些非正式的学术对话中,真正习得了学术研究的"应该"与"不应该",从而避免踩雷,也避免让自己成为那个被批评

---

[1] 仲林:《图腾的发明:民族主义视域下的〈伏羲考〉》,《民俗研究》2006年第4期。

的角色。比如，我的合作导师刘魁立就曾在一次博士论文答辩会的发言中，对其中一篇故事学论文做出了较为正面的评价，但在答辩结束后闲聊时，却对该论文提出了尖锐的批评。而我正是从这些否定性的意见中，习得了故事研究的"不应该"。

非正式的学术对话还可以让受听人获得许多"言外之意"："科学家们在进行个人交往时，在他们的发言中可能包含着内部潜在语和感情洋溢的色彩。谈话、演讲的一般气氛，听众的直接反应，演说人的面部表情和手势——所有这些众所周知的生动语言的作用要素——有时会促使听众更好地评价这种或那种思想，更加全面地了解问题的研究现状，论据的说服力。"[1]

北京大学中文系陈泳超教授经常请一些知名学者为该系民间文学方向的研究生做"前沿学术报告"，报告结束之后，不仅师生之间有现场互动，此后研究生们还会再用一次课的时间，对该报告进行闭门评议。然后，陈泳超会让研究生将互动问答和评议意见整理出来，返回给报告人修订之后，公开发表于《民族艺术》杂志。许多报告人都曾反馈说，这种对话非常深入，有启发性，对于报告内容的宣传和反思都很有意义。

多数情况下，非正式学术对话发生在共同体成员友好的学术气氛之中，一些读书会之类的学术团体，成员之间的经常性对话，往往具有相互激励、启发的功用。我的同事何浩在他的

---

[1] [苏]А.И.米哈依洛夫等：《科学交流与情报学》，徐新民等译，科学技术文献出版社，1980年，第53页。

代表作后记中这样写道："这本书其实是我近十年与北京·当代中国史读书会同仁共同研读'社会史视野下的中国现当代文学'的初步成果。也是该读书会同仁共同努力探索当代中国史的初步成果。……之所以想特别介绍读书会，是因为没有在读书会里十多年对历史的全力投入和寸心磨炼，我不太可能在进入现当代文学史时能有这种耐心和能力反复深入琢磨、体量、省思。"[1]

来自共同体成员的建设性意见或关键性资料，往往具有拨云见日的效果。陈侃理在提到北京大学中古史研究的发展历程时说："有人说，1980年代的学问是聊出来的。当时，青年学者几乎不考虑发表、求职、晋升的压力，没有形形色色的学术会议，反而更能在小范围自由而深入地讨论问题。陈苏镇、胡宝国都曾回忆过与阎步克三人彻夜长谈的经历。阎步克则在博士论文成书出版时写道：'我还要向学友胡宝国、陈苏镇、杨光辉诸位"哥们儿"致意，平时的神聊"砍山"中，他们的识见、才气与功力对我之启迪，于我实有"蓬生麻中、不扶自直"之效。'"[2]

较之于个人单打独斗、大海捞针式的资料阅读，学术分享与咨询无疑是一条"得来全不费功夫"的便捷途径。"民间文化青年论坛"诸成员之间，始终保持着互相审读论文初稿的传

---

[1] 何浩：《与"现实"缠斗：〈在延安文艺座谈会上的讲话〉以来的革命现实主义文学及其周边》，河北教育出版社，2023年，第338、345页。
[2] 陈侃理：《"松散而亲密的联盟"——北大魏晋南北朝史方向的重建与学风传承》，《北京大学教育评论》，2018年第2期，第22页。

统,毛巧晖就在我写作《"四大传说"的经典生成》陷入僵局的时候,提供了一条最关键的学术史料,顿时将文中的"揣测性结论"坐实为"实证性结论";黄景春为我提供了中学教师视角的传播路线图;陈泳超则为我提供了关键性的学术访谈。[1]

三、无形学院:"假私济公"的精英对话机制

所有科学精英都是意志力坚强、上进心强烈的一类人。同一学科或者同一学术团队的科学精英往往形成强烈的竞争关系,他们对于科学发现的优先权、学术话语的领导权非常在意。当一个共同体同时出现若干学识、地位、名望都相当的学术领袖时,他们之间的竞争就会白热化,正常的学术对话逐渐变得难以为继,甚至可能出现各领风骚、划清界限、彼此相互排斥的局面。比如,钟敬文1983年组织成立的"中国民俗学会"与赵景深、薛汕、姜彬等人1984年组织成立的"中国俗文学学会"就是同科分流的两个学会。但是,这种局面一般不会出现在兄弟学科之间,兄弟学科的学术领袖不存在竞争关系,合作共赢的理念会促使他们保持经常性的学术往来。

说到这里,我们需要引入科学社会学"无形学院"的概念。无形学院最早是作为科学史概念,出现在十七世纪英国科学家波义耳(Robert Boyle)写给法国友人的一封信里。当时职业科学家尚未形成,大约从1645年开始,一批热衷于科学

---

[1] 施爱东:《"四大传说"的经典生成》,《文艺研究》2020年第6期。

研究的人，包括教授、商人、医生、神学家等，每周在伦敦举行定期聚会讨论科学问题，大家都在这种松散的科学聚会中获取科学知识和灵感，这种聚会被波义耳戏称为无形学院。但它只是被用作这一段科学史的描述，并未被拓展使用。

第二次世界大战之后，科学技术迅猛发展，美国许多大学和科研机构之间建立了一种科学通勤机制，每个勤奋的科学家都有机会申请到其他大学的相关机构进行短期合作研究，以至于同一个领域的几乎所有科学家彼此都曾有过共事经历，他们彼此保持通信，互相传阅手稿，形成许多专业性的学术圈子。美国"科学计量学之父"普赖斯（Derek John de Solla Price）借用无形学院的概念来描述这些圈子，自此，无形学院成为通行的科学社会学概念。

克兰的《无形学院》进一步发展了普赖斯的概念。克兰发现，科学领域越多，或者共同体的成员越多，"所有成员就越发不大可能知道彼此的已经发表的和尚未发表的研究工作。当一个领域正在快速扩展而且在一个相对短暂的时期许多新科学家进入这个领域之时，'可见性'在此期间也就降低了"[1]。那么，科学家如何突破这种无形的隔阂，将分散的学科团体凝聚成一个更大的学术共同体呢？克兰说："这些群体是通过他们的领袖人物才联系在一起的，这些领袖人物彼此之间通过非正式的途径、横跨整个学科进行信息的交流和传播。这就使他们

---

[1] ［英］戴安娜·克兰：《无形学院——知识在科学共同体的扩散》，刘珺珺、顾昕、王德禄译，华夏出版社，1988年，第109页。

能够追踪急速变化着的科学'前沿'并且在快速增长时期能够跟得上新的发现。因此，在研究领域中第二类亚群体就是一个交流网络或者说'无形学院'，是它把许多合作者群体联系在一起。"[1]

克兰赋予了无形学院一个更新的定义，主要指不同学科、不同学术团队的领袖之间的非正式交流。这些学术领袖通过聚会、电话、电子邮件、会间闲谈等私下学术交流，能够快速获得各个领域最为前沿的信息，再通过专业内部的聚会、演讲、论文等学术交流，将这些前沿信息输送到自己专业领域或学术团队，以此引领学科发展的新方向。而那些处于学术金字塔底端的普通科学家，就算他从其他渠道获得了类似的前沿信息，他也只能独享这些信息，如果没有得到学术领袖的肯定，他很难将这些信息转化为整个团队、学科共享的信息。所以说，无形学院主要指的是不同学科领域或学术团队的学术领袖之间的对话机制。

在中国学界，一个学术团队在全国学界的地位，主要取决于该团队的"学科带头人"。这些学科带头人不仅负有"外交"对话与交流、引领团队学术方向的带头责任，还是唯一有资格代表团队参与学科内外各种投票、选举、评审工作的各种专业委员会"委员""理事"。所以说，一个学术团队的人数多少是次要的，学科带头人的业界地位才是最重要的，他是唯一有能

---

[1] ［美］戴安娜·克兰：《无形学院——知识在科学共同体的扩散》，刘珺珺、顾昕、王德禄译，华夏出版社，1988年，第31页。

力为团队争取学术资源的学术代言人。一个称职的学科带头人至少应该具备两方面的能力,一是出色的学术能力,二是出色的社交能力。前者决定他是否具有资格进入业界精英的无形学院,后者决定他在无形学院的影响力,两者共同决定他是否有能力为团队争取最大化的学术资源。

钟敬文被称作"中国民俗学之父",主要是基于他对民俗学学科发展所做出的重要贡献。而他之所以能够长期引领中国民俗学发展方向,与他在中国人文社会科学界尤其是在中国文学界的学术地位是分不开的。钟敬文进入无形学院至关重要的一步,是 1947 年夏天入职香港达德学院。

达德学院是在中国共产党南方局的直接领导下,由著名民主人士出面创办的小规模大学,建校目的有二,一是安置在内地受迫害的进步教授,二是培养有志于革命事业的青年学生。该校 1946 年秋季开学,1949 年春季被国民党查封,存续时间不足 30 个月。但是:"这所学校却会聚了千家驹、翦伯赞、胡绳、乔冠华、郭沫若、茅盾等约百名大家。……这就是被誉为港版'党校'的香港达德学院,……达德学院最引以为傲的成就,是把当代中国一批优秀的学者集中起来,培养出一批品德高尚、学有所长的爱国青年。"[1] 钟敬文在该校任教两年,结识了一大批日后成为各界领袖的进步教授,并由此结下了深厚的革命友谊,保持着密切的学术交往。

---

[1] 新华社香港 2021 年 6 月 5 日电,记者苏万明:《香港达德学院:这里走出一批中共干部》,新华网,http://www.xinhuanet.com,发表时间:2021 年 6 月 5 日,核查时间:2023 年 9 月 16 日。

1949年达德学院解散之后,包括钟敬文在内的一大批教授随即北上,在7月举行的"中华全国文学艺术工作者第一次代表大会"上,同期北上的郑振铎在钟敬文的纪念簿上题词:"我们搞民间文艺的人,过去是寥寥可数,这十多年来,人数可多了,如今我们那末些新、老朋友们聚会在一处,诚是很不容易的一个机会。这个机会使我们更切实的明白了民间文艺怎样的为工、农、兵服务及它的重要性。"[1] 1950年中国民间文艺研究会成立时,与钟敬文一同担任"民研会"主要领导的郭沫若、茅盾等人,也是钟敬文在达德学院的老朋友。陶大镛、黄药眠与钟敬文的关系就更为密切,他们共同拥有中山大学、达德学院的经历,后来又同在北京师范大学共事,常常需要对共同的学校事务和学科发展发表意见,这时,作为学术领袖的相互沟通和默契就变得非常重要。民间文学、民俗学在北京师范大学的迅猛发展,绝不是钟敬文及其学术团队单打独斗就能成就的,而与陶大镛、黄药眠、白寿彝、启功等一批学术领袖的鼎力支持分不开。也就是说,钟敬文借助自己的私人情谊,为中国民俗学、民间文学事业的发展做出了巨大的贡献。

1983年中国民俗学会成立大会上,我们注意到与会代表中除了有马学良、白寿彝、李安宅、吴文藻、吴泽霖、林耀华等一批民俗学相近学科的著名学者,还有吕叔湘、季羡林、侯宝林、常任侠等一批与民俗学几乎没什么亲缘关系的文化名

---

[1] 郑振铎手迹拍卖件。见于点点、广东崇正:《崇正春拍即将展映"头号玩家"王世襄的家底?》,壹读网·文化专栏,https://read01.com/kzyzEOk.html,发表时间:2019年5月10日,核查时间:2023年9月16日。

家，而且全都在学会理事会担任重要职务。许多年轻人不理解钟敬文为何将这些学会职位安排给一批"外行"，甚至以为这是一种"假公济私"的行为，但是如果我们理解无形学院，以及学术领袖之间的学术交往对于学科发展的意义，明白文化名家并不需要这些微末职位，就很容易理解钟敬文的这种安排恰恰是"假私济公"。

2001年8月，正值教育部对国家重点学科进行重新评定之际，钟敬文在谈到北京师范大学民俗学的命运时，曾经对许多人说过这样的话："只要我在，这个重点学科就在，如果我不在，那就很难讲。"[1] 言下之意，在北京师范大学民俗学科，只有他能得到教育部重点学科评议组其他成员的认可，其他后辈学者都难当此任。钟敬文正是利用自己的个人影响力，为学科发展争取了更大的生存空间。

对于学术领袖来说，他在无形学院的话语权，也与他所在学科密切相关。学科越是强大，他在无形学院的话语权就越显赫；学科越是弱小，他在无形学院的话语权也就越微弱。所以，学术领袖为了展现本学科的优势，总是会尽可能充分地推介本学科最具前沿特质，最有发展潜力的科研方向，以此获得其他业界领袖的尊重和认同。

称职的学术领袖大部分都具备"合纵连横"的杰出才能。进入21世纪之后，无论是第二代的代表人物刘魁立、乌丙安、郝苏民、刘锡诚，还是第三代的代表人物朝戈金、巴莫曲布

---

[1] 钟敬文先生病中谈话录音，2001年8月16日，北京友谊医院，访谈人：施爱东。

媸、叶涛，都积极地投入到非物质文化遗产的保护和研究工作当中，与时俱进，在这一领域担当了重要责任。作为中国民俗学会主要负责人，前任会长朝戈金不仅与文学界、民族学界、人类学界等相关学科的领袖人物来往密切，还与美国民俗学界、国际口头传统学界保持着密切的交往；现任会长叶涛不仅与文学界、宗教学界、历史学界、社会学界的一批学术领袖保有良好的私人关系，还与日本民俗学界、韩国民俗学界的许多学术精英保持密切交往。巴莫曲布嫫在当选为全国人大常委之后，向全国人大提交的第一次议案，就是关于民间文学学科建设和非物质文化遗产保护法的专业话题。他们都曾广泛地借助自己的个人身份和私人关系，在正式、非正式的学术对话中，一方面积极地吸纳其他学科的前沿理论和方法，一方面不遗余力地将民俗学的前沿理论、方法和成果介绍给其他学科，在学科布局、课题设置、资源分配等方面，努力为学科发展争取更大空间。

2021年，"非物质文化遗产保护专业"正式列入普通高等学校本科专业目录的新专业名单，这与冯骥才的全国文联副主席、全国政协常委身份，以及他向中央领导的建言分不开。我们再以地方高校的民俗学发展为例：西北民族大学的民俗学人类学团队，主要基于郝苏民教授的创建和经营；辽宁大学的民俗学团队，主要基于乌丙安教授的创建和经营；华中师范大学的故事学团队，主要基于刘守华教授的创建和经营；广东省博物馆的艺术民俗学团队，主要基于肖海明馆长的创建和经营。学术领袖的个人魅力和对话策略，对于学科发展起着至关重要的作用。

四、势利选择：对话对象的认同与排斥

朝戈金在讨论民俗学学科建设时说："对中国民俗学学科发展道路作一简要考察，便可知在其发展轨辙中，特别是在中国学科体制划分的格局中，从来都不是以一种边界清晰、内涵固定、范式明确、对象特定的面貌出现的。民间文艺学、少数民族文学、民族学／文化人类学等学科，虽各有学科侧重，但也共享大量因子和要素。"[1]

口头文学与民族文学、民俗学与文化人类学、民间文学与俗文学，研究对象相近，学科问题相似，理论方法共通，彼此纠缠不清。比如有俗文学研究者指出："在不同时段、不同语境下，各种指称俗文学、民间文学的概念在语义上也会不停发生变化，有时相互通约，指向一致；有时相互差异，产生歧义，由于研究目的不同，切入视角有别，从而造成研究范围模糊、研究对象不一和研究格局混乱等特点。"[2] 那么，我们是基于什么标准，把我的研究视为民间文学，而把你的研究视为俗文学呢？

举个例子，林海聪曾经建议说："从民俗学作为一个学术共同体的话语体系来说，它未来的发展方向不妨可以考虑三个新的角度：第一个是新视野，第二个是新材料，第三个是新方

---

[1] 朝戈金：《〈西北民族研究〉与民俗学学科建设》，《西北民族研究》2019年第2期。
[2] 周忠元：《20世纪中国俗文学学科建设的反思》，《文艺理论研究》2009年第3期。

法。"[1]可是，如果都是有别于传统的"新"东西，将来这些成果凭什么非得记到民俗学的功劳簿上呢？

答案是：基于学术对话的诉求对象，以及学科与学者之间的双向选择。也就是说，学科最重要的标志是对话对象，而不是研究对象，是主体而不是客体。你的学术成果选择跟谁对话，决定着成果的学科归属，发表在民俗学会议以及民俗学杂志上的成果，自然被视为民俗学的成果。

所有学科都由执着于特定研究范式的学术共同体组成。共同体有不同的层级，相对于其他职业，学术界是一个共同体；相对于其他学界，文学研究界是一个共同体；相对于文学类其他学科，民间文学是一个共同体；再往下，还可以分出更小的共同体，一直具体到学派甚至三两个意气相投的学术知音。

学科是基于学术取向和共同体关系的专业认同。以21世纪以来日渐活跃的"文学人类学"这一新兴学科为例，在2016年的"中国文学人类学学科建设高峰论坛"上，彭兆荣总结该学科发展历程时说："文学人类学的'三驾马车'不是三个人，而是一群人的努力。而三十年以来，中国文学人类学取得成就的核心因素就在于这群人的相互认同。"[2]这句话点出了学科建设最重要的共同体特征。

一门学科是否成立，具有两个基本特征，范式特征和共同

---

1 林海聪：云南大学"面向未来的学术共同体——云南大学民间文学学科建设座谈会"发言提要，2021年1月3日。
2 余振华：《故事与展望——"中国文学人类学学科建设"高峰论坛综述》，《百色学院学报》2016年第4期。

体特征。其实范式特征也可以归并到共同体特征之中，因为学术共同体就由相近研究范式的学界同人组成。一位专司学科评估的科技官员说过："学科建设是一个慢功夫，尽管这些评价离不开对该学科科研成果的评估，体现其最终成果的往往是由学科带头人和学术骨干组成的学术队伍，是对'学者'个人及学科学术队伍的评价。"[1]

学术共同体与学者个体之间，是一种势利的双向选择。其中，共同体方面的选择大致可以分为四种情况：

（一）对于其他学科优秀成果的主动吸纳

学术年会一般都是本学科学者的赶集大会，但是专题会议不一样。由学术领袖组织的专题会议在邀请与会者的时候，往往打破学科樊篱，主动邀请在该专题上有所建树的他学科学者。这种小规模、跨学科的前沿学术会议，往往借助具体问题，架起了学科间对话的桥梁。

一些弱势学科在进行学科宣传的时候，常常会将他学科学者的相关成果当成本学科的成果进行宣传。许多高校在民俗学师资不足的情况下，在学校网站的学科介绍中，会将一些略微旁及过民俗话题的教授也算在本学科点上，向外界传达一种"师资力量雄厚"的表象。比如本人在 2000 年为中山大学申报民俗学博士点填报《申请博士学位授予权学科、专业简况表》时，不仅在"代表性论文、专著"栏填报了人类学者周大鸣、

---

[1] 王延中：《加强研究型学科建设的思考》，《社会科学管理与评论》2003 年第 4 期。

刘昭瑞，历史学者王承文的成果，还将周大鸣、刘昭瑞的研究方向设置为"本学科、专业点的主要研究方向"，以此通过了教育部的评审。此后，随着"中山大学中国非物质文化遗产研究中心"的成立，古代戏曲专业又被拉了进来，与民俗学一起联合申报各种项目或课题。又比如，苑利在主编《二十世纪中国民俗学经典》[1]的时候，就将许多非民俗学学者的优秀论文收录书中，充当民俗学成果。

（二）对双栖学者的选择性宣传

民俗学是个交叉学科，学者的学科双栖或多栖是一种传统，从学科开创时期的顾颉刚、周作人、容肇祖、董作宾、江绍原，到当代的赵世瑜、黄永林、高丙中、刘晓峰、陈岗龙、王晓葵、王加华，等等，都是横跨在民俗学、历史学、社会学、比较文学等诸学科间的双栖或多栖学者，因为学术声望高，他们的头像经常出现在"中国民俗学网"首页，作为代表性的民俗学者被宣传。可是，更多泯然众人的纯粹民俗学者却没有获得这样的待遇，甚至有些基层学者积极参加民俗学会各种学术活动，却连加入中国民俗学会的申请都难以获得通过。

同时在中国民俗学会和中国俗文学学会担任要职的陈泳超或许更能说明问题。2018年以来，陈泳超一直在提倡"仪式文艺"的研究，2021年7月，他先以中国俗文学学会的名义在常熟市召开了"当今文化视野下的中国常熟宝卷暨相关民俗

---

[1] 苑利主编：《二十世纪中国民俗学经典》，社会科学文献出版社，2002年。

学术研讨会"上倡导该研究方向，两天之后，又以中国民俗学会的名义在复旦大学"首届民俗学、民间文学全国高校骨干教师高级研修班"倡导该研究方向。那么，仪式文艺到底属于俗文学还是民间文学？这是一个很有趣的科学社会学问题。回答这个问题其实也很简单，如果陈泳超能够把这项研究做得风生水起，那么，俗文学和民俗学都会很愿意将它纳入自己的学科范围；相反，如果陈泳超的相关成果粗鄙不堪，那么，谁也不会拿它当回事，甚至有可能要跟他划清界限。比如，广州有位民俗学者一直在倡导"书法民俗学"，虽然名称上清楚标明了学科归属，但是，民俗学界很少有人愿意与他对话，谁也不愿意承认这门分支学科。

（三）对基层学者的漠视和排斥

对于多数研究实力较弱的普通学者来说，他们的研究常常是被漠视的。许多青年民俗学者在校期间就加入了中国民俗学会，可是坚持几年发现自己的研究成果得不到呼应和重视，达不到对话目的，失望之余，多数都会选择淡出学会。中国民俗学会截至2022年底的在册会员大约3300人，但是实际缴纳当年会费的只有大约500人，常年缴费的会员更少。那些缴费二三年之后不再续费的，多数都是在学会感受不到存在感的普通会员。

比漠视更主动的是有意排斥。中国民俗学会每年年会征文之后，学会秘书处都会组织专家对征文进行评审，每年的淘汰率都在三分之一左右。之所以要淘汰部分论文，主要是为了筛选出具有学术资质的参会者，加强与会学者的有效对话。21世纪最初几年，中国民俗学会曾经广纳全国会员，不设参会门槛，结果出现一些激进的基层会员因为听不懂学术讨论而指责学院派学者"不说人话"，扰乱会场，甚至提出设立"风俗警察"进行民俗管制之类的倡议……导致部分学者不堪忍受混乱局面而退出会议，造成劣币驱逐良币的局面。中国民俗学会为了恢复学术声誉，提高对话质量，在叶涛就任秘书长之后，一方面对所有学术会议实行征文评审制度；另一方面重设了入会门槛，要求新会员必须具备一定的学术研究经验或资质，同时逐年清理一批中断联系的非学界会员。

为了提高学科声誉，学术共同体会主动与学术不端行为划清界线。比如中国民俗学会在其学术年会公开信中就强调说："在论文审阅过程中，我们采用查重软件，抽查了部分应征论文，对于存在严重抄袭问题的论文，一律给予严肃处理。在此，我们郑重重申：对于已入选论文，如果发现抄袭等违反学术伦理的现象，依旧取消其参会资格。"[1]对于那些因学术不端而遭受过处分，或者在学术界声名不佳的学者，学会往往会采取一定的拒斥措施，如此一次二次之后，彼此心知肚明，这一部分学者也会自动淡出学会。

---

[1] 中国民俗学会秘书处：《中国民俗学会秘书处致各位征文作者的公开信》，中国民俗学网，https://www.chinesefolklore.org.cn，发表时间：2019年9月15日，核查时间：2023年9月16日。

（四）科研机构对团队成员研究方向的强制性调整

学者支撑着学科，反过来，学科发展的需求和压力也会对学者的研究提出要求、发生作用。最常见的情形是，学科团队（研究机构）会根据自己的现实条件和发展需求，进行"成果认定"，迫使团队成员实施研究转向。"在很多大学，研究者常被要求或鼓励在一级学科框架内发表论文，且与考核挂钩。青年学者必须竭力发表符合要求的论文，这是对青年学者学术闲暇的剥夺。它控制了我们去阅读什么、研讨什么、教学什么。"[1]也就是说，学科团队会强制要求学者按指定方向从事学术研究，否则就将你的成果视同无效，拒绝将你纳入对话体系。

有时候，团队成员也会主动进行自我调整，以适应学科团队的发展需求。以重庆工商大学为例，据孟令法介绍："经多次商讨，我们认为重庆虽没有民俗学/民间文学建制传统，但要发展民俗学，势必要与符合地区经济社会发展的学科进行交叉研究，才能有所突破。根据新学院学科特色以及个人研究倾向，我们暂定从法学和民俗学交叉角度试探发展法律民俗学，并辅以'非遗'研究。"[2]

通过以上分析我们可以看出，学科与学者之间是一种双向的"势利选择"。学科强大、声名卓著、社会影响大，就业前

---

[1] 王均霞：云南大学"面向未来的学术共同体——云南大学民间文学学科建设座谈会"发言提要，2021年1月3日。

[2] 孟令法：云南大学"面向未来的学术共同体——云南大学民间文学学科建设座谈会"发言提要，2021年1月3日。

景好，那么，愿意投奔、报考的研究生自然会多一些，学者对学科的认同感也会更强烈。反过来也一样，学者的相关研究成果越出色、越有利用价值，学术共同体对于学者的逆向认同感也越强，甚至会主动将那些原本不属于本学科的学术成果纳入本学科的成果序列当中。

换一个角度我们也会看到，学科越是弱势，研究范式越是单调，就越是难以满足优秀青年学者的高标准栖身需求。阎云翔就说："学民俗学，我当时的希望也是这样，能给我一个比较有利的途径去真正研究中国当代农村社会。但是，我发现民俗学仍然是特别偏重于那些零零碎碎的表面上的现象，没有做一个系统的社会分析，这是我第二次叛变的主要原因。"[1] 青年学者出于自身前途的考虑，会不断在学科之间"叛变"。反过来也一样，学术共同体也在不断选择学者。如果一个学者长期做不出好的成绩，很容易就会遭到学术共同体的集体漠视；如果一个学者声名不佳，甚至还会遭到刻意的疏离和排斥。我熟悉的一位民俗学者因为在学术会议上接连出过几次洋相，不仅高端学术会议不再邀请他参会，连他的同门师弟师妹都不愿意认他为师兄，这就是现代学术版的"谈笑有鸿儒，往来无白丁"。

这种势利选择机制，或许可以用《民俗研究》与作者之间的关系来说明。如果你学问好，名望高，哪怕你不是民俗学者，《民俗研究》也会主动向你约稿；但是如果你总在重弹老

---

[1] 叶涛：《民俗学的叛徒》，《民俗研究》1999 年第 3 期。

调,论文了无新意,哪怕你是中国民俗学会资深顾问,《民俗研究》也会找个借口把你的论文给拒了。

亲朋好友的势利行为常常令我们寒心,但是,社会的势利选择却有其积极意义,本质上是一种崇尚英雄、鼓励上进的激励机制。普通个体只有通过努力奋斗,做出公认的好成绩,才能鲤鱼跳龙门,成为不普通的个体,获得社会声望和实际利益。"全红婵效应"(全红婵摘取奥运金牌之后,备受冷落的家门口突然变得车水马龙)虽然受到许多人嘲讽,但是不可否认,势利选择也是刺激人类进化的一种动力。

五、平台建设:个体与团队的互惠共荣

学术对话必须依托于一个坚实的学术共同体。我们完成了研究课题、发表了学术成果,谁来读我们的论文?谁会跟我们商榷?谁将引用我们的成果?主要是学术共同体的内部成员。那么,我们如何确认谁跟我们处在同一个共同体?除了共同关注的对象、问题,还得有一些共同的学术平台,我们在这些平台上"抬头不见低头见"。

学术对话的平台建设,包括设立学术机构、成立专业学会、创办学术期刊、举办学术会议或研讨班、策划学术活动、评选学术奖项等。在我们国家的学术体制中,学术机构是平台建设的重中之重,没有学术机构,我们就没有合法研究的栖身之地,就得寄人篱下、仰人鼻息,组不成军队,也打不了仗。专业学会是由业界同人组成的群众性社会组织,类似于信息市

场的交易平台，学会最重要的工作是定期举办学术会议（信息集市），为来自不同学术机构的学者提供面对面直接对话的机会。专业学术期刊是学科发展最重要的日常信息平台，学者们在这里公开发布研究成果，对公众关心的问题发表正式意见。

钟敬文特别清楚学术机构对于学科建设的重要意义。早在中国社会科学院成立之初，1978年5月11日，钟敬文就曾拜访顾颉刚，商议上书中国社会科学院筹建民俗学研究所。1978年5月26日，中国社会科学院向中央宣传部呈报了《中国社会科学院党组关于重建和新建一些学会的请示报告》，6月初获得中央批准。钟敬文得知消息，敏锐地抓住时机，迅速起草了《建立民俗学及有关研究机构的倡议书》，并且联合顾颉刚等七位资深教授，致函时任中国社会科学院院长的胡乔木同志，俗称"七教授上书"。[1]

该倡议书重点提了两个建设方案。一是研究机构问题："最好能够成立一个民俗学研究所。但是，从目前各方面的条件看，似可以先成立一个研究组——民俗学研究组。这小组，暂时可以附设在社会科学院的某些研究所（例如社会学研究所、民族研究所、历史研究所）。或者成立一个独立的学会。有了机构，搜集、编纂、研究等工作，就可以有计划地顺利进行。这是关键步骤。"二是研究人员问题："可以先挑选一些对人文科学有一定兴趣和基础知识的人员，在学习和实践工作

---

[1] 参见中国民俗学会秘书处组织编写，施爱东执笔：《中国民俗学会大事记（1983—2018）》，学苑出版社，2018年，第1页。

过程中给以锻炼、培养，使逐渐成为合格的研究人员。"[1]中国社会科学院的民俗学研究所虽然最终没能建立起来，但这种机构设置的思路，后来在部分普通高校得以实现，"2012年当年可招收民俗学（含民间文学）硕士院校达65所"[2]，还有许多高校设立了民俗学、民间文学的博士点和博士后流动站。此外，2002年之后，以"非物质文化遗产研究"为名成立的民俗学研究机构更是难以计数。

1983年5月21日，钟敬文组织成立了中国民俗学会。学会理事会随后向中国社会科学院科研办提交工作汇报，提出六项"急切的工作"：①组织联系会员，继续发展会员，扩大民俗学队伍。②编印文集和丛书。③编译国外民俗学著作。④制定规划，赞助民俗专题研究。⑤举办民俗学讲习班。⑥创办《民俗学研究》丛刊，开辟理论园地，促进学科的发展。[3]六项工作全部围绕人才培养和学术平台的建设。

此后四十年间，中国民俗学会几乎每年组织会议，尤其是2008年开始的"年会制度"以及"中国民俗学网"的建立，为全国民俗学者提供了定期和日常的对话平台。截至2022年底，中国民俗学会在册会员已经达到3300人，"其中既有高校和科研单位民俗学专业的研究人员，也有大量来自基层文化馆、博物馆等部门的文化工作者。这两部分人员，在学术视

---

1 钟敬文：《钟敬文文集·民俗学卷》，安徽教育出版社，2002年，第682页。
2 穆昭阳：《学科建设视域下的民俗学教学与民俗教育》，《赣南师范大学学报》2017年第4期。
3 参见中国民俗学会秘书处组织编写，施爱东执笔：《中国民俗学会大事记（1983—2018）》，学苑出版社，2018年，第25—26页。

野、理论水平和具体实践等方面，存在着较大的差别"[1]。但也正是由于数量庞大、成分芜杂，不仅两部分人员在理论水平和知识结构上存在较大差异，而且学科领域过于广大，学术集会各说各话，这些尾大不掉的先天局限，导致学会内部的平等对话难以有效展开，学术交流的效果也不够理想。

北京师范大学民俗学微信公众号"到民间去"，有一段反复推送的"主持人语"："现代民间文学研究已一个多世纪了，翻检这些著述，能够过滤出诸多有学术价值的概念。这些概念被制造出来以后，大多数的境遇是被悬置，没有得到有意识地言说和阐释，便无以演绎成学说和思潮。本土概念的空虚是中国民间文学理论难以深化的病灶。概念需要不断地阐释，以构建概念之间的关系图式，这是建立中国特色民间文学话语体系的必由路径。而如何增加概念出现的频度并丰富其内涵又是最值得诉诸学术实践的关键问题。"[2]那么，如何实现"增加概念出现的频度"呢？几乎可以肯定只有一种途径：加强学术对话，以学术对话来促进概念阐释、概念理解、概念接受。平等对话机制的养成是一个学科良性生态的重要表现。学术对话不仅有助于激活思维触角、纠正研究偏差，也有助于促进共识的形成，有效提升学科、学人的学术影响力。

归根结底，学科建设是人的行为，民间文学从业者数量庞

---

[1] 安德明、杨利慧：《1970年代末以来的中国民俗学：成就、困境与挑战》，《民俗研究》2012年第5期。
[2] 万建中：《"本土概念与方法"主持人语》，北京师范大学文学院民间文学研究所微信公众号"到民间去"，微信号：gh_c4f50e57c716；发表时间：2017年5月15日，核查时间：2023年10月1日。

大，但是，真正从事一线教学和科研的专业学术工作者，全国加起来也就 300 人左右。所以说，学科建设表面上看是宏大的集体行为，但是落在实处，受到学界关注和评议的，往往是由学科带头人和学术骨干做出的优秀成绩。科学生产领域有一个很著名的金字塔现象，推动科学发展的 95% 的优秀论文，是由 5% 的优秀科学家提供的。在人文社会科学领域也有类似现象，75% 的学术论文是由 25% 的学者提供的。[1]也就是说，决定民间文学学科命运的学术工作者，全国也不超过 75 人。

因为顾颉刚，整个民俗学跟着沾光；因为普罗普、帕里和洛德，我们敢于声称有自己独到的理论和方法。哪怕是对于一个具体的学科点也是这样的：因为乌丙安，谈论民俗学发展史就绕不开辽宁大学；因为郝苏民，绕不开西北民族大学；因为刘守华，绕不开华中师范大学；因为陈勤建，绕不开华东师范大学……甚至因为孟令法，大家都知道重庆工商大学也在招收民俗学硕士生。现代学科由一个个具体的研究机构组成，研究机构由少数几位骨干科研人员组成，我们每一个人的成绩，都会通过学术对话向外辐射，从而组成一个叫作民俗学或者民间文学学科的共同体。

平等对话是一种学术美德。聆听同行的会议发言、阅读同行的学术著作、了解和理解本学科前沿学术成果，在此基础上展开学术批评、提出建设性意见、推介优秀成果，是一个学科良性生态的表现。"民间文化青年论坛"成立之初，曾经大力

---

[1] 刘大椿：《科学活动论》，中国人民大学出版社，2010 年，第 260 页。

提倡以"批评与自我批评"取代"表扬与自我表扬",在当时的青年学者中激起了强烈的共鸣,也取得了良好的效果。

学术对话是一种学术致敬,是对别人既有成果的尊重,也是学术规范与学术考核的制度性要求。那些狭隘地要求学生只接受自己观点,论文中只引证自己著作的博士生导师,不仅带坏学术风气,把学生引入一条狭窄的个人崇拜的死胡同,最终也必将被日益成熟的学生所抛弃。这样的例子,不仅在民俗学界,在各个学科都屡见不鲜,昙花一现的学术明星不断印证着"长江后浪推前浪,前浪死在沙滩上"的至理名言。

不加入学术共同体,不参与学术对话的青年学术工作者,将来成为知名学者的可能性是很低的。"许多数学家很难识别他们的同事;他们对于他们的研究成果的读者也不了解。结果,他们发现既难估价他们自己的研究,又难估价他们的研究相对于其他领域的研究的重要性。……其后果之一就是,许多数学家进入了既没有师生联系又没有合作联系的领域。他们和他们的工作一直处于这个领域的边缘地带,在领域之内很少得到承认。"[1] 拒绝学术对话的独立研究者,不仅论文发表更加困难,而且学术知名度也相对较低,更加不可能拿到什么学术奖项。美国科学社会学的一项调查数据表明,一个大的学术团队的研究者,被其他学者提及的比例是60%,而独立研究者被其

---

[1] [美]戴安娜·克兰:《无形学院——知识在科学共同体的扩散》,刘珺珺、顾昕、王德禄译,华夏出版社,1988年,第55页。

他学者提及的比例只有21%。[1]也就是说，有79%的独立研究者对同领域的其他学者几乎没有任何学术影响力。

综上所述，促进学科发展的学术对话机制主要有三：多样化的对话平台、平等对话的学术意识、青年学者的对话热情。青年学者一旦决心踏入学界，以学术为志业，就必须依托于一个或多个学术共同体，与同行展开积极的学术对话，这是青年学者在现代学术格局中成长、成才的必要途径。单打独斗是没有学术前途的。学科未来取决于学术共同体每一位成员的优秀成果与合作方式，平等的学术对话能让我们的优秀成果发挥出"1+1>2"的效果。

---

[1] ［美］戴安娜·克兰：《无形学院——知识在科学共同体的扩散》，刘珺珺、顾昕、王德禄译，华夏出版社，1988年，第57页。

代后记 学术工匠的个体民俗志

当代民俗学的发展，已经逐渐从关注"普遍的民众""地方社会的民众"转向关注"社区的民众""弱势群体"，并且越来越关注"民众中的个体"。民俗学试图通过普通工匠、艺人的生活史、成长史及其社会关系史来进入人类历史的细胞组织。我们民间文学工作者常常深入田野，挖掘和书写那些普通民间故事家、史诗艺人、民间歌手的学艺成长史。

可是，当中国社会科学院文学研究所要求各研究室整理书写本室"改革开放40年发展史"的时候，我们才发现，长期以来我们的民间文学工作者都在瞪大眼睛紧盯着外部世界，却忽视了作为民间文化普通工作者的一员，我们自身也是人类历史细胞中的一分子。

历史才过了40年，除了少数做出优秀成绩的老一辈民间文艺学家，多数研究人员的历史都已经模糊不清了，有些甚至已经近乎湮灭。即便是我自己所在的研究室（中国社会科学院文学研究所民间文学研究室），有些退休研究人员的名字我都从来没听说过，更不用说他们的工作史和学术史。当我们试图联络这些退休人员的时候，发现许多已经去世，即使是那些健在的，也有部分老人不愿意接受访谈，甚至连个人学术信息都不愿提供。

学术史如果只是学术名家和代表作"点"的学术史，缺少对于普通学者和一般作品"面"的理解，就好像只有鲜花没有绿叶的古怪植物。正是基于这样一种考虑，我和安德明商量请本研究室的所有退休及在职研究人员，都写一份学术自述，以便为后人留下一份普通学术工作者的自画群像，作为学术行业的个体民俗资料。

就我本人来说，我打算从"考研"开始说起，平铺直叙，说说我在民俗学、民间文学行业的从业历程与心态。

一、偶然选择了民间文学专业

我本科读的是中山大学大气科学系，天气动力学专业，毕业于1989年。那一年，大学毕业生的就业去向，正处在"工作分配"和"自主择业"的时代转换点上。我们的毕业论文没有举行答辩仪式，学校提前一个月就将我们这届学生派遣回各自生源地，我印象中连毕业酒都没喝，全班照了个毕业合影就离校了。

回到老家赣州地区，原定的用人单位说是今年不进人了，地区教育局直接把我的档案转回到我的生源地信丰县。县教育局从来没接受过我这种无对口专业的"名牌大学生"，压着不敢分配，说要听县里安排。等到9月份，其他毕业生都先后分配工作了，只有我还悬着。我那时候年轻气盛，直接去找县长黄际泉说理，县政府办公室一位刘姓副主任拦住我不让见县长，我拍着桌子跟他吵了一架，差点打起来，最终还是没能见到县长，但这事很快轰动了小县城的朋友圈。据说县长知道这事后，指示教育局让我自己联系一个对口单位。我打听到县水利电力局还有编制，就申请去这个单位，县教育局在我的"派遣证"备注栏特别加了一行字："分配水电局下属单位。"

信丰县水电局有 8 个下属单位，其中 6 个中型水库，我被分配到安西镇的上迳水库管委会。水库一般都在山沟沟里，管委会大多是安西镇人，每到周末就各回各家，只剩我一个人守着偌大一个水库。冬天枯水季节，水库发不了电，四野漆黑，时不时传出些野鸡和野兽的叫声，显得特别空寂，苍穹之下就只有我的房间亮着一盏煤油灯。孤独到绝望的恐惧感，时时逼着我坐到煤油灯前，捧起一本英语单词本，我也没有别的方法，只是死记硬背。

我在水库待了不到半年，水电局人事秘书去世，局里想把我调到人秘股补缺，但是信不过我的文字水平，局长曾凤礼出题让我写了篇《假如我改行当秘书》，看完作文又不相信是我写的，副局长罗立章专门到我的母校信丰中学，找到高中部语文教研室主任陈明淦咨询。陈老师虽然没教过我，但他非常肯定地对罗立章说："这当然是施爱东自己写的。"

就这样，我在信丰县水电局人秘股做了三年秘书工作。那是我"混社会"的三年，我记得每到冬天，一下班，水电局的一班年轻人就会结伴到人秘股办公室生火盆、打扑克、喝水酒，有时喝多了，我就住在局里招待所，那种天地间只操心手里一把牌的感觉，还是很单纯很快乐的。当然，更多的业余时间是浪费在跟同学闲聊、闲吃、闲逛。县城的同学不分一中、二中，初中、高中，反正都是一个年龄段，大家组了一个"光棍协会"，我被推举为会长，有时还得负责组局找乐子。每天下班后，我和几个无聊透顶的同学就在县城各个街道浪荡两三个小时，找娱乐项目，多数时候是找不到的，但也得浪到彻底绝望才回家。每天回到家我就后悔，天天骂自己，然后拿出单词本，背英语单词。

理科生做文秘工作，终究是不受信任的。1991年，江西省水利厅要在江西大学（现南昌大学）办一个文秘专科班，局里决定派我去。让一个本科毕业生去进修专科班，我感到很屈辱，拒绝了这个机会。为了争口气，我决定考回中山大学读中文系"写作学"研究生，以证明自己能"写作"。可惜的是，我落榜了。

铩羽而归的我自尊心受到重挫，自觉没脸继续待在家乡，1992年我办了停薪留职，揣着积攒了三年的400多块钱，只身去了广东打工。经同学朱建军指点加介绍，我用虚构工作经历的手法，好不容易在番禺"隆辉工业村"找到工作，担任"生产部副主任"，月薪1200元，而我在江西的月薪是160元。我努力工作，虽然很快升职、加薪，但是累得骨瘦如柴。

经同学武少新劝说，我决定再次报考研究生。为了加大成功概率，这次我不敢赌气报考"写作学"，在招生目录中选了一个我在本科阶段就选修过的民间文学。

二、用"民间的方法"从事民间文学研究

1993年是我人生最重要的转折点，我考上了民间文学专业的硕士研究生。此后几年，我跟着导师叶春生几乎走遍了广东全省，跟他学会了跑田野、看风水，结交各种民间异人，还代他外出授课。我经常一个人背着书包在广东全省各地跑，每到一处就匆匆忙忙找图书馆，根据图书资料找点、找庙，东鳞西爪地问点风俗事象，拍些照片。其实对于如何使用和处理这些资料，心里并没有谱。

叶春生老师不主张用学院派的方法做民间文学研究，他的著述大多是民间知识的采录与整理，他早期的论文甚至很少注引文出处。我本来就是个理科生，没有写作规范的意识，受到这种风格的影响，我比老师走得更远，硕士时期的文章就像天马行空，在处理不同民间文学异文的时候，往往凭自己的主观判断，综合整理出一个自认为比较全面、合理的新文本。叶老师很宽厚，也很少批评我，甚至动用他的个人关系，帮我把其中一些文章发表了。

硕士期间我还受到广东文坛领袖黄树森老师的深刻影响。我入学的时候，贾平凹《废都》正在大卖，黄老师来中山大学中文系做讲座，希望年轻人对此展开评论。我那时候根本没入行，还不会写论文，完全是凭个人理解和感想写了一篇《想做贾宝玉的男人们》，投给黄老师主持的《当代文坛报》，没想到黄老师很喜欢，特地把我和同学于爱成约到一家叫小观园的酒店喝早茶，从早上一直喝到下午，反复鼓励。此后两三年间，

我在黄老师的指导下，非常勤奋地发表了一大批当代文学评论，包括后来成为畅销书的《点评金庸》。凭借黄老师的大力栽培和举荐，我和于爱成迅速成为黄老师所说的广东文坛第四代青年代表。

受到鼓励的我虽然隐约意识到自己这种率性的论文笔法似乎有些"不科学"，但我天真地以为从事民间文学研究的人，就该用民间文学的率性表达，"说出我们老百姓的真情实感"，甚至觉得用这种方法介入当代文学评论，还有点别开生面的新意思。

硕士期间，我不仅没有很好地掌握规范的写作技能，甚至刻意地让自己的文章与学院派规范写作保持一定距离。无论是从事当代文学批评还是民间文学调查，我都不拘一格，尽情挥洒我的学术想象，张扬自己的写作风格。这种学术进路直到我硕士毕业论文答辩时，才第一次受到答辩老师的批评。

我的硕士论文搜集整理了一大批非广东籍的外地人在广东如何化身为地方神灵的传说，论文标题原拟《外省人如何成为广东地方神灵》，叶老师觉得"民间"味不足，给我改成了《"外江佬"如何成为广东神》，答辩的时候，这个标题受到陈摩人老师的批评，他说的一句话让我印象非常深刻："民间文学研究不是用民间方法做的文学研究。"

我硕士毕业后留校任教，成为叶春生老师的学术助手。我们师徒俩情同父子，他对我的厚爱和信任常常令我觉得"虽蒙斧钺汤镬，诚甘乐之"，我们合作主编了一部《广东民俗大典》，堪称广东民俗事项大全。叶老师有祖传堪舆绝学，社会交游极广，我自然也会跟着参与一些社会活动，学习堪舆技能，结识了一大堆三教九流。在我离开中山大学之前，叶老师门下的弟子基本都交给我管理，因此我也被同门师弟师妹们戏称为"令狐师兄"。他们大凡有什么不敢向叶老师提及的要求，无论合理不合理，只要我答应了，叶老师就没有不答应的。

事务性的工作多了，学术钻研就少了。忘了在一个什么场合，吴承学老师委婉地提醒我，大意是说，学术论文有论文的写作格式和学术语言，让我留意一下写作规范。其实吴老师的提醒与陈摩人老师的批评异曲同工，但我当时并没有把陈摩人老师的话当回事，吴老师一说，我就很当回事，这大概就是偶像和权威的力量吧。

1997年，黄天骥老师给青年教师和研究生开了一个《易经》读书班，我一场不落听了一学年，黄老师的发散性思维还是给了我一些启发。接着，吴承学老师又开了一个《论语》读书班，读书风格完全不一样。吴老师素以严谨、缜密著称，他的读书方法让我终身受益，我在吴老师这里真正感受到了学术的严肃和神圣。

大概是受到吴老师严谨学风的震慑，我那两年几乎写不出一篇论文。1998年我被广东省委组织部委派到连山壮族瑶族自治县太保中学挂职副校长，期间对连山"瑶胞"做了一些田野调查。为了跟当地朋友搞好关系，我在连山喝醉好几次，也得到不少有意思的故事，可是，没有理论的指导，田野调查就只是为了调查而调查，调查完了也就完了，我不知道如何将这些零散的调查材料化作有效的学术成果。

我一直坚持着下午跑步的习惯，住到中山大学园西区之后，发现吴承学老师也爱跑步，于是约跑。后来加入我们队伍的还有王坤和彭玉平。但是，四个人一起跑，水平参差不齐，大家都累，后来改成打羽毛球，再后来又改为快走，这样队员水平就比较平均了。我们从园西区出发，进中区，出北门，临近广州大桥再往回走。走一个小时，聊两项内容，学术和八卦。

我一度决心报考吴承学的博士，准备了一段时间，刚好黄修已、叶春生领衔的现代文学博士点批下来了，叶老师要求我继续攻读民间文学博士，中文系任命我做写作教研室主任，我只好打消了在古代文学领域继续深入的念头。

叶老师有个宏大愿景：续写中山大学民俗学的光荣历史，再造辉煌。可当时中山大学民俗学就只有我们师徒俩，于是大部分学术振兴的事务性工作都着落在我头上，好在那时我也年轻，有干劲。我们申请成立了一个"中山大学民俗学研究中心"，先是编写内部使用的《民俗》小册子，后来创办了一本以书代刊的杂志《民俗学刊》（半年刊，共出八期）。再后来是联合历史系的王承文、人类学系的周大鸣、刘昭瑞等人，向教育部申报民俗学博士点，我负责资料搜集、申报书填写之类的基础性工作，最后由周大鸣老师润色上交。经过周老师的一番提升，我们的申报材料被列为全国第一，2003年与中央民族大学一起，成为继北京师范大学之后的第二批民俗学二级学科博士学位授权点。

三、学术人生的三级台阶

我的博士论文原计划在华南民间信仰的话题上进一步深化，但是叶春生老师没同意，最终把"中山大学民俗学史"的课题交给了我。后续的学术经历证明，叶老师这个决策改变了我的学术命运。首先是因为学术史让我对整个中国现代民俗学的发展历程有了全面的了解，有利于学者个体在历史的、通盘的学术大格局中去寻找自己的学术定位；其次是让我有机会走近钟敬文先生，成为他招收的最后一个博士后，并且为我走进北京学术圈、走进中国社会科学院文学研究所民间文学研究室的大门提供了便利条件。

我的博士论文最后一个阶段，是在钟敬文先生的具体指导下完成的，钟先生片言只语的教诲，令我受益终身，我很快就将其中一部分整理成《汝奚不曰其为人也——钟敬文先生病中论学》发表在《民俗学刊》。比如钟先生认为，文章就是写给别人看的，不仅要可信，还要好读；文章不必多写，一篇就可以看出水平。他甚至以容观琼为例，说容观琼评教授的时候，"他只给我一篇论文，我说一篇就行，可以做教授。文章一篇就可以看出水平，何必要十篇八篇"。

我还来不及博士后进站，钟敬文先生就仙逝了，我在北京师范大学文学院的博士后工作是以钟敬文的名义进站，在刘魁立的具体指导下完成的。刘魁立先生在许多领域都有深厚的学术造诣，尤以故事学为著，他曾经得以亲炙结构主义鼻祖普罗普，在当今故事形态学领域可谓独步天下。拜师学艺当然是学老师的最强项，我决定把未来学术生命投向故事学领域。我相信站在巨人的肩膀上向前走，比起自己趴在地上摸索，不仅起点高得多，视野也会开阔得多。这就是跟随名师治学的最大便利。

我的博士后工作是在学术史和故事学两个领域同时展开的，从事学术史研究是为了完成钟敬文先生交给我的任务，从事故事研究是为了习得刘魁立先生的学术菁华。前者的成果主要是博士后出站报告，也即2010年列入文学所学术文库出版的《中国现代民俗学检讨》，后者的主要成果是我在故事学领域的系列论文，后来我又按不同的研究进路将之整合成系列故事学论著出版。

博士后的三年，是我学术生命中最珍贵的三年。那时候正当盛年，思维非常活跃，一经刘魁立先生的点拨，许多奔涌的感悟和构想突然变得清晰起来，就像散漫的水气逐渐凝结成水珠，滴落在笔端。一个学者只要写出了一篇好论文，他从此就跟过去不一样了，正应了钟敬文先生的那句名言："文章一篇就可以看出水平。"自从写出了《史诗叠加单元的结构及其功能——以〈罗摩衍那·战斗篇〉（季羡林译本）为中心的虚拟模型》，我就再也不是过去那个靠理解和感悟写文章的施爱东了。

如果说考上叶春生老师的研究生是我学术人生的第一级台阶、旁听吴承学老师的《论语》讲习是第二级台阶，那么，成为刘魁立先生的博士后是我的第三级台阶。叶春生老师把我领进了民间文学的大门，吴承学老师激发了我规范写作的学术自觉，刘魁立先生点燃了我理论思考的激情，唤起我理科出身的逻辑思维优势，让我获得了真切的学术自信。

四、参与创办"民间文化青年论坛"

2001年12月，叶春生老师在中山大学组织召开了一次"钟敬文先生百岁寿庆暨'现代化与民俗文化传统'国际学术研讨会"，我是会务负责人，向叶老师申请到一点经费，晚上约了几位青年学者到广州"粥城"吃夜宵、喝啤酒。回到宾馆，大家意犹未尽，坐在会务组朱钢的房间继续聊。一天会议下来，我们都特别厌倦老一辈民俗学者关起门来"表扬与自我表扬相结合"的做派，多次学术会议上积聚的"旧恨新仇"一起涌上心头，加上适度的酒精作用，我和陈泳超不约而同地提议"造反吧，别陪老人家玩了"，来自台湾的钟宗宪和一向温和的萧放也表示了赞同。当时我们手上都没有经费，约定分头发动青年学者，组一个旨在提倡正常学术批评的学术沙龙，每年至少碰一次头，大家各自掏钱与会，AA制，不给主办者造成任何经费压力。

陈泳超回到北京之后，首先联络了中国社会科学院文学研究所民间文学研究室主任吕微，得到吕微热烈响应。2002年7月，"中国民俗学会第五届全国代表大会"在首都师范大学举行，大会的多数时间都在讨论学会班子的改选问题，仅有的一点学术讨论时间，也被一些老同志的长篇大论给占去了，我们这些青年学者数千里迢迢赶到京城，只给两三分钟的发言时间,这种风气进一步加剧了我们的失望和不满,揭竿的机会来了。当晚由山东大学叶涛做东,吕微、陈建宪、萧放、叶涛、陈泳超、刘晓春、施爱东七位青年学者(加上缺席会议的台湾学者钟宗宪,一共八位发起人)在首都师范大学附近找了个茶馆,召开了一次梁山会议,议定组建一个以学术批评为宗旨的青年学术团体。

我们原本打算建一个公共邮箱,方便大家通过网络进行远程交流。后来陈泳超找到精通IT的硕士生陈永钊,在北京大学中文系BBS下面建了一个分论坛,起名"民间文化青年论坛"。有了根据地之后,大家分头联络民间文化界的青年朋友,邀请加盟"论坛",刘宗迪就是被我们拉进"论坛"的最活跃的积极分子之一。一大批早就憋着一股不平之气的青年民俗学者,聚集在"论坛",挥斥方遒,激扬文字,尽情地批判不良学风,恣意嘲讽前辈高论,拒绝自吹,也尽量不捧闲场。

"论坛"网页是2002年9月22日开始投入运行的,其时正值我在北京师范大学博士后入站,脱离了家室之累,一人闲在北京,时间非常富裕。白天到刘魁立先生的办公室喝茶聊天,有时帮着刘老师打打字,晚上回到宿舍,就泡在"论坛"中与来自全国各地的青年民俗学者笔墨往来,讨论各种关于民间文化的奇奇怪怪的问题,我在《中国现代民俗学检讨》中的很多想法,都是在这些往复问答和论辩中逐渐形成的。

很快我和陈泳超就发现"论坛"中有一些奇怪的马甲,他们的用词习惯、言语方式跟我们有着明显的差别,比如言词客气、落笔稳重、标点符号一丝不苟,等等,经过一番比较分析,我们判断他们分别是刘魁立、刘锡诚、陶立璠等前辈民俗学者,但是我们并不戳穿,假装不知道他们的身份,有时还跟他们开一些善意的玩笑。后来的结果正如陈泳超说的:"慢慢地,我们发现那些老先生也逐渐放下以前的架子,变得越来越和蔼,两代人之间的关系反而越来越和谐,大家真的形成了一个比较平等交流的学术共同体。"

为了吸引人气,烧旺"论坛",我和陈泳超、刘宗迪、钟宗宪还注册了多个马甲,不断挑起话题,相互插科打诨、斗嘴打趣,到处煽风点火,把"论坛"烧得热火朝天,很快就将之办成了"青年中国民俗学会",从此开启了中国民俗学的"黄金时代"(吕微语)。那时候,中国的青年民俗学者要是没在"论坛"上有个马甲,甚至都不大好意思说自己是民俗学或民间文学的从业者。我们举办的年度"沙龙"很快就发展壮大成为中国民俗学最大型的"学术年会",报名参会的人数甚至超过同一年度由中国民俗学会官方举办的学术会议。

中国民俗学会是民间文化青年论坛的"革命"对象,而当时的学会理事长正是刘魁立先生。在现实世界中我是他谦恭的学生,但在虚拟的网络世界中,我却是与之辩难的难缠对手。白天,从上午9点到下午4点左右,我和林继富几乎每天都待在刘先生的办公室,面对面地探讨各种学术问题。刘先生从不午睡,我们中午在白兰餐厅喝两瓶啤酒,没老没少地胡吹猛侃,下午回到办公室继续干活,我们很少谈及"论坛",我也装着不知道他有一件唤作"聪明的糊涂虫"的隐身衣。到了晚上,我就装疯卖傻地绕着圈子跟"聪明的糊涂虫"捉迷藏,可惜的是刘先生打字太慢，网上等他回一段话得等上好几分钟，后来我们就不爱跟他玩了。

五、栖身文学研究所

我对于自己能够留在中山大学任教非常满意，从未想过离开，直到我来了北京。我申请到北京师范大学做博士后的时候，我的师母张玉娥老师对叶春生老师说："不能让施爱东去北京，他去了就不会回来了。"我说："我不会离开中山大学。"我说这话的时候是认真的，就像所有恋人在热恋时说的话一样。

进京之后，我深深地爱上了北京的学术氛围。别说隔三岔五的学术会议，五花八门的学术沙龙，即便是三五同业好友，在"小辣椒"这样的路边小店一碟花生二瓶啤酒几样小菜，聊聊学术八卦，说说新近想法，亦能引发思绪纷飞，碰撞出令人惊奇的思想火花，其中乐趣，是我在广州很难体会得到的。

我已经想不起到底是在哪次聚会上，时任文学研究所民间文学研究室主任，满脸大胡子，被我们戏称为"经略府提辖鲁智深"的吕微，向我提出了欢迎加盟民间文学研究室的邀请，但我当时虽然深爱北京，向往文学研究所，无奈曾经答应过叶春生老师不会离开中山大学，只好委婉地拒绝了。不过吕微撂下一句话，给我留了条后路："什么时候想通了，随时给我电话。"类似的话他说过两次，我很心动，但始终不敢答应。

印象中是2004年5月的某一天，我在中山大学受到一些不公正的待遇，突然觉得大为释怀，我再也不用背负"不会离开中山大学"的心理包袱了，我满心欢喜地给吕微打了个长途电话，问他："民间室还有我的位置吗？"吕微那头显得也有些兴奋，他说刚好过两天所里要讨论人事问题，叫我赶紧给一份简历，他会事先跟杨义和老包说说，到时再交到会上讨论。大约才过了两三天，吕微电话告诉我非常顺利，文学所已经同意接受我的调动申请。

我压抑着内心的激动和兴奋，为了防止被中山大学挽留和劝阻，我没把消息告诉任何人，悄悄北上，以躲避是非。2004年9月本该是我博士后出站的时间，我正在焦虑如何向中山大学提出调动申请，那天清晨7点左右，我还没起床，突然接到叶春生老师电话，他兴奋地告诉我："今天早上遇到黄天骥老师，他主动说前段时间让你受委屈了，赶紧回来吧，最近还有很多事等着你回来一起做。"那一刻，我突然百感交集泪如雨下，我忘了自己是怎么跟叶老师说的，总之是语辞委婉而态度坚决地表达了想留在北京的意思。叶老师不知道有没有听出我的哽咽，他没有多劝，只是让我从家庭和收入等角度再考虑考虑，别急着做决定。大概他早已预感到我会留在北京了。

既然已经说开了，我就索性回到广州，正式向中文系主任欧阳光提出调动申请。欧阳老师非常惊讶，他说："系里培养你这么多年，你舍得吗？能不能给我个面子，缓一缓再说？"我说好的。但我内心已经下定决心一定要离开广州，既然有了借口，是他们先做了对不起我的事，我就把借口用足，绝不松口。

为了能留在北京，我在北京师范大学一直拖着不肯办理出站。我在家乡做过人事秘书，知道一旦出站回到广州，再想进京，那就千难万难了。2005年春节，欧阳老师特地到家里来拜年，告诉我中文系准备派我去韩国任教一年，可以增收20万元。我当时说了一句让他有点难堪的话："我一定要去北京，我缺的不是钱，是学问。"我对自己的这句对答很满意，在不同场合说过好几次。在春节的师门晚宴上，从事房地产的师弟朱培坤搂着我的肩膀吐着一嘴酒气说："师兄，你别走，我资助你一千万，你给我把中山大学民俗学事业振兴起来。"我笑着回答说："我缺的不是钱，是学问！"

欧阳老师始终没答应放我走，北京师范大学这边又总催着我出站。2005年初，我到博士后管理办公室打听政策，得知如果中山大学人事处同意我出站不回去，他们就可以将我直接派遣到文学研究所。我回到中山大学一打听，学校的人事政策非常开明，入职要求虽高，离职却很容易，只要本人提出申请，人事处就可以放行。于是我自己写了一份证明，直接绕过中文系，在人事处盖了个章，马上飞到北京，立即办理出站手续，直接以出站博士后的名义在文学研究所报到了，当时接待我的两位人事处干部是郭一涛、夏晶晶，她们的热情和笑容让我如沐春风，一下就打消了我入职前的各种不安和顾虑。

我2005年5月入职文学所，但是档案和工资关系都还在中山大学，每次节庆发工会福利的时候，全所就我一人没有。安德明很为我抱不平，找到工会副主席郭林，得知是因为我的工资关系还没转过来，没法扣缴工会会费，不能享受工会福利。回到室里，安德明就像自己做错什么似的，执意想要把他的工会福利转送给我。类似的这种温暖故事还有很多。我在民间文学研究室的前后两任室主任吕微、安德明，都很温柔敦厚，从不强人所难，我在文学所这些年，自由自在，如鱼得水。

我出站的时候就办好了户口迁移，夏晶晶给我办了工作证，郭一涛为我争取了临时住房，我基本上没什么后顾之忧，每周来文学所上班，用文学所的名义参加学术会议、发表论文，同时，我还领着中山大学的高工资（当时我在中山大学的月工资扣除奖金是3800元，后来在社科院的月工资是1700元）。中山大学这边，据说是学校对中文系进行年度财务审核时发现问题，要求中文系尽快处理好我的人事归属问题，于是系党总支书记丘国新给我打了个电话，问我在北京这边安顿好没有，然后说："要是安顿好了，就把工资关系也转过去吧。"我这才恋恋不舍地把工资关系转出了中山大学。

在中国社会科学院进入创新工程之前，每周返所日并没有实行严格的签到制，时间比较自由，有件小事给我印象很深。大约在我入职文学所三个月后的某个返所日，由于我一般到得比较早，那段时间基本都是我开门、打开水，这天一拧钥匙发现锁已经开了，我心里一惊，开门就看到会议桌前坐着一位陌生女同志，正在写什么东西。她吃惊地看着我，我也吃惊地看着她，我们在会议桌前默默地相对坐了好一会，她试探着问："请问你是新来的吗？"我说是，她说："我叫张田英，我也是民间室的。不过，我很快就退休了。"我马上表示了不相信，我觉得她应该跟我差不多年龄，怎么就快退休了？出于对陌生人的不信任，我一直坐在室里不敢离开，直到户晓辉进来。

六、吕微为首的民间室读书班

吕微是民间文化青年论坛八位发起人中年龄最大的一位,我们都序齿尊称其为"老大"。他那满脸大胡子加上不修边幅的着装,很容易让人误以为他是个粗枝大叶的率性汉子,其实不是,他是个心思非常细腻、既有大智慧也有小聪明、勤于阅读精于思考的纯粹读书人。

吕微做研究室主任最大的特点是无为而治、不争荣誉、不报课题、善良随和。他曾建议我好好看看文学所资料室何其芳购入的一批宝卷,看是否能整理一下,做出点东西来。我在征求朋友意见的时候,尹虎彬说:"千万别沾宝卷,水太深,出不了成果。"我听从了虎彬的建议。吕微见我没兴趣,后来再没提过这事。

吕微为人特别和善,研究室同事有什么家庭问题或生活上的苦恼也会跟他说,他是掌握全室秘密最多的一个人,但他从不对一个人说另一个人的秘密。当然,有时候也有违反学术原则,做滥好人的嫌疑,比如为了帮助朋友发文章,他简直帮到了替人重写的地步。他特别善于发现别人的优点、遮掩别人的缺点,尤其是在学术评议的时候,他能够依据文本分析出许多我们都看不出来,作者本人也没有意识到的微言大义,但是经他那么一解说,大家都觉得有道理。随着学术地位的提升,他的这项本领也越来越强大,逐渐成为民俗学界最具思辨性的著名演说家,每次学术讨论会都是由他做会议总结,他一总结,这会议就圆满了,与会者皆大欢喜。

由于我的基础训练是理工科的，所以，学术基调是偏于科学主义、实证研究的，这跟吕微形而上学的哲学研究基本是背道而驰的，但我们都很尊重对方的学术思想。我几乎是逐字逐句、回环往复地读过吕微的《现代性论争中的民间文学》《"内在的"和"外在的"民间文学》等论文，他的许多观点是我过去没有想过的。为此，我和户晓辉一直鼓动他给博士生开一个读书班，我们顺便也旁听学习。吕微答应了。

读书班到底是从哪一年开始的，坚持了两年还是三年，我已经记不大清了。我只记得最早读的是索绪尔的《普通语言学教程》，然后是康德的《纯粹理性批判》和《实践理性批判》。为了避开返所日人多事杂，我们专门选在周四读书，比较固定的读书人是吕微、户晓辉、我、李川、刘文江、惠嘉，好像还有过胥志强等几位不固定成员。吕微让我们每人先读一段，然后一句一句地解，我们用的是汉译本，只有户晓辉用的是德文原著，每当我们的理解发生差异时，就问户晓辉"原著是怎么说的"。

读书班对我影响很大，改变了我一些固执的成见。我原来的科学主义头脑中只有"求真"的意识，吕微和康德教会了我"求善"，这种"真""善"相融的思想，集中体现在吕微《民间文学-民俗学研究中的"性质世界""意义世界"与"生活世界"》一文当中。

我在读书班之前并没有明晰的"求善"意识，为了"求真"，我一向主张将"田野"当成"实验场"，我曾经在中山大学中文系2001级本科生的民间文学课堂上做过多次故事实验，分别写成了《故事传播的实验报告及实验分析》《民间故事的记忆与重构》，还将论文发给学生提意见，当成课堂作业。刘宗迪认为这是"对田野的强暴"，并且表示了"严重反对"，由此在 2005 年 11 月到 2006 年 6 月间，爆发了一场点击率数以万计的"科玄论战"。我和刘宗迪、吕微唇枪舌剑地打了半年的架，在民俗学界引起强烈震动，2016 年我将这场论辩整理成《作为实验的田野研究——中国现代民俗学的"科玄论战"》交由中国社会科学出版社出版。参加过吕微的读书班之后，虽然我依旧坚持田野研究的实验主张，但是，我会更多地考虑到被试的个人意愿，以及实验是否对其现实生活产生影响，我会更多地关注主体感受，而不是只关心客观真实。辩论未必有输赢，相互学习未必全盘吸收，但无疑可以加强彼此之间的相互理解，也有利于后续的学术沟通。

　　吕微退休之后，一直笔耕不辍，他对康德思想的钻研也越来越深，凭我读书班上学的那点皮毛已经明显跟不上他的思想进程。我读他的论文越来越吃力，他发给我的上一篇论文我还没看完，他把下一篇又发过来了，把我的思想累得疲惫不堪。有时点开他的论文得首先看看字数，一看又是近十万字的鸿篇巨制，我就干脆放弃了，只能等待某次学术研讨会上，听听他言简意赅的大意演说。

七、杨早为首的年度话题小组

　　我和杨早认识始于 1993 年，那时候我在中山大学中文系读研究生，他读大四，在一次可能是校团委组织的活动上，有人介绍他就是中山大学著名的"四大才子"之首杨早，我久仰大名，主动上前自我介绍，遂成好友。他后来在《羊城晚报》做记者，再后来，为了报考研究生辞去工作，没有固定收入，那时候每次朋友聚餐都是我买单。当然，2005年我们一起进了文学所之后，聚餐一般都是他买单，因为他的稿费收入比我高多了。

杨早考上北京大学研究生之后，我们联系不多，直到我也来到北京，这才续上前缘。2004年我已确定调到文学所，刚好杨早也在毕业找工作，据说父母曾反对他到中国社会科学院，嫌这个单位收入太低，杨早坚持的理由是"连施爱东都要调到文学所"，于是父母没再反对。杨早口才好，很会演讲，适合作为偶像型导师，的确应该去高校，能更充分地施展他多方面才华。

杨早博闻强识，交游广阔，很快就把自己的一堆好朋友介绍给我了。2005年12月17日，文学所通州片的青年学者在萨支山家里聚会，半夜散场之后，杨早又把我和萨支山拉到一家咖啡馆，聊聊我们能一起做点什么事，他提议做一套民国书系，以年度为界，一年一本，做成现代文化编年史。我不同意，我认为与其隔靴搔痒地做民国文化史，不如每年做一本当代文化史，面对当下问题进行当下观察、当下思考，也许对于后人来说会更有参考价值。当晚大家都很兴奋，散场时杨早说"今天是我生日"，他故意把生日说早两天，主要是为了夺取买单权。

杨早是个行动力很强、效率很高的人,很快就联系上他的师兄,时任生活·读书·新知三联书店编辑部主任的郑勇。郑勇非常支持,希望2006年就能推出第一本《话题2005》。接下来,杨早、萨支山开始拉人入伙,最早被拉进"话题小组"的,几乎全是他们的北京大学师兄弟。《话题2005》上市,一下就卖了6000册,这在文化评论类书籍中算是不错的,大家受到鼓舞,这一干就是十年。

本来是说好杨早、萨支山和我共同主编,由于杨早出力最大、学术资源最多,萨支山性格温和、人缘最好,我认为由他们俩担任主编就好,一本书同时写三个主编看起来会很怪异。杨早为《话题》书系倾注了大量心血,他的想法特别多,而且几乎每年都有新主意,这一点跟我的做法不大一样,我喜欢循例、稳定,他喜欢求新、求变、随时关注读书市场的变化。他是个想到就做,而且力图做好的人,这种做派把大家都弄得很辛苦,比如他要每年在《话题》封面上推出一个能代表该年度特征的字,为了这一个字,大家常常开一天会,我觉得实在没什么必要,后来的事实也证明很少人关注到这个字,但他和萨支山都对这种文字游戏有一种执着的偏爱,且乐在其中。

"话题小组"队伍越来越大,杨早又特别喜欢聚会,动不动就跟大家约时间聚餐、开会,而且几乎每次都是将就我的时间安排,弄得我一推再推,最后总是推无可推。在北京这鬼地方,只要答应出来吃餐饭,一整天就没有了。我很不喜欢聚餐,怕浪费时间,但他很喜欢,而且每次还要更换聚餐场所,不知道是不是想以此吃遍京城,反正他比我胖多了。

《话题》系列影响越来越大，我们也越来越累，杨早尤其累，他除了写稿、统稿、编选大事记等，还要写年度综述。他太在意读者反馈，每年都想写出点"新意思"，这就难免江郎才尽，越到后面越呕心沥血。相比之下我就轻松取巧多了，首先我只写与民间文化相关的文化事项，所以文字上驾轻就熟；其次我不负责饭局，不约人、不订餐、不买单，吃完聊完就走人；再次，对于改稿工作，一般都是由我先选，最难改的稿子总是留给杨早。

到了《话题》的后期，杨早和萨支山都觉得疲惫不堪难以为继了，这时候反倒是我一再给大家鼓劲，我觉得好不容易走到今天，《话题》在文化界的影响力也日益见长，突然放弃有点太可惜，有些事坚持坚持，一旦找到了好的接班人，就算完成一项事业。但是，我们终于没能完成这项事业，《话题》系列只出到第十辑就停刊了。

八、以微博为主的网络谣言研究

我从 2002 年开始就将主要精力转向故事学领域，做故事学难免会遇到故事发生、传播与变异的问题，但是，现实中的故事发生是悄无声息的，大量异文也只是故事变异环节中被偶然记录的碎片，就算是最著名的故事异文，其记录都不可能是连贯的，根本不足以支撑这一方面的研究。

受菅丰教授邀请，我 2010 年申请到东京大学东洋文化研究所访问，根据当地学术条件，我选择以"龙政治"作为合作课题。这一时期，也正是中文互联网上微博开始流行的时候，杨早总是紧贴着时代的信息命脉，一再鼓动我注册一个微博账号，他说："你做民俗学的，不能脱离时代。"我于2010年10月23日注册并发布第一条微博："听杨早说微博是一次网络革命，我想看看，到底是怎样一场革命。做民俗学的，讲究亲身体验。"通过一段时间的体验，我突然意识到，微博谣言的发布、转发和评论，其实就是故事的发生、传播和变异，这是故事研究的天赐良机！我有一种强烈的冲动，想放下手中的"龙政治"课题，马上投入到微博谣言研究当中，但当时我已经开始在《民族艺术》连载"龙政治"的系列论文，突然放弃连载会很对不起廖明君主编。于是我一边继续"龙政治"的研究，一边跟踪和积累网络谣言资料，我做了好几个文件夹，分门别类地搜罗了很多谣言信息（数量过于庞大，事实上大部分后来都没用上）。

"龙政治"课题基本完成之后，我几乎是无缝链接地马上投入到了微博谣言研究当中。这不光是为了将学术研究与社会现实相结合，而是我认为民间故事、都市传说与谣言是相通的，谣言历史化之后就变成了故事，而故事一旦现实化就变成了谣言，它们在结构上有非常一致的地方。我的主要研究目的，是想通过谣言传播来研究故事的结构和发生，当然也可以倒过来说，我想借助故事学的理论和方法来做谣言研究。

承蒙廖明君主编的垂青，他在得知我研究计划的时候，就邀请我继续在《民族艺术》连载谣言研究论文。其实早在2010年底，钱云会车祸案刚刚发酵的时候，我就敏锐地感觉到这是一起罕见的谣言博弈事件,那段时间我几乎每隔一个小时就会刷一次屏,不断积累各方说法,如此全程跟踪了一个多月,事件才逐渐冷却下来。当时我觉得应该立即着手写一本谣言学专著《钱云会之死》,可惜时间分配不过来。"龙政治"课题完成后,我只用了一个星期,就马不停蹄完成了《谣言的鸡蛋情绪——钱云会案的造谣、传谣与辟谣》,从此开启了"谣言研究"的新连载系列。

为了做好谣言研究,我在全世界30多家社交网站和报刊网站进行了注册,因为有许多网站不注册就没有检索权限,有些内部网站和同人网站甚至没有一定级别也不能检索。为了在短时期内取得检索权限,潜伏到谣言团队的内部组织,我发挥了民俗学者田野调查的特长,通过各种套近乎的甚至诚恳地向管理员公开自己真实身份的方式,在一些盛行谣言的同人网站注册后,分别得以破格提拔为连长、排长、少尉,或者副科长等职务,取得了大量的第一手资料。游走在形形色色的网络论坛,有时候无意闯入一些黄色网站,观察"淫民"的话语风格,真有格列佛误入小人国的感觉。

当时微博上分成了两大阵营,互相攻讦,我因为从事谣言研究,在转存谣言的时候,偶尔插句嘴,就被有些人归入到一派阵营。其实我真没有什么倾向,只是求个"真相"而已,以我掌握的数据和研究判断,忍不住表个态,辟辟谣。于是,一派骂我"五毛",另一派向微博管理员举报我"传播谣言",好在微博不是现实世界,我也不在乎。虽然我不专职辟谣,但谣言研究的名声还是会一点点传开的,很多朋友只要在微博上发现新的谣言，就会"@"提醒我一下，这样，我就有了许多耳目，能够在谣言刚刚发生时，快速地做出反应。在那些谣言家刚刚把谣言放出来，尚处于发酵阶段，还没来得及删除、隐蔽、撤退的时候，我就截图捕捉到他们的造谣新动向。许多从来没有见过面的微博好友，都曾是我从事谣言研究的得力帮手。

　　谣言专题是老一辈民俗学者从未涉足过的全新领域，无章可循，如履薄冰。网络谣言的数据采集和保存非常困难，越是谣言，越是敏感，因此也越容易被删除和屏蔽。当代谣言研究直接面对的是所谓的"网络大V"，他们拥有强大的话语权力，追踪和研究他们的造谣传谣行为，若非证据确凿，论证严密，很容易就会招致猛烈的反击，所以说，这项工作的心理压力和工作压力还是很大的。为了加强研究工作的可靠性，我在论文中对造谣传谣者都是直接点名、直陈其事。当然，我的研究只是从民俗学的角度探讨谣言的原型、生产、传播、结构、类型，以及变异规律，还有传谣心态等，以实证研究为主，不做道德批判。

九、坚持"减法原则"，服务中国民俗学会

　　我自认为是个有公心的人，也很愿意不计得失地为民俗学科，为民俗学会贡献绵薄之力，尤其是2006年以来，协助朝戈金和叶涛做了许多琐碎的具体工作，这一点，是很得同行认可的，没功劳也有苦劳吧。我虽然脾气不好，喜欢怼人，但大

家都知道我不是出于个人利益，也就不跟我计较。我自认为耿直敢言，经常在大会上公开对不良学风和会风提出批评意见，该反对时张得开口，该拍桌子时伸得出手，这种作风虽然很得罪人，但是时间长了，反而为大家所认可，觉得在一个群体中应该有一个像我这样的人。

有时候，因为得罪少数人，很可能反而赢得了多数人。事实上，每个人心里都有一杆秤，出于公心还是私心，明眼人都能看出来，时间长了，大家也就接受了。

2018年中国民俗学会第九届常务理事会副会长改选时，我居然得了全票40票，不仅我自己，几乎所有人都大感意外，那些曾经被我批评过，甚至讽刺过的同行，全都不计前嫌，投了我的赞成票，这是我绝对想不到的。偶尔得个全票，这种事本不值得说，但对于我来说，太感意外，对我的人生观造成的震撼太大了，这是我一生中最高的荣耀。

我的三十多年学术生涯中，既没中过什么课题，也没中过什么项目。不过，在我刚刚完成本书初稿的时候，突然发现自己中了2023年国家社科基金年度重点项目《民间故事创编机制研究》，这也是我几乎不抱希望的第一次尝试。朋友向我"祝贺"时，我也只能以"老来得子"或"范进中举"苦笑作答。过去我曾申报过三次国家社科基金后期资助，第二、第三次均以失败告终，后来也就不再自讨没趣了。林林总总的奖项中，我自己只申报过"文学所优秀科研成果奖"；十几年前在严平老师的鼓励下，报过一次青年学术奖项"勤英文学研究奖"，中途还羞涩地撤回了；十几年来我多次担任"民间文艺山花奖"评委，自己却一次也没申报过。

有些大学院系领导，比如彭玉平老师就曾多次动员我从他们所在高校申报国家高层次人才计划，但我知道自己什么"硬指标"都没有，要帽子没帽子，要课题没课题，报也是徒劳，不报或许还能省点心。人一有欲望就得操心，抑制自己的欲望是为了让自己少操心、不揪心。扒拉扒拉自己的平凡人生，我这一辈子除了社科院的几次"优秀科研成果奖"，其他任何拿得上台面的光鲜业绩都没有。拿不出百元大钞，好歹有两张一元小钞，晃一晃以示囊中并非空空如也。

中国民俗学会第九次代表大会结束之后，新任会长叶涛多次劝说我出任学会秘书长，我非常坚决地拒绝了，原因是身体太差。2014年我父亲摔断盆骨之后，一直卧病在床，我反复在北京和江西之间来回奔走，体质迅速下降，2015年父亲去世之后，我很快就在体检时查出慢性肾炎。当我得知这是一种不可逆的致命内科疾病之后，常有一种万念俱灰的感觉，如果说过去还曾有过什么学术雄心，想做出点什么成绩的话，2015年之后我几乎彻底打消了这一方面的想法。我拿出所有的积蓄，借钱加贷款在奥林匹克森林公园边上买了一套小房子，把家里的大量藏书都一箱箱寄捐给了家乡石城县图书馆。只要有时间，我每天都去奥森慢跑一小时，为的就是恢复身体，保住小命。

我从2002年开始服务于中国民俗学会秘书处，已经为中国民俗学会的集体事务投入了大量时间，如今身体要紧，我不能投入太多了。我不是铁人王进喜，也没有焦裕禄的精神。可是叶涛始终没有放弃，他先后四次来到家里，还动员了包括刘魁立先生在内的许多朋友前来劝说，拉锯了近四个月之后，我不小心松了松口，他很快就对外宣布了聘任我为秘书长的决定。但是，我知道以我的身体状况，无法很好地履行秘书长的职责，只能把自己当成龟兔赛跑中的那只老乌龟，能爬多远算多远。

上任秘书长之后的第一件麻烦事，就是学会年检。目前中国民俗学会挂靠在北京师范大学文学院，这就意味着学会有四个婆婆，从下往上依次是文学院—北京师范大学—教育部—民政部，每一个婆婆都要行使权力，审核、盖章。复杂的年检表格，一级一级地向上提交，一有不合规范处就得从头再来，真不知道叶涛这十几年秘书长是怎么熬过来的。中国民俗学会是个3300多人的学会，下属20多个分支机构，加上民政部对于社会组织的管理日益规范化、常态化，琐碎事务极其繁杂，好在会长叶涛是秘书长出身，初期的许多工作都是他领着旧秘书处的同人在顶着。

但是，秘书长毕竟只是秘书长，不可能指派会长干活，时间一长，这些烦琐的事务最终还得落在我的头上。我也只能想尽办法把这些事务切碎了，一一分摊到秘书处一干同人身上。有一天，北京师范大学的康丽教授取笑我说："爱东兄一向是个直来直去的人，最近连打电话的语气都比以前温柔多了，你是怎么变得这么客气的？"我苦笑着说："无欲无求才能说话硬气，现在没办法了，我得求着你们和我一起干活呀。"有欲则不刚，一旦有求于人，可不就得客气吗？

第九届理事会秘书处，许多是叶涛时期的旧人，个别副秘书长的资历比我还深，我很难指派他们做事。有时我把活派到秘书处工作群，小一半人不认领，我也只能自己哼哧哼哧折腾完成。长时间的憋气和杂活，导致我情绪焦灼、暴躁，经常在常务理事群发脾气骂娘。不过，骂归骂，发泄完了，事情还得做，经过两三年的摸索，终于还是把管理框架和工作区块都切分好了，工作流程也大致稳定下来，秘书处同人各司其职，学会逐渐进入了一个安全平稳的无为阶段。再后来，第十届理事会，叶涛再次当选会长，我也熟悉了秘书处的工作，因此没有再推辞。我对秘书处进行了全盘更新的大换血，尽量吸收年轻力量，将工作热情、工作能力、工作时间作为副秘书长人选的三项考量要素。这样组建起来的秘书处，充满活力，能征善战，我的工作就变得轻松起来，情绪也开始由阴转晴。

叶涛对中国民俗学会的热爱是无以复加的，他将学会当成自己的家、自己的毕生事业来经营，事必躬亲，不分巨细，不仅规章制度完备严整，执行也很有章法。但是对于我这个一向散漫的人来说，多少觉得事务过于烦琐了些，我不断在秘书处灌输一个"减法原则"：凡是可开可不开的会，不开；可要可不要的利益，不要；可报可不报的头衔，不报；可赚可不赚的钱，不赚；可花可不花的钱，不花；可交可不交的朋友，不交。有时候，即便是上级要求做的事，只要能顶着不做，就尽量顶着；实在顶不住，可以使用套路敷衍的，尽量使用套路，以便省时省力。比如，2020年教育部曾经开出一个候选优秀学会名单，其中就有中国民俗学会，要求我们按程序申报，一旦入选，不仅头顶光环，还能得到 30 万元的经费资助。但是，我坚信世上没有好吃的嗟来之食，拖着迟迟不报，这让康丽教授非常为难，一方面是挂靠单位北京师范大学不断督促申报，一方面是我这里顶着坚决不报，最后在僵持中熬过了有效申报期。又比如，2021 年年底，文学研究所突然通知要评选优秀研究室，虽然民间文学研究室的科研成绩居于全所前列，人际关系和谐，在全所享有较好的声誉，但当所领导征求我意见的时候，我的态度非常坚决，不折腾，不申报！

在学会秘书处诸事务中，大凡"检讨""说明""报告""总结"之类的过关性文件，我都秉烛操刀、深刻剖析，以示遵纪守法；但是对于课题、项目、荣誉之类，我一概坚持以"减法原则"来处理，尽量不招风惹事，只求中国民俗学会平平安安，能好好地延续先贤创下的这份家业。

孔子说"三十而立"，但我 30 岁才刚刚评上讲师，得到一个可以立在讲台上说话的资格。那时虽然对学术人生充满憧憬，其实内心一团混沌，很多事想做好，但是什么都没做成，更谈不上好。摸爬滚打了又十年，直到我快 40 岁的时候，才明确了自己的一些基本人生理念：尽量做好分内的本职工作，认真做好自己喜欢的工作，坚持"减法原则"，把有限的精力集中在有限的事业上，绝不给自己加戏，不折腾自己。

2023 年是中国民俗学会成立 40 周年，叶涛和我都主张把纪念大会和学术年会合并在一起召开，由南京农业大学胡燕教授领衔承办大会。原本我预估将有 350 人参会，没想到参会征文多达近 600 篇。为了缩小会议规模，秘书处在论文筛选之后，又对会员收取200元注册费，非会员收取500元注册费，但还是拦不住广大青年民俗学者的参会热情。最终缴费注册多达406人，加上未注册的嘉宾、常务理事、志愿者等，实际参会人数接近500人，其中约三分之一是各大高校的博士生和硕士生。相比创会时期的90名参会者，人数扩张了5倍，平均年龄至少减轻了20岁。

我是主张把大会开得宏大而简单，尽量减少庆贺节目和仪式环节，但是承办方胡燕教授太热情，太想把会办得热闹，让大家都喜欢，因此请了许多有头有脸的嘉宾。我一想到开个会还要侍候这么多大人物，头皮就发麻，让她只请几个相关部门领导，其他都谢绝了。会议间隙的参观和观演活动，花费巨大，我劝阻无效，但既然她已经安排好了，我也乐得不插手，趁着大家活动去了，我还能多休息一会。我把主要精力花在安排秘书处和志愿者的工作上，其中又有一半时间花在各种报告和宣传工作上。开幕式之后，大会分出9个分会场，共计54个场次，我们给每个分会场配了4名志愿者，既做好会议服务和报道，也参与发表和学习，这样不仅锻炼了志愿者，也使每一场次的每一位发表人都能得到报道，大大提升了所有与会者的参与感。

无论做什么事，但凡想让人满意或喜欢，都得付出代价。大会秘书处的工作千头万绪，除了会场、食宿、议程、报告、合影、礼品、茶歇、宣传单这些看得见的工作，还有许多隐性的服务工作，参会者甚至完全感受不到，比如购买保险、联系医疗保障、财务预算及分配、志愿者培训等。此外，照顾和平衡各种人际关系，也需要付出大量的时间和精力，每次大会，总是有些人要么错过征文时间，要么错过注册时间，要么改变既定行程，甚至反复再三。参会人数越多，意外事件的发生概率自然也就越大。尤其是接近会期，各种安排妥当之后，突然的一个小变动，都会牵扯到方方面面，令人头痛不已。秘书处成立了十几个不同会务的微信群，每一位副秘书长都可能在其中的一个群、三个群或五个群，只有我必须在所有的群。我的心理素质差，睡眠浅，有时半夜醒来突然想起个什么事忘了交代，就会翻来覆去睡不着，非得起床把它写在纸上才能入睡。

不过，努力总算还有回报，大会热烈而有序，与会者皆大欢喜，而且得到了人民网、光明网、新华社、学习强国、中国社会科学网、中国新闻网、澎湃新闻、中国网、中国侨网以及《中国艺术报》《每日新报》《山西日报》等几乎所有主流媒体的图文报道，学会官网、公众号等网络平台更是全面开动，大力宣传。用参会者的话说，这是中国民俗学会自成立以来最集中的一次"宣传大爆发"。《山西日报》编辑张隽波用了"众人拾柴火焰高，大家都是添柴人"来形容这种兴旺局面。

十、把故事研究当主业

2013年开始，先是开展了一次全国公安系统集中打击网络谣言专项行动，紧接着最高人民法院公布了《最高人民法院、最高人民检察院关于办理利用信息网络实施诽谤等刑事案件适用法律若干问题的解释》，加上微博兴起"举报即受理"的谣言处置方法，持续了三年的微博谣言热潮迅速降温。不过，令人意想不到的是，随着微信朋友圈及微信公众号的兴起，那些在微博上被反复辟谣、已经强弩之末的老谣言，换了一个信息平台，添了一批新用户，居然能够死灰复燃，有些甚至一字不改地重新传播一轮。

微博是公共空间，每一次传播的页面都可以被所有人搜索和打开，谣言传播路径非常清晰，便于追溯和跟踪。微信却不一样，这是一个半公共空间，只有传播者的私人好友才能看到传播者的朋友圈，所以，研究者只能从自己有限的朋友圈获取谣言信息，这样的信息当然是很不完整的。不过，微信谣言也有值得讨论的亮点，那就是谣言文本，虽然无法据以追踪传播路径，但是可以进行形态分析。所以，我在2014年之后，就从传播研究转向了形态分析，主要讨论谣言文本及其语法。

谣言研究的黄金时代，就是2010—2014年，这个时间放在历史的长河中，可谓转眼即逝。2010—2011年我主要在做"中国龙"的研究，错过了两年，但我还是很庆幸自己及时地抓住了2012—2014这三年的时间，深入细致地追踪了数十则不同类型的著名谣言。这个机会过去从未有过，将来可能也很难再有。历史机遇有时就是这样，抓住了就是你的，没抓住就不是你的。

无论从定义、特征，还是谣言与社会生活的关系等角度来看，谣言都应该视为民间文学的一个分支。网络谣言的时间线索非常清晰，从文本比对中也很容易发现前后文本的亲缘关系，因此，一则网络谣言从萌生到爆发，光是从文本的变异路径就可以看出一则谣言是如何通过不断修订、改进，最后形成一个模式化的"最优文本"。借助对系列最优文本的结构分析和要素分析，我们就可以总结出一系列的"谣言语法"。

有了谣言研究的基础，重新回到故事研究，就有了不一样的思路。我一直认为，简单的、重复的、套路化的文本，反而更有利于发现规律、构建模型，所以说，民间文学的简单文本相比作家文学的复杂文本，更容易产生结构理论。至于这些理论是不是能够运用于作家作品的分析，那得看运用于哪一类型的作家作品。比如，故事学理论运用于金庸作品，就能很好地解释金庸作品的人物设置和情节设置，但如果将之运用于精英作家如王蒙、残雪等人的作品，那就几乎完全无效。正如李梦在听过我关于"理想故事"的讲座之后，就提出了"反故事"的概念，认为有些故事，尤其是笑话，往往是故意打破传统的故事模式，有意让故事朝着相反的方向发展，得出意想之外的结局。对于精英作家来说，"创新"和"不落俗套"才是他们追求的方向，而民间文学的故事模式，自然就是他们眼中的"俗套"，也是他们努力要挣脱的魔咒。不过，既然是魔咒，一般是挣不脱的，多数作家努力的结果，往往也只是传统故事模式基础上的"有限变异"。

2020年，我将此前的故事学论文结集为《故事法则》和《故事机变》两本小册子，前者是共时研究，后者是历时研究。共时研究枯燥繁复，《故事法则》虽然只有十几万字，但是就连细心的责编卫纯都读得头疼，预估很难卖出一千册。我一再央求，表示我自己就可以买三百册，最后出版社冒险印了三千册。没想到，书一上市就受到许多青年学者的欢迎，豆瓣评分一度高达 9.8 分，还被多家媒体高调报道。此书受到著名作家马伯庸推荐之后，很快就在当当和京东脱销，我和卫纯都大感意外，三联书店紧急加印，此后不到半年内，连印三次。当然，有些文学爱好者慕名购买，翻阅之后发现书中观点与他们的既有认知图式差距太大，大失所望之余，怒奔豆瓣给低分，这种情况，也是我意料之外的。

《故事法则》热卖的后果就是，多家出版社表示愿意出版我的其他故事学论著。于是，我把过去十几年间的故事学存货全部清理出来，分门别类加以修订，分别结集为《故事的无稽法则》《故事背后的故事》，虽然市场还有需求，但我早已囊中空空，再无长物。其实，与"讲故事"相比，我更想向读者传达的是"研究方法"，每一则故事个案，我都尝试找出一种最适合于"这一则故事"的研究方法。

我始终认为，方法比理论更重要。我们都知道一句俗语"授人以鱼，不如授之以渔"，我想，就学术研究来说，鱼就是理论，渔就是方法，这句话大致可以翻译为："教学生理论，不如教学生方法。"

我给学生讲"故事学"课程，当然首先是推荐普罗普的"故事形态学"、帕里-洛德的"口头诗学"，讲述两者共同的方法论基础，以及初始条件和理论目标的差别，但我一定还会要求学生再去买一本《普通逻辑》。文科学生多数没有受过普通逻辑的训练，过于依赖语言技巧，相信语言魔力，以写一手漂亮文章为能事。有些文章表面上看起来激情四射，动人心弦，其实只是披着华美语言外衣的逻辑空壳，往往经不起逻辑推演。我中学时期也曾爱看杨朔散文之类的抒情美文，如今越趋老年，越不喜欢这种完全不讲逻辑的美文。

对于人文社会科学研究来说，一个学者对于过去事件的陈述与解析是否成功，首先取决于他占有的信息、材料，这是一切工作展开的基础；其次取决于他使用的工具、方法，这是正确运用材料的步骤；再就是他评判人事的眼光、叙述事件的技巧，这是做好学术传播的手段。一个好的学者，不仅要有警察洞悉世务的机敏，还要有法官明察秋毫的判断能力，以及律师口若悬河的叙事才华。一个学者具备的能力越齐全，他的著作也就越有说服力、越好看。学术研究的任务，就在于为各自领域的"问题"找到一个"最合理的解释"。通过寻找线索和材料，借助逻辑推论，充分运用我们的智慧，生产出新的有意义的知识，充实到人类文化的"传统池"中。

十一、转向自我的田野访谈

大凡从事文字工作的，谁都希望能够借助文章传诸后世。可是，有时候想想也可笑，一篇文章的作者，署名"施爱东"还是"爱东施"或"东施爱"，又有什么区别呢？不就是三个汉字的组合吗？那个曾经来过这个世界的叫作施爱东的人，他是个什么样的人？他是如何走上民间文学这条道路的？他的真实人生并没有反映在这三个汉字当中。

我们经常武断地给个体贴上群体标签，或者用所谓的群体特征对个体行为做出印象式评判，比如，我们常常听人说到西方人如何如何，河南人如何如何，60后如何如何，傻博士如何如何，这种笼统的标签往往成为群体与群体之间互掷的投枪和匕首。浸淫在不同的田野中，咂摸着田野对象的生活逻辑，反思那些所谓的民族性及其族群特征，我开始怀疑这些群体"特性"都是我们这些知识分子给提炼、宣教、塑造出来的。过去一百年来，民俗学在归纳社群习俗、勾勒社群面貌等方面贡献卓著，但我始终怀有一种不安的感觉，我觉得对于族群特性的过分强调、过度解读，以及个别民俗学者的民族本位立场是有悖于民族团结大方向以及和谐社会建设目标的。

在2019年国际泳联世界游泳锦标赛上，来自澳大利亚的霍顿（Mackenzie Horton）等多国游泳选手拒绝与中国选手孙杨合影或握手。针对这种无礼行为，孙杨在赛后新闻发布会上说："你可以不尊重我，但你必须尊重中国！"此言博得中国网民一片喝彩，各大媒体纷纷点赞，可我却想起了姚明在同类事件上的一次答问。2011年"明谢"新闻发布会上，记者问姚明："你认可别人说你是中国的代表吗？"姚明回答说："中国这两个字不是任何一个个体可以代表的，每一个人身上都有闪光点。我们应该发掘更多的闪光点去完成中国这个词，而不仅靠某一个或者是某几人个去说这就是中国，这太苍白了。"

姚明不仅是个篮球运动员，也是个哲学家。作为公众人物的姚明只提到每个人身上的"闪光点"，作为学者的我们当然知道，每个人身上都还有许多不闪光的点。我们总是出于立场、观点和场合的需要，有时专门拿闪光点来说事（比如姚明），有时专门拿污点来说事（比如霍顿），如果进一步将这些个人的闪光点或者污点上升为一个族群甚至民族国家的闪光点或者污点，我们就在一条错误的思想道路上走得越来越远。

群体是通过个体得以呈现的，但我们不能以个体行为来代表群体特征，也不能以群体标签来描述个体面貌。只有当个体的思想得到表达，个体的经验得以呈现，个体的诉求和特征被完整勾勒之后，个体的面貌才会逐渐清晰。至于群体面貌，只能是基于大数据的概率描述，但是，概率描述也并不意味着可以用概率判断来对个体进行定性认识。

许多民俗学者习惯于将田野调查的重点聚焦在群众性节庆形式、程式性仪式表达等外在的、表面的民俗事项，忽视了不同家庭、个体之间习惯性思维的质的差异。当年顾颉刚在檄文式的《圣贤文化与民众文化》演说词中呼吁"打破以贵族为中心的历史，打破以圣贤文化为固定的生活方式的历史，而要揭示全民众的历史"，重点在于"全民众"，因为"民众的数目比圣贤多出了多少"。后来钟敬文又将民间文学限定为"劳动人民的创作"，用"劳动人民"概念替换了"全民众"概念。再后来，非物质文化遗产保护运动兴起，我们的学术焦点又转向了"社区"中的"非物质文化遗产传承人"。虽然研究对象的范畴不断具体化、微观化，但始终是奔着"群体"而去的，并没有真正进入到个体的人（而不是"人类"）的生活世界。民俗学若要避开民族主义和地域本位的雷区，那么，逐渐走向更加微观的家庭调研、走向个体世界的探究，用个体的"人"的丰富性认识，冲淡"族群""社区"的独特性、差异性认识，或许对于增进族群之间的相互理解、缓解族群隔阂与矛盾，将是一个有意义的学术选项。

我在与杨早等人合作编写《话题》系列的最后两年，把关注的焦点逐渐转向自己家乡。按照我和杨早议定"从大到小"的三部曲写作计划，我的系列写作路线图是"家乡民俗志—家族民俗志—家庭民俗志"。2013年的"家乡民俗志"我写了《一个小县城的春节故事》，2014年12月，这篇文章被微信公众号"单读"盗刊，改了个古怪标题《信丰县城年见》，在我的家乡信丰县城疯狂转发，因为文章中提到我妈放高利贷，很多熟人专门跑到我家，就为跟我妈聊这事。2014年的"家族民俗志"我写了《一个赣南客家村落的"关系网"和"信息圈"》，写的是施姓宗族村落沛东村，惹了一些同乡宗亲的不快。2015年的"家庭民俗志"应该写《一个普通家庭的"礼上往来"》，本打算以我妈为主角，着重记录我们家春节红包、礼品的往来收支情况，以及我和我妈对于送礼和收礼的各种权衡、顾虑，借以讨论红包的数额、流向与家族话语权、社交话语权，以及亲疏远近的微妙关系。可惜由于《话题》系列中断，文章没能完成。

这篇《代后记》，大概可以算作我将"三部曲"向"四部曲"的延伸：家乡民俗志—家族民俗志—家庭民俗志—个体民俗志。

我曾经把学术研究看得非常神圣，可是，现在越来越觉得这就是一份普通职业。2010年我写了一篇《学术行业生态志：以中国现代民俗学为例》，认为学术界的行业民俗是学者们在特定学术体制下必然选择的生存方式，是受到传统生活伦理深刻影响的典型世俗生活，现行学术体制使大多数普通学者成了学术行业的弱势群体。这篇论文引起了许多受压迫的高校青年教师（"青椒"），尤其是历史学界青年同人的热情关注，被一些学术微博和微信公众号反复转载，甚至有人喻之为学术圈"葵花宝典"加以传播。这大概算是我的学术写作中影响最大的一篇文章了，后来我在此基础上不断加入新内容、新思考，将之扩充成现在读者看到的这本青年（普通）学者学术生存手册。

书末的这篇《代后记》，可以视作我对自己的一次田野访谈，也是个体民俗志的书写尝试。写完这本书的时候，再有四年我就退休了，作为学术社会的一员工匠，我在努力为自己的平凡人生描一幅自画像。自画像怎么描？素描还是彩绘？我个人选择素描，哪怕描出学术道袍下自私、自负、自恋的丑陋，也要留下一个自我镜识中的真实形象——用个体民俗志的方式，写出一个民俗学者眼中的"自我民俗志"。既然有机会向后人递交一幅自画像，那就应该是一幅尽可能面目真实的施爱东，一个半头白发、身型偏瘦、脸色蜡黄、肝肾功能俱不健全的施爱东，而不是美颜处理之后貌似老年靳东的假施爱东。

有时候，标签化、模式化的自我认知会有意无意地引导一个人形塑他自己。借用时下网络流行语，这叫"人设"，也就是自我设定的一种形象标识。当一个人把自己定位为"吃货"的时候，他就会无所顾忌地胡吃海喝。当我给自己贴上"耿直"标签的时候，我就有意放纵了自己的率性和口无遮拦，有时还会亮出这张标签为自己的鲁莽言行开脱责任。这大概也是许多"八十年代的年轻人"的一个突出特征：解放思想、张扬个性。

但是有一次，同事邹明华对我的"耿直性格"进行了一番批判性解读，大意是说：你说你敢说真话，不怕得罪人，事实上你是有选择地说部分真话、得罪部分人，你得罪的都是无法伤害到你核心利益的人；你批评了很多人，但我从没见你批评过自己的导师；你要是真敢说话，真豁得出去，你就应该敢于为真理献身，去对抗那些能真正置你于死地的力量，但是你没有，说明你不是真勇敢。

这话让我无言以对。我认真想了想，邹明华说的有道理，我的确做不到像达斯科利（Cecco d'Ascoli）、布鲁诺（Giordano Bruno）那样，为了捍卫真理，敢于义无反顾地"以卵击石"。事实上，我也并没有掌握什么只有我领悟到了，别人都还没领悟到的"真理"。读者在阅读本书的时候一定已经意识到了，一些我认为是"真理"的东西，在别人看来可能恰恰是"谬误"，就像"你站在桥上看风景，看风景的人在楼上看你"。

我既没有天才的真理领悟力，也没有捍卫真理的宗教情怀，我在把自己砸向城墙和石头之前，我会想到家庭，想到自己好不容易从一个小县城男孩，日夜兼程奋斗到今天，混迹京城，挤进翰林院，评上研究员，成为知名民俗学者，可以背着挎包穿梭于山野古村与庙堂会议之间，我不想失去这一切，偶尔甚至还想得到更多。人总是这样，年纪越大、得到越多、拥有越多，就越害怕失去自己的所有。无欲则刚，多欲多畏，顾虑多了自然就会谨言慎行。有时候我甚至还设想，如果我倒下了，那些讨厌我以及本不讨厌我的人将如何在酒桌上戏谑我的往事，我今天的慷慨激昂都将成为他们明天的谈资笑料。每次一想到这些，我就会捂上自己的臭嘴，叹一口气。

的确，我不是敢于砸向城墙、砸向石头的卵，我只是乡下顽童"斗蛋"游戏中外壳相对厚实一些的蛋，我的耿直也罢、无畏也罢，仅限于跟其他和我一样的蛋们较个真、顶个牛。所以说，我只是芸芸众蛋中普普通通的一位蛋先生，算不上勇敢的击石卵。

图书在版编目（CIP）数据

蛋先生的学术生存 / 施爱东著. -- 上海 : 上海文艺出版社，2024（2025.3重印）. -- ISBN 978-7-5321-9011-9
Ⅰ. G301
中国国家版本馆CIP数据核字第20245JG283号

发 行 人：毕　胜
责任编辑：肖海鸥
特约策划：宋希於
特约编辑：宋希於
封面设计：左　旋
内文制作：常　亭

书　　名：蛋先生的学术生存
作　　者：施爱东
出　　版：上海世纪出版集团　上海文艺出版社
地　　址：上海市闵行区号景路159弄A座2楼 201101
发　　行：上海文艺出版社发行中心
　　　　　上海市闵行区号景路159弄A座2楼206室 201101 www.ewen.co
印　　刷：上海盛通时代印刷有限公司
开　　本：1240×890 1/32
印　　张：12.5
插　　页：2
字　　数：257,000
印　　次：2024年7月第1版 2025年3月第5次印刷
Ｉ Ｓ Ｂ Ｎ：978-7-5321-9011-9/C.104
定　　价：68.00元
告 读 者：如发现本书有质量问题请与印刷厂质量科联系　T:021-37910000